普通高等教育系列教材

Pro/ENGINEER 中文野火版 5.0 机械设计应用教程

主编 周 涛

副主编 吴 伟 吕 城

机械工业出版社

本书从实际应用出发，全面系统介绍 Pro/ENGINEER 软件在机械设计及产品设计方面的实际应用，包括 Pro/ENGINEER 软件基础、二维草图设计、三维特征设计、零件设计、装配设计、工程图、曲面设计，最后通过一个完整的台虎钳设计案例详细介绍 Pro/ENGINEER 软件在实际设计中的应用。

本书除第 8 章外每章均配有习题，以指导读者深入地进行学习，同时还提供了配套的习题集与考试试题，以指导读者练习并检验学习效果。

本书可作为高等院校机械、汽车等专业教材，也可作为培训与继续教育用书，还可供工程技术人员参考使用。

本书配套资源有素材、PPT 课件、习题集、考试试卷，需要的教师可登录 www.cmpedu.com 免费注册，审核通过后下载，或联系编辑索取（微信：15910938545，电话：010-88379739）。

图书在版编目（CIP）数据

Pro/ENGINEER 中文野火版 5.0 机械设计应用教程 / 周涛主编. —北京：机械工业出版社，2020.11（2025.1 重印）
普通高等教育系列教材
ISBN 978-7-111-66610-3

Ⅰ. ①P… Ⅱ. ①周… Ⅲ. ①机械设计-计算机辅助设计-应用软件-高等学校-教材 Ⅳ. ①TH122

中国版本图书馆 CIP 数据核字（2020）第 183577 号

机械工业出版社（北京市百万庄大街 22 号 邮政编码 100037）
策划编辑：胡 静 李双磊 责任编辑：胡 静
责任校对：张艳霞 责任印制：李 昂
北京捷迅佳彩印刷有限公司印刷
2025 年 1 月第 1 版·第 5 次印刷
184mm×260mm·20 印张·496 千字
标准书号：ISBN 978-7-111-66610-3
定价：69.00 元

电话服务   网络服务
客服电话：010-88361066   机 工 官 网：www.cmpbook.com
　　　　　010-88379833   机 工 官 博：weibo.com/cmp1952
　　　　　010-68326294   金 书 网：www.golden-book.com
封底无防伪标均为盗版   机工教育服务网：www.cmpedu.com

前　　言

Pro/ENGINEER（简称 Pro/E）是一款功能强大的 CAD/CAM/CAE 综合性三维设计软件。Pro/E 软件以参数化著称，是参数化技术的最早应用者，在三维设计领域中占有重要地位，是主流的CAD/CAM/CAE软件之一，本书主要从实际应用出发全面系统地介绍 Pro/E 软件在机械设计及产品设计方面的实际应用。

笔者多年来一直从事机械设计及产品设计工作，积累了丰富的实践经验，同时有着十余年的 Pro/E 软件教学、培训经验，常年为国内著名企业提供企业内培训及技术支持，同时也帮助这些企业解决了很多实际问题。

软件只是一个工具，学习软件的主要目的是为了更好、更高效地完成实际工作，所以在学习过程中一定不要只学习软件本身的一些基本操作，这是毫无意义的，更是在浪费大家宝贵的时间！学习软件的重点一定要放在思路与方法的学习上，还有方法与技巧的灵活掌握，同时还要多总结、多归纳、多举一反三，否则很难将软件这套工具真正灵活运用到实际工作中。本书从实际应用出发，体系完整，内容丰富，案例具有针对性，主要内容如下。

第 1 章主要介绍 Pro/E 软件的一些基础知识，包括用户界面、鼠标操作、主要功能模块及文件操作等，以便读者对 Pro/E 软件有一个初步的认识与了解，为后面的学习打好基础。

第 2 章主要介绍二维草图的设计方法与技巧，包括草图的绘制、约束的处理、尺寸标注及二维草图设计方法、技巧与规范等，二维草图的学习与使用是三维产品设计的前提与基础，也是需要读者熟练掌握的内容。

第 3 章主要介绍零件设计中各种三维特征设计。介绍每个三维特征设计时都是结合特定的案例模型进行讲解，并提供了相应的应用示例，帮助读者理解每个三维特征的设计与应用，并能够在实际设计中举一反三。

第 4 章主要介绍零件设计中的具体问题，从实际应用出发深入讲解，包括零件设计要求及规范，零件设计方法，根据图样进行零件设计等。

第 5 章主要介绍装配设计，包括装配约束类型、高效装配操作、装配设计方法（包括顺序装配和模块装配）、装配编辑、装配分析及分解视图等。

第 6 章主要介绍工程图，包括工程图视图及工程图标注等，同时严格按照实际工程图出图要求与规范进行操作，帮助读者创建符合标准要求的工程图文件。

第 7 章主要介绍曲面设计，按照实际曲面设计流程详细介绍曲线线框设计、曲面设计工具、曲面编辑操作、曲面实体化操作等。

第 8 章按照实际产品设计流程具体介绍台虎钳设计，包括台虎钳零件设计、装配设计、运动仿真、结构分析及工程图出图。采用案例式教学，帮助读者从实际应用中理解 Pro/E 软件的使用并能够更好地应用于实践。

本书在写作中针对每个知识点都准备了对应的原始素材文件及视频讲解，模型素材文件都是在 Pro/E 5.0 环境中创建的原创模型，读者在学习每个知识点时最好先听视频讲解，然后根据视频讲解打开相应文件进行练习。除第 8 章以外，每章最后都附有习题，以便学生巩固所学知识。另外，在本书所使用的软件环境中，部分草图、工程图和装配图中尺寸标注、粗细线、表面粗糙度符号等可能与国家标准不一致，读者可自行查阅相关国家标准及资料。

本书由周涛任主编，吴伟、吕城任副主编，参加本书编写的还有刘浩、侯俊飞、徐盛丹、韩宝健、李倩倩、洪佳、涂彪等。

本书提供了与书稿内容对应的 PPT 课件及练习素材文件，还提供了相应的习题集及考试试卷，需要这些配套资源的读者，可以登录 www.cmpedu.com 或者 http://www.zycxcad.com.cn 自行下载。

由于作者水平有限，编写时间仓促，难免有错误或不足之处，恳请读者批评指正。

编　者

目　录

第1章　Pro/E 软件基础

本章提要

在学习和使用 Pro/E 软件之前，首先要对 Pro/E 软件有一个初步的认识和了解，特别是软件用户界面、主要功能及一些常用基本操作等。本章将全面、系统地介绍 Pro/E 软件的基础知识，为进一步学习及使用 Pro/E 软件打好基础。

1.1　Pro/E 软件概述

Pro/ENGINEER（简称 Pro/E）是美国参数技术公司（PTC）旗下的 CAD/CAM/CAE 综合性三维设计软件。Pro/E 软件以参数化著称，是参数化技术的最早应用者，在三维设计领域中占有着重要地位，是现今主流的CAD/CAM/CAE软件之一。

1.2　Pro/E 用户界面

启动 Pro/ENGINEER 5.0 软件后，系统弹出如图 1-1 所示的启动界面。界面其实就是一个内置浏览器，单击如图 1-1 所示矩形框处的按钮，可以关闭该浏览器。

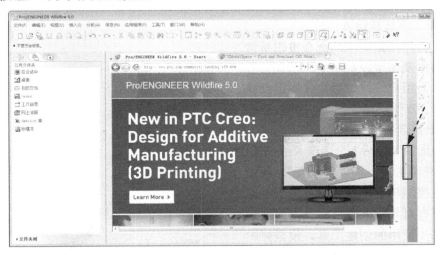

图 1-1　Pro/ENGINEER 5.0 启动界面

Pro/E 软件包括很多功能模块（软件功能模块将在 1.4 节具体介绍），不同功能模块用户界面各不相同，本节主要介绍 Pro/E 零件设计用户界面。为了进入 Pro/E 零件设计模块，可打开配套资源中的"素材\proe_jxsj\ch01 basis\bracket"进入零件设计用户界面，如

图 1-2 所示。

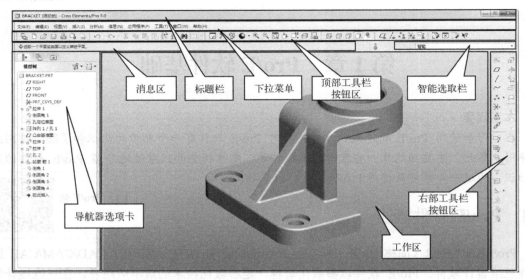

图 1-2　Pro/E 5.0 零件设计用户界面

Pro/E 零件设计用户界面主要包括标题栏、下拉菜单、顶部工具栏按钮区、导航器选项卡、工作区、右部工具栏按钮区、消息区以及智能选取栏。具体介绍如下。

1．标题栏

标题栏显示当前打开的文件名称以及所使用的 Pro/E 软件版本信息。

2．下拉菜单

下拉菜单中包含 Pro/E 中的所有命令工具以及所有软件设置。

3．顶部工具栏按钮区

顶部工具栏按钮区中的命令按钮是常用的文件操作及模型控制命令，都来自各下拉菜单，为用户快速进行文件操作及模型控制提供了方便。

4．导航器选项卡

导航器选项卡包括 3 个选项卡："模型树""文件夹浏览器"和"收藏夹"，其中最重要的是模型树。模型树中列出了模型中包含的所有对象，同时反应模型的创建过程以及每步使用的创建工具，模型树中的每一个对象与模型中的对象是一一对应的，如图 1-3 所示。

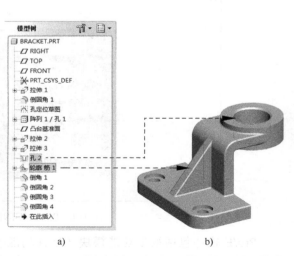

图 1-3　模型树中的对象与模型中的对象一一对应

a) 模型树　b) 零件模型

5．工作区

在 Pro/E 中对模型的创建及主要操作都是在工作区完成的。

2

6．右部工具栏按钮区

右部工具栏按钮区中的命令按钮都是常用的建模工具，这些命令按钮同样来自各下拉菜单，为用户快速创建模型提供了方便。

7．消息区

在用户操作软件的过程中，消息区会实时地显示与当前操作相关的提示信息，提示用户当前在做什么以及下一步要做什么。例如，单击右部工具栏按钮区中的"草绘"按钮，在消息区会出现 选取一个平面或曲面以定义草绘平面 提示信息，提示要绘制一个草图首先应选取一个平面或曲面作为草绘平面。

8．智能选取栏

智能选取栏也称过滤器，主要用于过滤选择模型中的特定对象。例如，若需要选取如图1-4 所示模型中的面对象，当将鼠标放置在如图 1-4 所示的面附近时，此时系统可能会选中如图 1-5 所示的错误对象（整个圆筒凸台结构）。为了方便快速选取如图 1-4 所示的对象，可以先在如图 1-6 所示的智能选取栏中选中"几何"选项，然后只要将鼠标放置在需要选取对象的附近就可以快速选取需要的对象了。

图1-4　需要选中的面对象　　　　图1-5　错误的选择结果　　　　图1-6　过滤选取对象

1.3　Pro/E 鼠标操作

在使用 Pro/E 软件过程中绝大部分时间是依靠鼠标来完成各项操作的，所以必须要熟练掌握 Pro/E 鼠标操作，特别是如何使用鼠标对模型进行控制。

1.3　Pro/E 鼠标操作

📖　说明：学习本小节内容，读者打开配套资源中的"素材\proe_jxsj\ch01 basis\bracket"进行练习。

1．旋转模型

按住鼠标中键拖动鼠标可以旋转模型。

2．缩放模型

滚动鼠标滚轮，可以对模型进行放大与缩小。另外，按住〈Ctrl〉键，同时按住鼠标中键并前后拖动鼠标，也可对模型进行缩放控制。

3．平移模型

按住〈Shift〉键，同时按住中键并拖动鼠标，可平移模型。

1.4 Pro/E 功能模块

1.4 Pro/E
功能模块

Pro/E 软件包括多个功能模块，不同的功能模块可以完成不同的技术工作。Pro/E 软件主要功能模块介绍如下。

📖 说明：了解 Pro/E 功能模块可让读者知道 Pro/E 能够完成哪些工作，然后根据实际工作需要选择相应的功能模块学习，对用户定位学习目标非常有帮助。

1．零件设计模块

Pro/E 零件设计模块主要用于二维草图及各种三维零件结构的设计。Pro/E 零件设计模块利用基于特征的思想进行零件设计，零件上的每一个结构都可以看作是一个特征，零件的设计就是特征的设计。Pro/E 零件设计模块具有各种功能强大的面向特征的设计工具，能够方便进行各种零件结构设计，Pro/E 零件设计应用举例如图 1-7 所示。

图 1-7　草图绘制及零件设计应用举例

在 Pro/E 顶部按钮区中单击"新建"按钮□，系统弹出"新建"对话框，在该对话框的"类型"选项组中选择"零件"选项，单击"确定"按钮，系统进入 Pro/E 零件设计环境，可以进行二维草图绘制及零件设计，如图 1-8 所示。

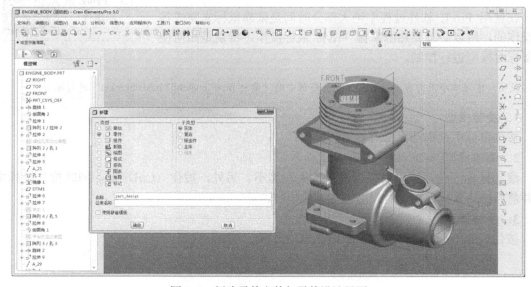

图 1-8　新建零件文件与零件设计界面

2. 装配设计模块

Pro/E 装配设计模块主要用于产品装配设计，就是将已经设计好的零件导入到 Pro/E 装配环境进行参数化组装以得到最终的装配产品。装配设计是以后进一步学习和使用自顶向下设计、运动仿真、动画设计、管道设计、线缆设计、产品渲染及模具设计的基础。

在"新建"对话框的"类型"选项组选择"组件"选项，单击"确定"按钮，系统进入 Pro/E 装配设计环境，用于进行产品装配设计，如图 1-9 所示。

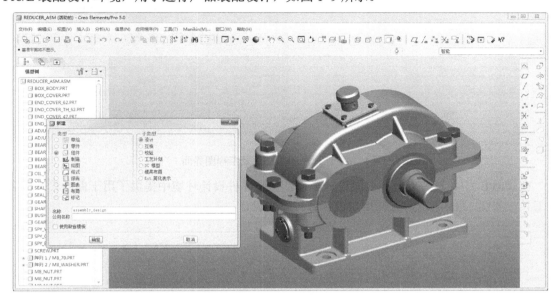

图 1-9　新建装配文件及装配设计环境

3. 工程图模块

Pro/E 工程图模块主要用于创建产品工程图，包括零件工程图和装配工程图。在工程图模块中，用户能够方便地创建各种工程图视图（如主视图、投影视图、轴测图、剖视图等），还可以进行各种工程图标注（如尺寸标注、公差标注、表面粗糙度符号标注等），另外工程图模块具有强大的工程图模板定制功能以及工程图符号定制功能，还可以自动生成零件清单，并且提供与其他图形文件（如 dwg，dxf 等）的交互式图形处理，从而扩展 Pro/E 工程图的应用范围。

在"新建"对话框的"类型"选项组选择"绘图"选项，完成相关设置后系统进入 Pro/E 工程图环境，用于进行工程图出图，如图 1-10 所示。

4. 曲面设计模块

Pro/E 曲面设计模块主要用于曲线及曲面造型设计，用来完成一些复杂的产品造型设计。该模块提供多种高级曲面造型工具，如边界混合曲面、可变截面扫描曲面以及扫描混合曲面等，帮助用户完成复杂曲面设计。

📖　学习指导：Pro/E 曲面设计主要用于曲面造型设计，但并非是说曲面设计就不用学习曲面设计内容，学习曲面设计知识能够扩展设计思维，提高产品设计效率。

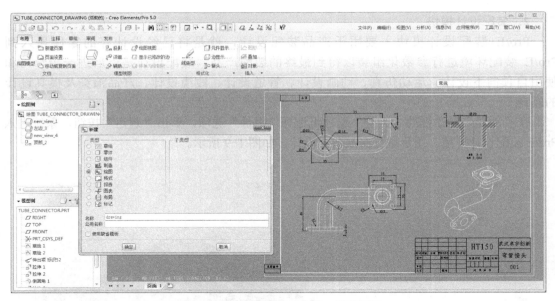

图 1-10　新建工程图文件及工程图界面

在 Pro/E 中并没有专门的曲面设计模块，但是零件设计环境中提供了用于曲面设计的各种工具，如图 1-11 所示，方便用户进行各种曲面设计。

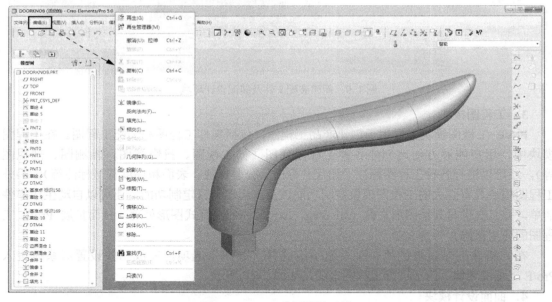

图 1-11　Pro/E 曲面设计工具

5．交互曲面设计模块

Pro/E 交互曲面设计模块提供了更为灵活自由的曲面造型方法，包括 3D 空间曲线的绘制及自由曲面的设计，用于设计更为复杂的曲面造型。Pro/E 交互曲面设计是一般曲面设计的补充，大大提高了曲面造型设计效率，特别适合于产品概念造型设计。

在零件设计环境中选择"插入"→"造型"命令，系统进入交互曲面设计模块，在该模块中提供了交互曲面设计工具及跟踪草绘工具，如图 1-12 所示。

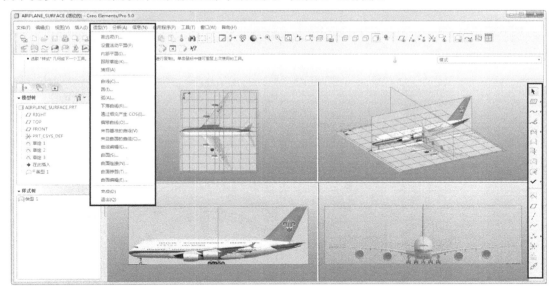

图 1-12　交互曲面设计界面

6．自顶向下设计

自顶向下设计（Top_Down Design）是一种从整体到局部的设计方法，是目前最常用的产品设计与管理方法。基本思路是：首先设计一个反映产品整体结构的骨架模型，再从骨架模型往下游细分，得到下游级别的骨架模型及中间控制结构（控件），然后根据下游级别骨架和控件来分配各个零件间的位置关系和结构，最后根据零件间的关系，完成各零件的细节设计。Pro/E 自顶向下设计应用举例如图 1-13 所示。

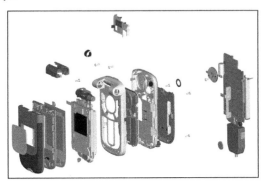

图 1-13　自顶向下设计应用举例

在零件设计与装配设计环境中选择"插入"→"共享数据"命令，打开的级联菜单如图 1-14 所示。这些命令用于进行各种情况下的几何关联复制，同时也是自顶向下设计的关键技术。使用这些几何关联复制工具，可方便地进行各种自顶向下设计。

7．钣金设计模块

Pro/E 钣金设计模块主要用于钣金设计，能够完成各种常见钣金结构设计，包括钣金平整壁、钣金折弯、钣金成形与冲压等，还可以在考虑钣金折弯参数的前提下对钣金件进行展平，从而方便钣金件的加工与制造。

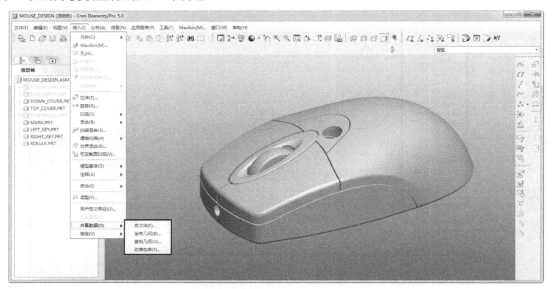

图1-14 自顶向下设计工具

在"新建"对话框的"类型"选项组中选择"零件"选项，然后在"子类型"选项组中选择"钣金件"选项，单击"确定"按钮，系统进入Pro/E钣金设计环境，如图1-15所示。

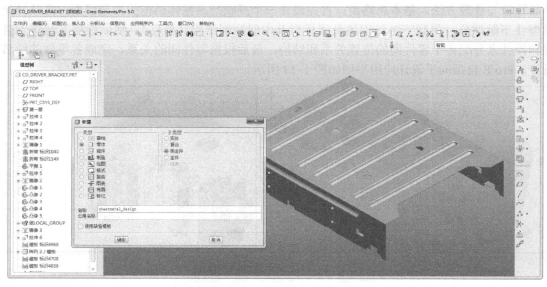

图1-15 新建钣金文件与钣金设计环境

8. 焊接设计模块

Pro/E 焊接设计模块主要用于焊接设计，其中提供了各种焊接设计处理，包括焊条参数的定义、各种焊缝参数的定义，同时方便创建焊接工程图（包括焊缝明细表），对实际焊接设计具有很好的指导意义。

在 Pro/E 装配设计环境中选择"应用程序"→"焊接"命令，系统进入焊接模块，在该模块中可进行各种焊接方式及焊接参数定义，如图1-16所示。

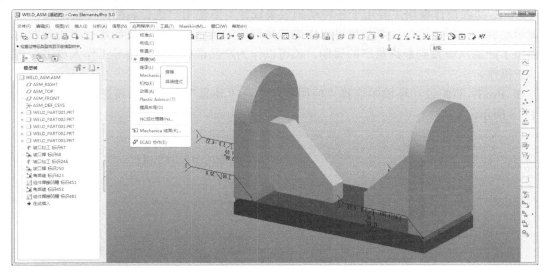

图1-16　进入焊接模块及焊接环境

9．运动仿真模块

Pro/E 运动仿真模块主要用于运动学及动力学仿真，用户通过在机构中定义各种机构运动副（如销钉副、圆柱副、滑动副等），使机构各部件能够实现不同运动连接，还可以向机构中添加各种力学对象（如弹簧、力与扭矩、阻尼、重力、3D 接触等），使机构运动仿真更接近于真实情况。因为运动仿真反映的是机构在三维空间的运动效果，所以通过机构运动仿真能够轻松检查出机构在实际运动中的动态干涉问题，并且能够根据实际需要测量各种仿真数据并导出仿真视频文件，具有很强的实际应用价值。

在 Pro/E 装配设计环境中选择"应用程序"→"机构"命令，系统进入运动仿真模块，如图1-17所示。

图1-17　进入机构运动仿真模块及运动仿真环境

10．动画设计模块

Pro/E 动画设计模块主要用于各种动画效果设计，方便用户进行装配拆卸动画设计，产品展示动画设计等。这些动画效果可以作为产品前期的展示与宣传，提前进行市场开发，从而缩短了产品从研发到最终量产的周期，还可以作为产品维护展示，指导工作人员进行相关的维护操作。

在 Pro/E 装配设计环境中选择"应用程序"→"动画"命令，系统进入动画模块，如图 1-18 所示。

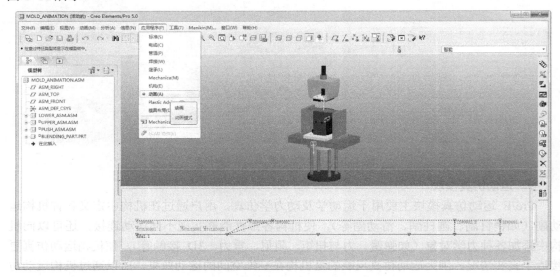

图 1-18　进入动画模块及动画设计环境

11．高级渲染模块

Pro/E 高级渲染模块主要用来对产品模型进行渲染，也就是给产品模型添加外观材质、虚拟场景等，模拟产品实际外观效果，使用户能够预先查看产品最终实际效果，从而在一定程度上给设计者一些反馈。Pro/E 提供了功能完备的外观材质库供渲染使用，方便用户进行产品渲染。

在 Pro/E 零件设计或装配设计环境中选择"视图"→"模型设置"命令，如图 1-19 所示，包括场景、房间、光源、效果及渲染设置等，用于模型高级渲染。

12．管道设计模块

Pro/E 管道设计模块主要用于三维管道布线设计。用户通过定义管道线材，创建管道路径，并根据管道设计需要向管道中添加管道线路元件（管接头、三通管、各种泵或阀等），能够有效模拟管道实际布线情况，查看管道在三维空间的干涉问题。另外，模块中提供了多种管道布线方法，帮助用户进行各种情况下的管道布线，从而提高管道布线设计效率。管道布线完成后，还可以创建管道工程图，用来指导管道实际加工与制造。Pro/E 管道布线设计效果如图 1-20 所示。

在 Pro/E 装配设计环境中选择"应用程序"→"管道"命令，系统进入管道模块，如图 1-20 所示。

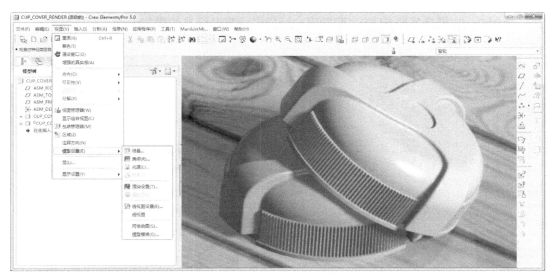

图 1-19　高级渲染工具

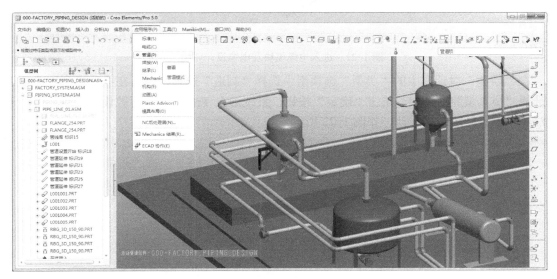

图 1-20　进入管道模块及管道设计环境

13．电缆设计模块

Pro/E 电缆设计模块主要用于三维电缆布线设计。用户通过定义线材、创建电缆铺设路径，能够有效模拟电缆实际铺设情况，查看电缆在三维空间的干涉问题。另外，模块中提供了各种整理电缆的工具，帮助用户实现铺设的电缆更加紧凑，从而节约电缆铺设成本。电缆铺设完成后，还可以创建电缆钉板图，用来指导电缆实际加工与制造。

在 Pro/E 装配设计环境中选择"应用程序"→"电缆"命令，系统进入电缆模块，如图 1-21 所示。

14．模具设计模块

Pro/E 模具设计模块用于模具设计，主要是注塑模具设计，提供了多种型芯、型腔设计方法；使用 Pro/E 模具外挂 EMX，帮助用户轻松完成整套模具的模架设计。

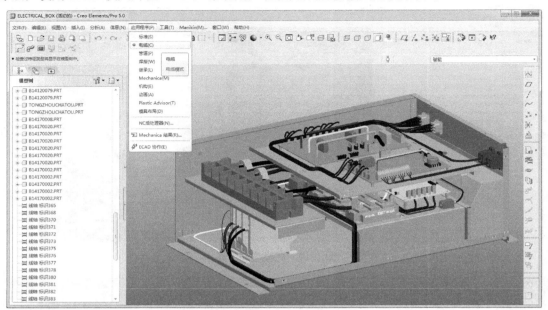

图 1-21　进入电缆模块及电缆设计环境

在"新建"对话框中的"类型"选项组中选择"制造"选项，然后在"子类型"选项组中选择"模具型腔"选项，单击"确定"按钮，系统进入 Pro/E 模具型腔设计环境，用于进行注塑模模具型腔结构设计，如图 1-22 所示。

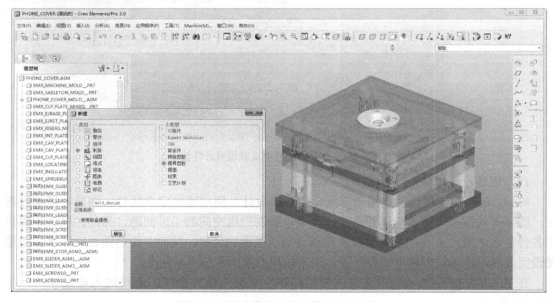

图 1-22　新建模具文件及模具设计环境

15. 级进模设计模块

在 Pro/E 中进行级进模设计需要进入 PDX 模块，在该模块中进行级进模设计，需要注意的是，PDX 模块需要另外单独安装才能使用。该模块可以方便地创建条带布局及冲压排样设计，并能够生成标准模架，Pro/E 冲压模具设计应用举例如图 1-23 所示。

图 1-23　冲压模具设计应用举例

在计算机上同时安装 Pro/E 和 PDX 软件包后，打开钣金件，在 Pro/E 中打开"PDX5.0"下拉菜单用于级进模设计，如图 1-24 所示。

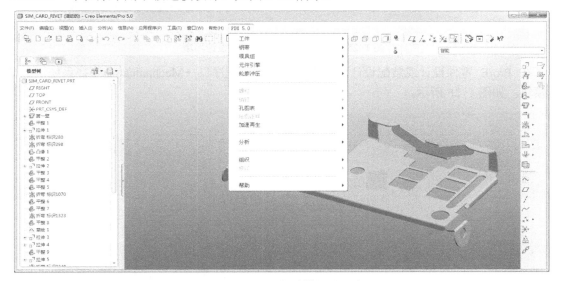

图 1-24　Pro/E 级进模设计环境

16．逆向设计功能

逆向设计功能是指根据提供的点云数据对产品进行逆向造型设计，包括点云处理、逆向曲线设计、逆向曲面设计等。

在 Pro/E 零件设计环境中打开或导入逆向数据（如点云数据），然后选择"插入"→"重新造型"命令，系统进入重新造型环境，在该环境中提供了各种逆向设计工具，如图 1-25 所示。

17．结构分析模块

Pro/E 结构分析模块主要用于有限元分析，是进行可靠性研究的重要应用模块。在该模块中具有 Pro/E 自带的材料库供分析使用，另外还可以自己定义新材料供分析使用，能够方便地加载约束和载荷，模拟产品真实工况。同时网格划分工具也很强大，网格可控性强，方便用户对不同结构进行网格划分。在该模块中还可以进行静态及动态分析、模态分析、疲劳分析以及热分析等。

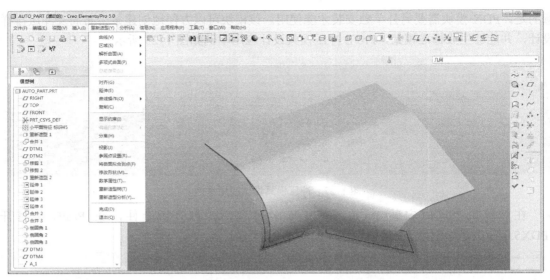

图 1-25　逆向设计工具及逆向设计环境

在 Pro/E 零件设计或装配设计环境中选择"应用程序"→Mechanica 命令，系统进入分析模块，如图 1-26 所示。

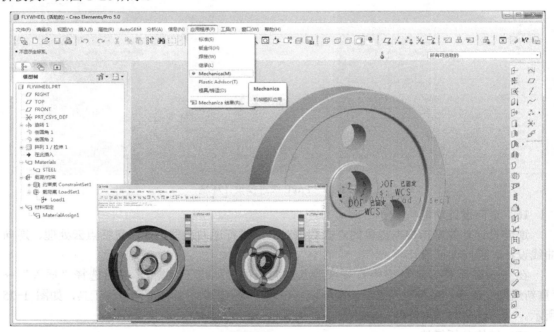

图 1-26　进入结构分析模块及结构分析环境

18．数控加工编程模块

Pro/E 数控加工编程模块主要用于模拟零件数控加工操作并得出零件数控加工程序。该模块允许用户采用参数化的方法去定义数值控制（NC）工具路径，凭此可将 Pro/E 生成的模型进行加工，这些信息可接着做后期处理，产生驱动 NC 器件所需的编码。

在"新建"对话框的"类型"选项组中选择"制造"选项，然后在"子类型"选项组中选择"NC 组件"选项，单击"确定"按钮，系统进入 Pro/E 数控加工环境，如图 1-27 所示，在该环境中进行数控加工参数的定义，模拟数控加工刀路及加工过程。

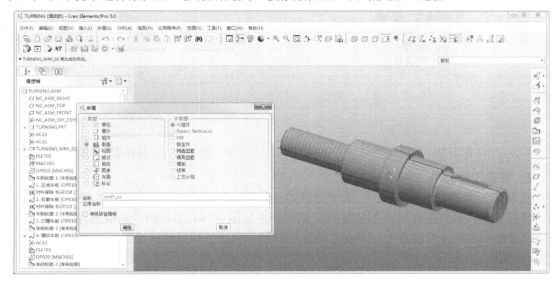

图 1-27　新建 NC 文件及数控加工环境

1.5　Pro/E 文件操作

学习和使用软件一般要从文件基本操作开始，本节主要介绍常用文件操作，包括设置工作目录、新建文件、打开文件、保存文件等。

1.5.1　设置工作目录

1.5.1　设置工作目录

1．工作目录的理解

工作目录就是用来管理当前项目文件的文件夹。在开始任何一个项目前，首先必须要考虑的就是项目的管理问题。例如，去超市购物（开始一个项目），在进入超市后首先要考虑的一个问题就是在超市选购的商品应该如何进行有效的管理（项目文件的管理）。首先会取一个购物车（相当于创建工作目录），如图 1-28 所示，便于将所有的选购商品一起进行管理；然后去收银台结账（项目文件的管理）。假设进入超市后没有取购物车，直接去选购商品，当选购商品很多时，就不好管理了，也不方便最后一起结账，这个生活常识很容易理解。

实际上，管理一个项目也是如此。一个项目往往包括很多文件，而且这些文件之间往往是有关联的，如果不放在一起进行管理，很容易发生项目文件丢失或文件关联失效的问题，从而影响对项目文件的有效管理。所以在开始一个项目之前，首先要创建一个用来管理（存放）项目文件的文件夹（项目工作目录），并且在软件中设置项目工作目录，那么在管理项目（打开项目文件、保存项目文件或编辑项目文件）时，系统会自动在创建的工作目录中进行，这样就不用频繁地去打开不同的文件夹寻找项目文件，也不用担心项目文件最终的保存地址（系统会自动保存在工作目录中），如图 1-29 所示。

图 1-28　购物车

图 1-29　工作目录管理图解

2．设置工作目录

先创建一个文件夹（如在 F 盘中创建"proe_files"文件夹），用来存放 Pro/E 项目文件，然后单击"设置工作目录"按钮，系统弹出如图 1-30 所示的"选取工作目录"对话框，选择刚创建的工作文件夹，单击"确定"按钮，完成工作目录的设置。

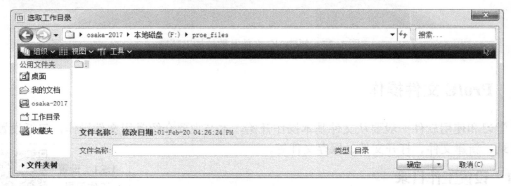

图 1-30　"选取工作目录"对话框

1.5.2　新建文件

1.5.2　新建文件

在 Pro/E 中任何一个项目都是从新建文件开始的。例如，要绘制一个草图文件，可以新建一个草图文件；如果要设计一个零件模型，可以新建一个零件文件；如果要设计一个装配产品，可以新建一个组件文件等。新建一个相应的文件类型，系统会进入到 Pro/E 不同的应用模块，进行不同项目操作。

在顶部按钮区单击"新建"按钮，系统弹出如图 1-31 所示的"新建"对话框。在对话框中的"类型"选项组设置新建文件类型，在"子类型"选项组对文件类型进行补充，在"名称"文本框中输入文件名称，在对话框的最下部选中"使用缺省模板"选项，新建的文件采用系统默认模板来创建，如果取消选择该选项，用户可以自己选择文件模板。

📖　说明：文件模板规定了文件的一些主要属性参数，如单位制系统，不同的模板，单位制系统一般是不一样的。

例如，新建一个零件文件，首先在"新建"对话框的"类型"选项组中选择"零件"选项，在"子类型"选项组中选择"实体"选项，单击"确定"按钮，系统弹出如图 1-32 所示的"新文件选项"对话框。在该对话框中可以继续设置文件模板，还可以定义文件中的 DESCRIPTION 和 MODELED_BY 两个文件参数，使其将来显示在模型参数列表中。

图 1-31 "新建"对话框

图 1-32 "新文件选项"对话框

图 1-32 所示的"新文件选项"对话框中的相关选项说明如下。

● inlb 表示力矩单位制，1 inlb = 0.113 N·m。
● mmns 表示毫米牛顿秒单位制[长度单位为毫米（mm），力单位为牛顿（N），时间单位为秒（s）]。
● inlb_part_ecad 是 Pro/E 提供的一种采用力矩单位制的协同设计模板。
● inlb_part_solid 是 Pro/E 提供的一种采用力矩单位制的实体设计模板。
● mmns_part_solid 是 Pro/E 提供的一种牛顿毫米秒单位制的实体设计模板，也是我国国标常用的一种实体零件设计模板。

1.5.3　文件打开与保存

> 1.5.3　打开文件

打开文件就是在 Pro/E 软件中打开已经存在的 Pro/E 文件或其他格式的文件，在 Pro/E 中可以对打开的文件进行相关编辑。Pro/E 提供了多种打开文件的方法，主要包括正常打开文件、打开工作目录中的文件和打开会话中的文件 3 种方法。

1．正常打开文件

正常打开文件就是直接单击"打开"按钮🗁，系统直接从默认的初始位置打开文件，如图 1-33 所示。这种方法一般是在初次启动软件，没有任何设置的情况下打开文件。

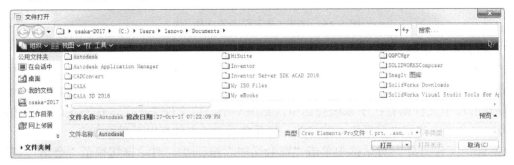

图 1-33 "文件打开"对话框

2. 打开工作目录中的文件

如果在打开文件之前设置了软件工作目录（如 F:\proe_jxsj\ch01 basis），当选择"打开"命令时，系统自动从设置的工作目录中打开文件。打开工作目录中的文件有以下两种方式。

1）设置工作目录后，选择"打开"命令，直接打开工作目录中的文件，如图 1-34 所示。在"文件打开"对话框中单击"预览"按钮，可以预览将要打开的文件。

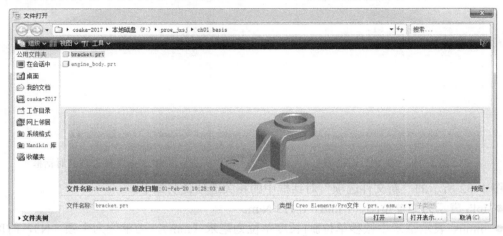

图 1-34　打开工作目录中的文件（一）

2）在导航器选项卡区选择"文件夹浏览器"，然后在弹出的选项卡中选择"工作目录"选项，如图 1-35 所示，即可快速从工作目录中选择文件打开。

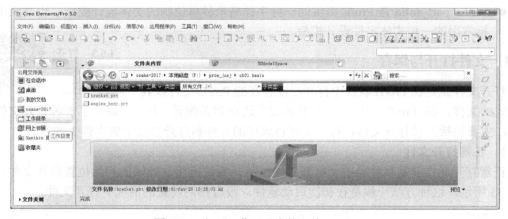

图 1-35　打开工作目录中的文件（二）

3. 打开会话中的文件

第 3 种打开文件的方法就是打开会话中的文件，会话在这里可以理解为"曾经打开过的"或是"存在于当前内存中的"，也可理解为"临时垃圾桶"。在每次使用 Pro/E 软件的过程中，打开的每个文件都存在于系统会话中，如果不小心将文件关闭了，在不关闭软件的前提下，可以在会话中找回之前操作过的文件。打开会话中的文件有以下两种方法。

1）在"文件打开"对话框中单击"在会话中"按钮▣，对话框切换至"会话"窗口，可以快速打开会话中的文件，如图 1-36 所示。

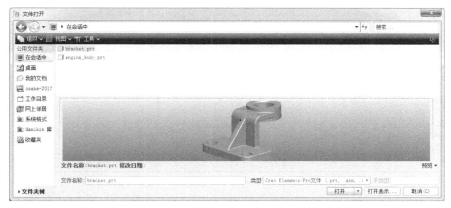

图 1-36　打开会话中的文件（一）

2）在导航器选项卡区选择"文件夹浏览器"，然后在弹出的选项卡中选择"在会话中"选项，即可快速地在会话中选择文件打开，如图 1-37 所示。

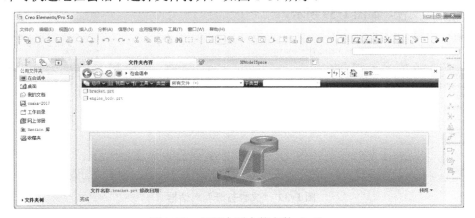

图 1-37　打开会话中的文件（二）

1.5.4　保存副本与文件格式转换

在实际工作中，经常需要在 Pro/E 软件中打开其他格式的文件或是将 Pro/E 文件转换成其他格式的文件再在其他软件中打

开，要完成这样的操作就需要进行文件格式的转换，在 Pro/E 中使用"保存副本"命令来进行文件格式转换。

实际工作中像这样的问题很常见，例如，在使用一些专业的分析软件（如 ANSYS）做分析时，因为这些专业的分析软件往往在几何建模方面功能比较差，所以一般不在专业分析软件中创建几何模型，都是使用 CAD 软件（如 Pro/E）来创建几何模型，然后将模型导入到专业分析软件中做分析。要完成这样的操作就需要事先将由 CAD 做好的几何模型转换成专业分析软件能够识别的文件格式（如 stp），然后才可以顺利地将几何模型导入到专业分析软件中。

选择"文件"→"保存副本"命令，系统弹出如图 1-38 所示的"保存副本"对话框，在对话框的"类型"下拉列表中选择保存类型（如 stp），可以将当前文件保存为其他格式的文件。

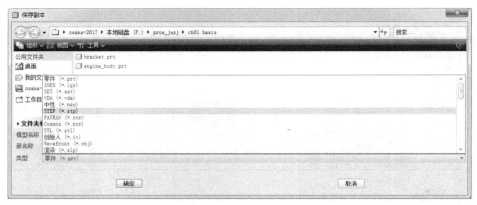

图 1-38 "保存副本"对话框

文件经过格式转换后可以在其他软件中打开,使用 Pro/E 软件也可以打开其他格式的文件。在"文件打开"对话框的"类型"下拉列表中选择打开类型(如 stp),可以在 Pro/E 中打开其他格式的文件,如图 1-39 所示。

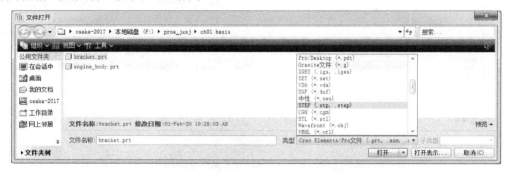

图 1-39 "文件打开"对话框

在 Pro/E 中保存副本和打开其他格式文件时,系统会弹出如图 1-40 所示的"导出 STEP"对话框和图 1-41 所示的"导入新模型"对话框,用来对导出及导入的模型进行相关设置,并且根据处理格式的不同,对话框中的内容也会不同。

在 Pro/E 中打开其他格式的文件后,在模型树中是看不到模型的创建步骤的,如图 1-42 所示,也不能编辑模型的参数,只能在工作区查看模型外观。

  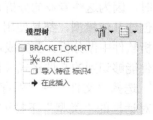

图 1-40 "导出 STEP"对话框　　图 1-41 "导入新模型"对话框　　图 1-42 模型树

1.5.5 删除与拭除文件

1.5.5 删除与
拭除文件

1. 删除文件旧版本

在 Pro/E 中每次单击"保存"按钮 保存文件时，系统都会
生成文件的一个新版本，并将其写入磁盘，系统对存储的每一个版本连续编号（简称版本
号）。例如，对于零件模型文件，其格式为 bracket.prt1、bracket.prt2 和 bracket.prt3 等，
如图 1-43 所示。

图 1-43　保存文件的版本

📖 注意：在 Pro/E 中保存的每个版本都会占用系统内存，例如，一个 12MB 大小的零件模型，不做任何
改动单击 10 次"保存"按钮 将其保存为 10 个版本，那么文件夹的大小就是 10×12MB=120M。所
以要及时清理文件夹中的无用版本，以免占用内存过大，占用过多的系统资源。

这些文件名中的版本号（1、2、3 等），只有通过 Windows 操作系统的窗口才能看到，
在 Pro/E 中打开文件时，在文件列表中则看不到这些版本号。

如果在 Windows 操作系统的窗口中还是看不到版本号，在如图 1-44 所示的 Windows 操
作系统中选择"工具"→"文件夹选项"命令，然后在弹出的"文件夹选项"对话框的
"查看"选项卡中，取消选中"隐藏已知文件类型的扩展名"选项，可将版本号显示出来，
如图 1-45 所示。

图 1-44　Windows 操作系统窗口

使用 Pro/E 软件创建模型文件时，在完成模型的创建后，可将模型文件的所有旧版本删

除。选择"文件"→"删除"→"旧版本"命令，在系统弹出的如图 1-46 所示的工具条中单击☑️按钮，系统将当前对象除最新版本外的所有版本删除。

2．删除文件中的所有版本

选择"文件"→"删除"→"所有版本"命令，系统弹出如图 1-47 所示的"删除所有确认"对话框，单击"是"按钮，系统将删除当前对象的所有版本。如果选择删除的对象是族表的一个实例，则实例和普通模型都不能被删除；如果选择删除的对象是普通模型，则将删除此普通模型。

图 1-45 "文件夹选项"对话框

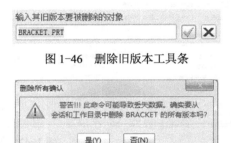

图 1-46 删除旧版本工具条

图 1-47 "删除所有确认"对话框

3．从内存中拭除未显示的对象

在顶部按钮区单击"关闭窗口"按钮☒，关闭窗口，窗口中的对象将不显示在图形区，但只要工作区处于活动状态，对象仍保留在内存中，这些对象称为"未显示对象"。

在顶部按钮区单击"不显示"按钮，系统弹出如图 1-48 所示的"拭除未显示的"对话框，在该对话框中列出了未显示对象，单击"确定"按钮，所有的未显示对象将从内存中拭除，但它们不会从磁盘中删除，仍然保留在文件夹中。

4．从内存中拭除当前对象

第一种情况：如果当前对象为零件、格式或布局等类型时，选择"文件"→"拭除"→"当前"命令，系统弹出如图 1-49 所示的"拭除确认"对话框，单击"是"按钮，当前对象将从内存中拭除，但它们不会从磁盘中删除。

图 1-48 "拭除未显示的"对话框

图 1-49 "拭除确认"对话框

第二种情况：如果当前对象为装配、工程图或模具等类型时，选择"文件"→"拭除"→"当前"命令，系统弹出"拭除确认"对话框，选取要拭除的关联对象后，再单击"是"按钮，则当前对象及选取的关联对象将从内存中被拭除。

1.6 习题

一、选择题

1. 以下关于 Pro/E 用户界面的说法中不正确的是（   ）。

    A. 智能选取栏相当于选择过滤器，用于设置选择对象类型，便于快速选择对象

    B. 模型树主要反映零件模型创建过程及每个步骤所使用的建模工具

    C. 草绘用户界面与零件用户界面中都有模型树，主要用来反映设计步骤

    D. 下拉菜单包括 Pro/E 所有的命令工具及软件设置命令

2. 欲对模型进行平移操作，应该如何使用鼠标及快捷键操作。（   ）

    A. 按住鼠标中键移动鼠标　　　　　　B. 按住〈Ctrl〉键+鼠标中键移动鼠标

    C. 按住〈Shift〉键+鼠标中键移动鼠标　　D. 直接滚动鼠标滚轮

3. 以下关于 Pro/E 新建文件的说法中不正确的是（   ）。

    A. 新建文件名称只能是英文字符或数字，不能出现中文汉字

    B. 新建文件类型包括草绘文件、零件文件、装配文件及曲面文件等

    C. 新建文件时取消"使用缺省模板"选项表示不使用系统自带的模板文件

    D. 新建文件时一定要注意选择合适的模板文件，否则会影响后期工作

4. 以下关于文件操作与管理的说法中不正确的是（   ）。

    A. 项目开始前一定要正确新建工作目录并在软件中设置工作目录

    B. 实际工作时产生的新旧版本的文件只有最新版本占用系统内存

    C. 文件关闭后如果不使用"不显示"命令清空内存，关闭的文件仍在内存中

    D. 使用"保存副本"命令可以将文件导出为其他格式的文件，如 stp 文件等

5. 以下关于文件转换操作的说法中不正确的是（   ）。

    A. 使用"打开"命令可以将第三方外部文件导入到 Pro/E 中

    B. 从外部导入到 Pro/E 中的外部文件只显示几何体，不显示具体特征参数

    C. 文件转换操作实现了 Pro/E 软件与其他软件的交互使用，提高了工作效率

    D. 从外部导入到 Pro/E 中的外部文件属于只读文件，不允许做进一步的编辑处理

二、操作题

1. 启动 Pro/E 5.0 软件，设置软件工作目录为 proe_jxsj\ch01 basis，然后打开配套资源中的"素材\proe.jxsj\ch01 basis\engine_part"文件练习鼠标操作。

2. 在计算机 C 盘根目录下新建文件夹，命名为 my_part，然后启动 Pro/E 5.0 软件。在软件中设置工作目录到 my_part 文件夹中，然后使用系统自带的 mmns_part_solid 模板新建零件文件，命名为 part_design。进入零件设计环境后不做任何处理直接将新建的零件文件保存在工作目录中。

3. 启动 Pro/E 5.0 软件，设置软件工作目录为 proe_jxsj\ch01 basis。将配套资源中的"素材\proe.jxsj\ch01 basis\slider_workbench.stp"文件转换成 Pro/E 5.0 文件并保存。

第2章 二维草图设计

本章提要

二维草图设计是三维设计的基础，学习草图设计直接关系到三维设计应用。无法准确、快速、规范地完成草图设计，已经成为提高设计效率的最大障碍。所以，三维设计的学习一定要从草图设计开始。本章主要介绍草图设计方法与技巧。

2.1 二维草图基础

学习二维草图之前需要先认识二维草图，了解二维草图的作用和特点，以及二维草图的构成，这样才能够帮助读者确定二维草图的学习方向及学习目标。

2.1.1 二维草图作用

1. 创建三维特征

在三维设计软件中，三维特征的创建一般都是基于二维草图来创建的。如图 2-1 所示，绘制一个封闭的二维草图，然后使用拉伸工具对二维草图进行拉伸就可以得到一个拉伸特征。如果没有二维草图，就无法使用特征设计工具创建三维特征，也就无法进行三维设计，由此可见二维草图与三维特征之间的关系。

通过拉伸

a)   b)

图 2-1 二维草图与三维特征的关系

a) 二维草图 b) 拉伸特征

另外，二维草图在三维模型中直接影响着三维模型的结构形式。如图 2-2 和图 2-3 所示的两个三维模型（模型 A 和模型 B），从这两个模型的模型树中可以看出这两个三维模型设计的思路和使用的工具都是一样的，主要使用了"拉伸"命令来设计。可以发现，即使是这样，这两个模型依然存在着很大的差异，那么其主要原因是什么呢？其实就是在使用拉伸工具创建拉伸特征时，拉伸所使用的二维草图截面是不一样的。模型 A 中的拉伸 1 是使用如图 2-2c 所示草图进行拉伸的，模型 B 中的拉伸 1 是使用如图 2-3c 所示草图进行拉伸的。拉伸 2 所使用的二维草图截面也不尽相同，所以得到的结果是不一样的。可见二维草图对三维模型结构的影响。

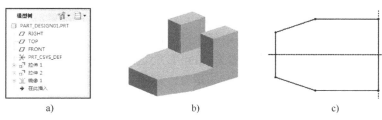

图 2-2　模型 A 模型树及特征截面分析

a) 模型 A 的模型树　b) 模型 A　c) 模型 A 中拉伸 1 的截面草图

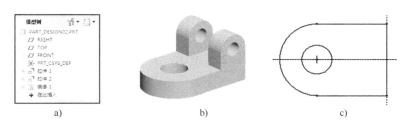

图 2-3　模型 B 模型树及特征截面分析

a) 模型 B 的模型树　b) 模型 B　c) 模型 B 中拉伸 1 的截面草图

2．其他应用

二维草图除了用来创建三维特征截面，还有很多其他方面的应用。

1）在曲面设计中，使用二维草图来设计曲线线框。

2）在工程图设计中，使用二维草图处理工程图中的一些特殊问题（如加强筋的不剖切问题），还可以用来绘制用户定制符号。

3）在自顶向下设计中，使用二维草图设计骨架模型。

4）在电气布线设计中，使用二维草图绘制电气布线逻辑图以及在逻辑图中使用的电气元件，还可以绘制电气布线路径。

5）在管道布线设计中，使用二维草图绘制管道布线路径图。

2.1.2　二维草图特点

在二维草图绘制方面，设计师先后经历了图板绘图、二维设计软件绘图以及如今比较流行的三维设计软件（如 Pro/E）绘图，无论是图板绘图还是二维设计软件绘图，都是根据设计意图[草图中的尺寸和几何关系（也称几何约束关系）]一步一步绘制草图中的准确图元并最终得到需要的二维草图。使用三维设计软件设计二维草图有着自己的特点，首先根据设计意图绘制草图的大体轮廓，然后处理草图中的几何约束关系和草图尺寸并最终得到需要的二维草图。

使用三维设计软件（Pro/E）绘制二维草图主要是基于三维设计软件的尺寸驱动功能。所谓尺寸驱动，是指草图在修改尺寸后，草图的大小会随着尺寸的变化而变化。这样设计二维草图的方法看似烦琐，但在实际的产品设计中，它比较符合设计师的思维方式和设计过程。例如，在开始设计一个新产品时，设计师的脑海里会有这个产品的大概轮廓和形状，所以他会先以草图的形式把它表现出来；草图完成后，设计师接着会考虑草图（产品）的尺寸布局和基准定位等，最后设计师根据诸多因素（如产品的功能、产品的强度要求、产品与产品中其他零件的装配关系等）确定产品中每个尺寸的最终准确值，最终完成产品的设计。由此看来，Pro/E 的这种"先绘草图、再改尺寸"的草图设计方法是有一定道理的。

使用 Pro/E 绘制二维草图可以在专门的草绘环境中绘制。单击"新建"按钮 ⬜，系统弹出如图 2-4 所示的"新建"对话框。在对话框中选中"草绘"选项（也可以选择"零件"选项进入零件设计环境绘制二维草图），然后单击"确定"按钮，系统进入 Pro/E 二维草图设计环境。Pro/E 5.0 二维草图设计用户界面如图 2-5 所示，界面中提供了专门用于二维草图绘制的工具。

图 2-4 "新建"对话框

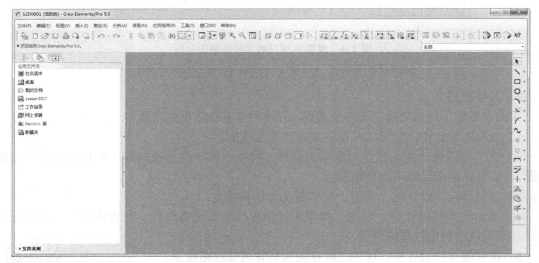

图 2-5 Pro/E 5.0 二维草图设计用户界面

2.1.3 二维草图构成

二维草图主要包括草图轮廓形状，草图几何约束（草图几何关系）和草图尺寸标注三大要素，三者缺一不可。其中草图轮廓形状与尺寸标注属于显性要素，几何约束属于隐性要素，如图 2-6 所示。下面分别从草图的三要素入手介绍草图轮廓绘制，草图几何约束以及草图尺寸标注方面的具体内容，为草图绘制做准备。

2.1.3 二维草图构成

2.2 二维草图绘制

二维草图主要用于绘制草图轮廓形状，即解决二维

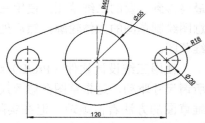

图 2-6 二维草图的构成

草图第一要素的问题，下面具体介绍 Pro/E 中常用的草图绘制工具及编辑工具。

2.2.1 绘制直
线、相切直
线、中心线

2.2.1 二维草图绘制工具

1. 绘制直线

在右部工具栏按钮区单击"直线"按钮，在绘图区单击以确定直线的第一个端点，然后拖动鼠标到合适的位置再单击以确定直线的第二个端点，最后单击鼠标中键完成直线绘制。使用这种方法绘制单一直线，如图 2-7 所示。

如果要绘制连续直线，在确定直线的第二个端点后不用单击鼠标中键，继续在合适的位置单击以确定直线的第三个通过点及更多的通过点，在确定最后一个通过点后单击鼠标中键完成直线绘制，如图 2-8 所示。

2. 绘制相切直线

在右部工具栏按钮区单击"直线相切"按钮，在直线与第一个圆（或圆弧）相切的切点位置单击，确定相切直线的第一个切点，然后移动鼠标指针到第二个圆（或圆弧）相切的切点位置单击，以确定相切直线的第二个切点，得到如图 2-9 所示的相切直线。

图 2-7　绘制单一直线

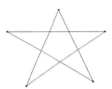
图 2-8　绘制连续直线

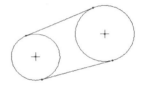
图 2-9　绘制相切直线

3. 绘制中心线

在右部工具栏按钮区单击"中心线"按钮，在绘图区合适位置单击以确定中心线的第一个通过点，然后拖动鼠标在另外一个合适位置单击以确定中心线第二个通过点，完成一条中心线的绘制，参照以上步骤绘制第二条中心线。使用这种方法可以绘制如图 2-10 所示的两条正交的中心线作为草图的基准线。

在 Pro/E 中草图基准线除了可以使用中心线绘制以外，还可以使用构造线（点虚线）来绘制。首先选择"直线"命令绘制如图 2-11a 所示的正交直线，选中正交直线后右击，在弹出的快捷菜单中选择"构造"命令，将直线转换成构造线，如图 2-11b 所示。

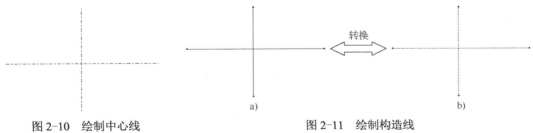

图 2-10　绘制中心线

图 2-11　绘制构造线
a) 正交直线　b) 构造线

构造线在草图绘制过程中会经常使用，主要用来绘制草图中的基准线、辅助线以及一些定位参考线。构造线在草绘中的应用如图 2-12 所示。

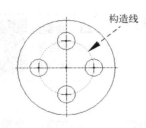
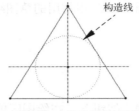
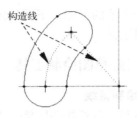

图 2-12　构造线的应用

4．绘制几何中心线

在右部工具栏按钮区单击"几何中心线"按钮 ⁝，绘制方法与中心线绘制方法一样。几何中心线主要是作为一些三维几何体对象创建的中心线，如创建三维旋转体时，使用几何中心线作为旋转轴。

2.2.1　绘制几何中心线、矩形、圆、圆弧

5．绘制矩形

在 Pro/E 中可以绘制 3 种矩形：正矩形、斜矩形和平行四边形，下面具体介绍。

1）绘制正矩形　在右部工具栏按钮区单击"矩形"按钮 ▭，在绘图区单击以确定矩形第一个顶点，然后拖动鼠标到合适的位置再单击以确定矩形的第二个顶点，单击鼠标中键结束矩形绘制，如图 2-13 所示。

2）绘制斜矩形　在右部工具栏按钮区单击"斜矩形"按钮 ◇，在绘图区单击以确定矩形第一个顶点，然后拖动鼠标到合适的位置再单击以确定矩形的第二个顶点，继续拖动鼠标到合适的位置单击以确定矩形的第三个顶点，单击鼠标中键结束斜矩形绘制，如图 2-14 所示。

3）绘制平行四边形　在右部工具栏按钮区单击"平行四边形"按钮 ▱，在绘图区单击以确定平行四边形第一个顶点，然后拖动鼠标到合适的位置再单击以确定平行四边形的第二个顶点，继续拖动鼠标到合适的位置单击以确定平行四边形的第三个顶点，单击鼠标中键结束平行四边形绘制，如图 2-15 所示。

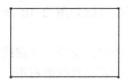
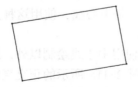
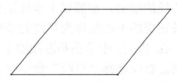

图 2-13　正矩形　　　　　图 2-14　斜矩形　　　　　图 2-15　平行四边形

6．绘制圆

圆的绘制有多种方法，可以使用圆心和点的方法绘制圆，可以根据已有圆绘制其同心圆，可以根据三点绘制圆，还可以绘制与 3 个对象相切的圆，下面具体介绍。

（1）使用圆心和点绘制圆　单击"圆心和点"按钮 ○，在绘图区单击以确定圆心位置，拖动鼠标到合适的位置单击以确定圆的半径大小，单击鼠标中键完成圆的绘制，如图 2-16 所示。

（2）绘制同心圆　单击"同心圆"按钮 ◎，然后选择已有的圆，拖动鼠标到合适的位置单击以确定同心圆的大小，单击鼠标中键，结束同心圆的绘制，如图 2-17 所示。

（3）通过三点绘制圆　单击"三点圆"按钮 ○，然后选择如图 2-18 所示三角形的三个顶点，系统根据这三个顶点绘制一个圆，如图 2-18 所示。

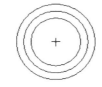

图 2-16　使用圆心和点绘制圆　　　图 2-17　绘制同心圆　　　图 2-18　通过三点绘制圆

（4）通过三切线绘制圆　单击"三切线圆"按钮⊘，选择如图 2-19 所示的三角形三条边作为相切对象，得到如图 2-19 所示的三切线圆。

7．绘制椭圆

使用圆工具还可以绘制椭圆，椭圆的绘制有以下两种方法。

一种是单击"轴端点椭圆"按钮⊘，在绘图区合适位置单击两点以确定椭圆长轴或短轴的端点，然后在合适位置单击以确定椭圆大小，单击鼠标中键完成椭圆的绘制，如图 2-20 所示。

另外一种是单击"中心和轴椭圆"按钮⊘，在绘图区合适位置单击以确定椭圆中心，然后在另外一个合适的位置单击以确定椭圆的长半轴（或短半轴），最后在一合适位置单击以确定椭圆的短半轴（或长半轴），单击鼠标中键，完成椭圆的绘制。

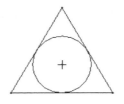

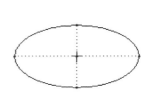

图 2-19　通过三切线绘制圆　　　图 2-20　绘制椭圆

8．绘制圆弧

圆弧的绘制也有多种方法，包括三点画圆弧、同心圆弧、圆心和半径画圆弧、三切线画圆弧，下面具体介绍这些圆弧的绘制方法。

（1）三点画圆弧　单击"三点圆弧"按钮，在绘图区单击以确定圆弧的第一个端点，拖动鼠标到合适的位置再单击以确定圆弧的第二个端点，然后将鼠标指针移动到两个端点中间的位置继续移动鼠标指针以确定圆弧的大小，到合适的位置再单击确定圆弧第三个通过点，单击鼠标中键，完成三点圆弧的绘制，结果如图 2-21 所示。

（2）绘制同心圆弧　单击"同心圆弧"按钮，然后选择已有的圆弧作为参考，拖动鼠标到合适的位置单击以确定圆弧的第一个端点，继续拖动鼠标到合适的位置单击以确定圆弧的第二个端点，单击鼠标中键，完成同心圆弧的绘制，如图 2-22 所示。

（3）使用圆心半径方法绘制圆弧　单击"圆心半径圆弧"按钮，在绘图区单击以确定圆弧圆心位置，拖动鼠标到合适的位置单击以确定圆弧第一个端点，继续移动鼠标到合适的位置再单击以确定圆弧第二个端点，单击鼠标中键，完成圆弧绘制，如图 2-23 所示。

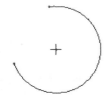

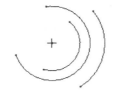

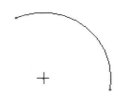

图 2-21　三点圆弧　　　　图 2-22　同心圆弧　　　　图 2-23　圆心和半径圆弧

（4）绘制三切线圆弧　单击"三切线圆弧"按钮，分别选择三角形的三条边线为相切对象，绘制一个与这三条边均相切的圆弧，如图 2-24 所示。

另外，使用"圆弧"命令还可以绘制圆锥曲线。单击"圆锥曲线"按钮，在合适位置单击以确定圆锥曲线的第一个端点，拖动鼠标到合适的位置再次单击鼠标以确定圆弧第二个端点，最后拖动鼠标并单击以确定圆锥曲线的形状，单击鼠标中键，完成圆锥曲线绘制，如图 2-25 所示。

图 2-24　三切线圆弧　　　　　图 2-25　圆锥曲线

2.2.1　绘制圆角、倒角

9．绘制圆角

在 Pro/E 中有两种倒圆角样式，一种是圆形倒圆角（图 2-26a）；另一种是椭圆形倒圆角（图 2-26b）。下面以圆形倒圆角的创建方法为例，介绍倒圆角创建方法。

单击"圆形"按钮，选择如图 2-26c 所示的两条倒圆角边线，单击鼠标中键，完成倒圆角结构的绘制。椭圆形倒圆角的创建方法与圆形倒圆角创建方法一致，在此不再赘述。

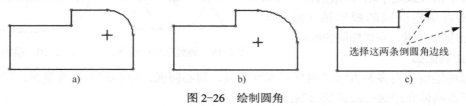

选择这两条倒圆角边线

a)　　　　　　　　　b)　　　　　　　　　c)

图 2-26　绘制圆角

a) 圆形倒圆角　b) 椭圆形倒圆角　c) 倒圆角前

10．绘制倒角

在 Pro/E 中有两种倒角样式。单击"倒角"按钮，绘制带构造线的倒角，如图 2-27b 所示。单击"倒角修剪"按钮，绘制不带构造线的倒角，如图 2-27c 所示。倒角创建方法与圆角的创建方法相同，在此不再赘述。

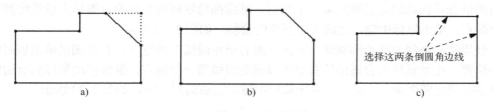

选择这两条倒圆角边线

a)　　　　　　　　　b)　　　　　　　　　c)

图 2-27　绘制倒角

a) 倒角　b) 倒角修剪　c) 倒角前

2.2.2　二维草图编辑与修改

2.2.2　修剪、拐角、镜像

1．草图的修剪

在绘制草图轮廓时，有时难免会有多余的草图图元，多余的部分需要修剪掉。单击"修剪"按钮，可以对多余草图部分进行修剪，修剪有两种方式。

第一种方式是在草图多余部分单击，系统将鼠标单击的部位删除，以达到修剪草图的目的，如图 2-28 所示。

另外一种方式是拖动一条轨迹，系统将与轨迹相交的草图部分删除，如图 2-29 所示。使用这种方法可以更快修剪草图中大量多余部分。

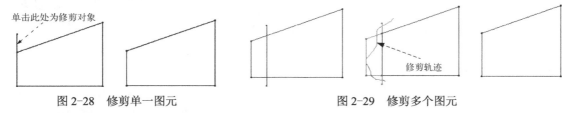

图 2-28　修剪单一图元　　　　　　　　图 2-29　修剪多个图元

2. 拐角

在绘制草图轮廓过程中，有时因为速度比较快，或草图结构原因或绘制思路的问题，草图中会有些草图图元没有有效连接在一起（图 2-30a），或者草图图元相交（图 2-30b），这时需要能够快速对这些结构进行修改，以得到一个完整拐角结构。

在 Pro/E 中可以使用"拐角"按钮┤├来完成这种操作。单击"拐角"按钮┤├，然后选择需要制作拐角的两条边线，系统会在断开或相交的位置制作拐角（图 2-30c），从而达到修复草图的目的。

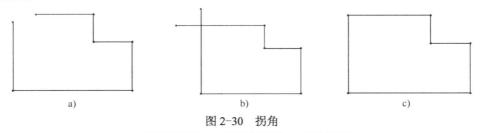

a)　　　　　　　　　　b)　　　　　　　　　　c)

图 2-30　拐角

a) 草图图元断开　b) 草图图元相交　c) 制作拐角后

3. 镜像草图

对于对称结构的草图，可以使用镜像操作来处理草图，在绘制的时候，只需要绘制草图的一半。这样做的目的是尽可能地简化草图的绘制，减小草图绘制工作量，最终提高工作效率，同时保证了草图的对称关系。

镜像操作方法是首先选择需要镜像的草图，然后选择"镜像"命令，最后选择镜像中心线，即可完成草图的镜像操作（图 2-31）。需要注意的是，草图的镜像操作一定要有一条中心线，这条镜像中心线可以使用"中心线"命令来绘制。

在实际绘制草图的时候，镜像草图命令除了用来对草图的一半进行镜像操作外，还经常用来对草图中的部分结构进行镜像，如图 2-32 所示。

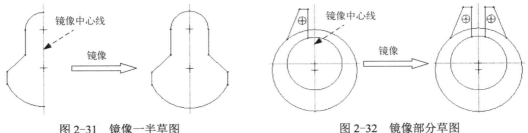

图 2-31　镜像一半草图　　　　　　　　图 2-32　镜像部分草图

4．使用边

使用"使用边"命令可以将非草图图元对象（如实体的面、边、曲线等）转换为草图图元，使其成为草图的一部分。需要注意的是，"使用边"命令只有在零件设计环境中绘制草图时，并且还必须有非草图对象存在的前提下才可以使用。

2.2.2　使用边

在零件设计环境中进入草图环境，单击"使用边"按钮□，然后选择需要转换的非草图对象，即可将非草图对象转换成草图图元，下面介绍其具体操作。

如图 2-33 所示的香皂盒模型，在设计香皂盒模型中的扣合特征结构时，需要在如图 2-34 所示的结构基础上绘制一个与香皂轮廓外形一致的草图，可以使用"使用边"命令来绘制这个草图。

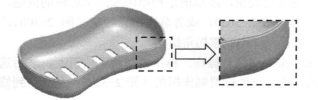

图 2-33　香皂盒模型中的扣合特征

图 2-34　已经完成的结构

选择"草绘"命令或者三维特征命令，系统弹出"草绘"对话框然后选择如图 2-35 所示的草绘平面，使用系统默认的参照平面（图 2-36），单击"草绘"按钮，进入草绘环境。

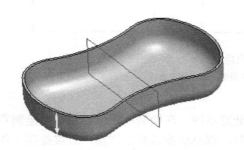

图 2-35　选择草绘平面和参照平面

图 2-36　"草绘"对话框

单击"使用边"按钮□，系统弹出如图 2-37 所示的"类型"对话框。选中"环（L）"选项，然后选择需要使用的实体边对象。此时系统会弹出如图 2-38 所示的"菜单管理器"，通过选择"菜单管理器"中的"上一个"或"下一个"选项来切换选择对象。当切换到需要的使用边对象时，再选择"接受"选项完成选取，得到如图 2-39 所示的使用边结果。

图 2-37　"类型"对话框（一）

图 2-38　菜单管理器（一）

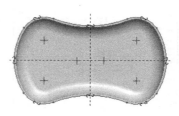

图 2-39　使用边结果

5. 偏移草图

使用偏移草图工具可以将已有的草图（源草图）偏移一定的距离得到一个与源草图相似的新草图，从而大大提高绘制相似草图的效率。偏移草图的示意图如图 2-40 所示。

2.2.2 偏移、旋转缩放、复制粘贴

单击"偏移"按钮 ，系统弹出如图 2-41 所示的"类型"对话框和相应的"选取"对话框。在 Pro/E 中包括三种偏移方式：单一、链和环。

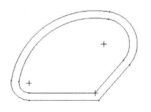

图 2-40　偏移草图　　　　图 2-41　"类型"对话框（二）

在"类型"对话框中选择"单一（S）"选项，选取如图 2-42 所示的圆弧作为偏移对象，此时在草图中显示如图 2-42 所示的偏移方向箭头，同时弹出如图 2-43 所示的参数输入文本框，在该参数输入文本框中输入偏移距离值"0.3"，单击 按钮，得到如图 2-44 所示的偏移结果。

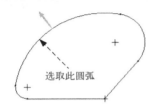

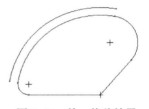

图 2-42　选取偏移对象（一）　　图 2-43　参数输入文本框　　图 2-44　单一偏移结果

📖 说明：输入偏移距离值时，要视偏移箭头方向而定。当输入正值时，将沿着与箭头方向一致的方向偏移；输入负值时，将沿着与箭头相反的方向偏移。

在"类型"对话框中选择"链（H）"选项，按住〈Ctrl〉键选取如图 2-45 所示的两段圆弧作为偏移对象，此时在草图中显示如图 2-45 所示的偏移方向箭头，同时弹出如图 2-46 所示的"菜单管理器"。在该"菜单管理器"中通过选择"下一个"或"上一个"选项来切换选取。当切换到需要的对象时，再选择"接受"选项接受选取，最后在参数输入文本框中输入偏移距离值，单击 按钮，得到如图 2-47 所示的偏移结果。

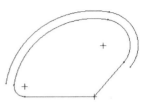

图 2-45　选取偏移对象（二）　　图 2-46　菜单管理器（二）　　图 2-47　链偏移结果

使用链偏移方式主要是对草图中部分对象进行偏移。需要注意的是，只能按住〈Ctrl〉

键选取两段草图图元进行偏移。如果是封闭的环形草图，可按住〈Ctrl〉键选取两段草图图元后再使用如图 2-46 所示的"菜单管理器"来切换选取。

6．草图的旋转与缩放

有时在完成草图轮廓绘制以后，发现草图轮廓尺寸比预期的草图要大很多或小很多，对后面的草图绘制工作会造成一定的影响，需要将草图轮廓进行缩放，使其与预期草图大小差不多。有时从别的文件中引用过来的草图，发现草图的方位角度与预期的不一致，需要将草图旋转一定的角度，使其与预期的草图方位一致。要完成草图的缩放和旋转操作，可以使用"旋转"和"缩放"命令。

首先选择需要处理的草图对象（图 2-48a），然后选择"移动和调整大小"命令 ⊙，系统弹出"移动和调整大小"对话框。在"移动和调整大小"对话框中输入草图缩放比例和旋转角度（图 2-48b），单击 ✓ 按钮，完成对草图进行比例缩放和旋转（图 2-48c）。

7．草图的复制与粘贴

使用 Pro/E 绘制的草图，可以方便地进行复制和粘贴操作，然后在同一个草图文件或者不同的草图文件（甚至不同文件类型）之间进行共享。

选中需要复制的原始草图文件（图 2-49a），选择"复制"命令 📋（或按〈Ctrl+C〉键），然后选择"粘贴"命令 📋（或按〈Ctrl+V〉键），系统将复制的草图粘贴到图形区的某个位置。同时在系统弹出的"移动和调整大小"对话框中设置草图的缩放比例和旋转角度，然后用鼠标选中草图的 ⊗ 位置将草图拖放到合适的位置（图 2-48c），最后单击"移动和调整大小"对话框中的 ✓ 按钮，完成草图的复制和粘贴操作（图 2-49b）。

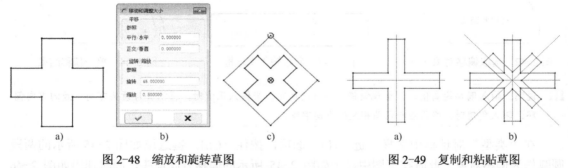

图 2-48　缩放和旋转草图　　　　图 2-49　复制和粘贴草图
a) 选择草图对象　b) "移动和调整大小"对话框　c) 缩放和旋转　　　　a) 原始草图对象　b) 粘贴草图对象

📖 注意：在粘贴草图时，一定要在完成操作之前拖动草图 ⊗ 位置去移动草图，完成操作后，草图的绘制就不能准确地移动了。

8．二维草图编辑实例

图 2-50 所示为铣刀截面草图。铣刀截面草图是一个中心对称的草图，像这类对称草图的绘制，为了最大限度地减小工作量，也为了保证草图中的几何关系，应首先分析出草图的最基本单元，最基本单元绘制完成后再使用镜像、复制与粘贴命令，将基本单元进行复制就能够很快完成铣刀截面草图的绘制。

2.2.2　二维草图编辑实例

根据对铣刀截面草图的分析不难看出，最基本单元是 1/8 草图，如图 2-51 所示。需要首先绘制其 1/8 草图，然后通过镜像和复制操作完成整个草图绘制。

铣刀截面草图的 1/8 结构比较简单，首先绘制如图 2-52 所示的圆，再使用"直线"命令绘制如图 2-53 所示的两段直线，然后使用"修剪"命令修剪草图多余部分，得到如图 2-54 所示的 1/8 铣刀截面草图。

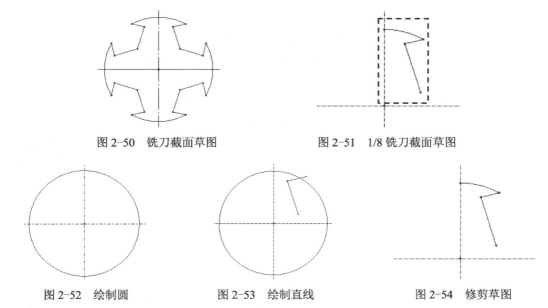

图 2-50　铣刀截面草图　　　　　图 2-51　1/8 铣刀截面草图

图 2-52　绘制圆　　　　　图 2-53　绘制直线　　　　　图 2-54　修剪草图

接下来对 1/8 铣刀截面草图进行镜像和复制操作。首先选择"镜像"命令对草图进行两次镜像操作，分别得到如图 2-55 和图 2-56 所示的草图结构，然后选中整个草图，选择"复制"命令，再选择"粘贴"命令，将草图中心移动到与之前绘制的草图中心重合的位置，设置草图的旋转角度为 90°，结果如图 2-57 所示。最后使用"修剪"命令修剪草图多余部分，得到最终的铣刀截面草图。

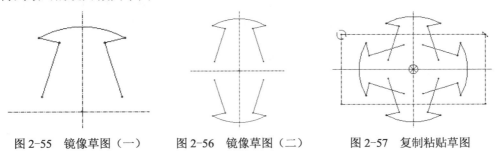

图 2-55　镜像草图（一）　　　图 2-56　镜像草图（二）　　　图 2-57　复制粘贴草图

2.3　二维草图几何约束

草图几何约束是指草图中图元和图元之间的几何关系，例如，水平、竖直、相切、垂直、平行、对称等。草图几何约束是二维草图三大要素中一个非常重要的要素，而且也是一个最难处理的要素，同时也是三大要素中唯一一个不可见的要素。在具体草图绘制过程中需要用户根据草图设计意图进行分析确定几何关系，所以在绘制草图之前首先要分析草图中的几何约束。

在 Pro/E 中一共包括九种几何约束：竖直约束、水平约束、垂直约束、相切约束、中点约束、重合约束、对称约束、相等约束和平行约束。

在 Pro/E 草图设计环境中，可以使用约束工具来添加草图中的几何约束。单击"约束"按钮，系统弹出如图 2-58 所示的约束菜单，可利用该菜单添加草图中的约束。下面具体介绍添加草图约束的方法。

图 2-58 约束菜单

1．添加竖直约束

使用"竖直约束"命令可以使某条直线竖直，也可以使两个顶点在竖直方向对齐。添加竖直约束的方法是首先选择"竖直约束"命令，然后选择如图 2-59a 所示的直线，完成竖直约束的添加，结果如图 2-59b 所示（之前倾斜的直线变竖直了）；如果选中如图 2-59a 所示的两个点，结果如图 2-59c 所示（两个顶点在竖直方向对齐了）。

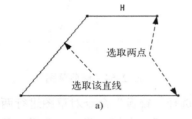 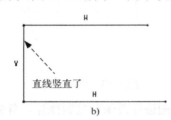 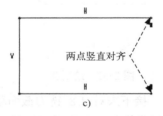

图 2-59 添加竖直约束

a) 选择约束对象　b) 使直线竖直　c) 使两点竖直对齐

2．添加水平约束

使用"水平约束"命令，可以使某条直线水平（图 2-60b），也可以使两个顶点水平对齐（图 2-60c）。其操作方法与添加竖直约束类似，在此不再赘述。

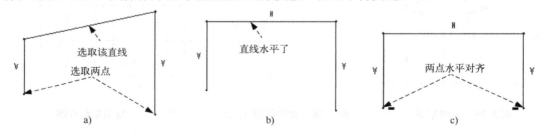

图 2-60 添加水平约束

a) 选择约束对象　b) 使直线水平　c) 使两点水平对齐

3．添加垂直约束

使用"垂直约束"命令可以使两条直线相互垂直。选择"垂直约束"命令，然后选择如图 2-61a 所示的两条直线，即添加了两条直线的垂直约束（图 2-61b）。

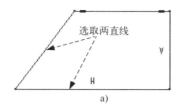
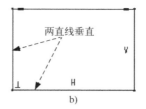

图 2-61 添加垂直约束

a) 选择约束对象 b) 使两直线垂直

4. 添加相切约束

使用"相切约束"命令 可以使两段圆弧或圆弧与直线相切。选择"相切约束"命令 ，然后选择如图 2-62a 所示的圆弧和直线，可以约束圆弧和直线相切（图 2-62b）；选择如图 2-62a 所示的圆弧和圆弧，可以约束两圆弧相切（图 2-62c）。

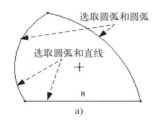
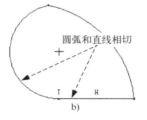
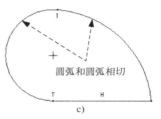

图 2-62 添加相切约束

a) 选择约束对象 b) 圆弧和直线相切 c) 圆弧和圆弧相切

5. 添加中点约束

使用"中点约束"命令 可以将一个点约束到圆弧或直线的中点位置。选择"中点约束"命令 ，然后选择如图 2-63a 所示的圆心和直线，完成中点约束的添加，结果如图 2-63b 所示。

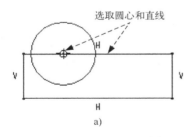
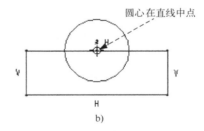

图 2-63 添加中点约束

a) 选择约束对象 b) 约束圆心到直线中点

6. 添加重合约束

使用"重合约束"命令 可以使两个点重合或两条直线共线，还可以将一个点约束到一条直线、一段圆弧或样条曲线上，使点成为直线、圆弧或样条曲线上的点。选择"重合约束"命令 ，然后选择如图 2-64a 所示的两个顶点，约束两个点重合（图 2-64b）；选择如图 2-64a 所示的两条直线，约束两条直线共线（图 2-64c）。

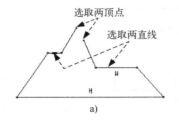 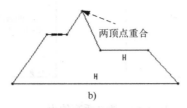 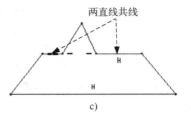

图 2-64　添加重合约束

a) 选择约束对象　b) 约束两顶点重合　c) 约束两直线共线

7．添加对称约束

使用"对称约束"命令 ⊹ 可以使两个顶点关于一条中心线对称，添加对称约束一定要有一条中心线（使用"中心线"命令 ⋮ 绘制中心线）。选择"对称"命令 ⊹，然后选择如图 2-65a 所示的两个点和中心线，完成对称约束的添加，结果如图 2-65b 所示。

📖　注意：在 Pro/E 中只能添加两个点的对称，不能直接约束两直线或两圆弧对称，如果要约束两直线的对称，只能分别约束两直线上两对点的对称，圆弧对称类似。

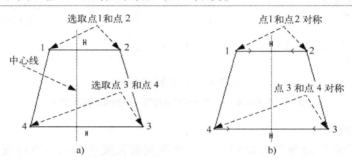

图 2-65　添加对称约束

a) 选择约束对象　b) 约束点关于中心线对称

8．添加相等约束

使用"相等约束"命令 ＝ 可以使两条直线等长，也可以使两个圆或圆弧等半径。选择"相等约束"命令 ＝，选择如图 2-66a 所示的两条直线，约束两直线相等（图 2-66b）。分别选择图 2-66a 所示的两个圆弧和两个圆，约束两个圆弧和两个圆等半径（图 2-66c）。

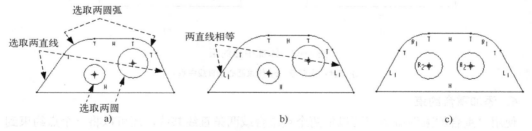

图 2-66　添加相等约束

a) 选择约束对象　b) 约束两直线相等　c) 约束圆弧和圆等半径

9．添加平行约束

使用"平行约束"命令 ∥ 可以使两条直线平行。选择"平行约束"命令 ∥，然后选择如

图 2-67a 所示的两条直线，约束两条直线平行，结果如图 2-67b 所示。

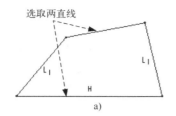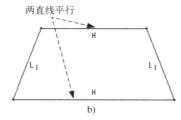

图 2-67 添加平行约束
a) 选择约束对象 b) 约束两直线平行

10．二维草图约束实例

在 Pro/E 中绘制五角星，可以使用"调色板"命令快速绘制，即使可以这样操作，但还是应该知道一般情况下要如何去绘制一个正五角星，最重要的是通过正五角星的绘制能够学习到在 Pro/E 中绘制这类草图的思维方法，以后遇到类似的草图知道怎么去绘制。

2.3 二维草图约束实例

首先分析一下图 2-68 所示的正五角星草图。正五角星草图的关键是五个顶点，那么这五个顶点有什么样的关系呢？将五角星的五个顶点连接起来，可以得到一个正五边形，这个正五边形就是绘制正五角星的关键！那么如何去绘制一个正五边形呢？首先要了解正五边形的特点，就是五边形的五个顶点均匀分布在一个圆上，相当于圆周的五等分点，分析到这就知道怎么去绘制一个正五角星了。下面具体介绍绘制方法。

首先绘制如图 2-69 所示的圆，再使用"直线"命令在圆内部绘制一个如图 2-70 所示的内接五边形，一定要保证五边形的五个顶点均在圆上。然后使用约束的方法将五边形约束成为一个正五边形（图 2-71），接着使用"直线"命令连接五边形的五个顶点，如图 2-72 所示，最后修剪多余直线，将圆修改为构造线保留作图痕迹，结果如图 2-73 所示。

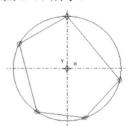

图 2-68 正五角星草图   图 2-69 绘制一个圆   图 2-70 绘制一个内接五边形

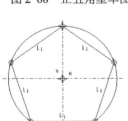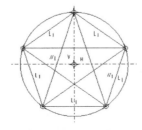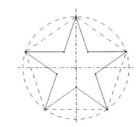

图 2-71 添加几何约束   图 2-72 绘制五角星连线   图 2-73 修剪草图并转换构造线

2.4 二维草图尺寸标注

尺寸标注也是二维草图中一个重要的要素，同时也是产品设计过程中一项非常重要的设计参数，体现了设计者的重要设计意图，而且直接关系到产品的制造与使用。设计者必须对产品中的每个结构标注合适的尺寸参数，产品设计过程中的尺寸参数绝大部分是在二维草图中标注的，可见二维草图尺寸标注的重要性。

在 Pro/E 草图设计中可以使用"尺寸标注"命令 来标注草图尺寸，使用"修改"命令 来修改草图中的尺寸。

1. 尺寸标注与修改

标注尺寸的大致步骤是首先选择"尺寸标注"命令 ，然后选择需要标注尺寸的草图对象，最后在放置尺寸的位置单击鼠标

2.4 尺寸标注与修改 01

中键，完成尺寸的标注，在具体标注一些比较特殊的尺寸时操作稍有不同。下面具体介绍常用尺寸标注的操作方法。

（1）标注直线长度 选择"尺寸标注"命令 ，然后选择要标注的直线对象，在放置尺寸的地方单击鼠标中键，完成直线长度尺寸的标注，如图 2-74 所示。

（2）标注两点之间的距离 选择"尺寸标注"命令 ，然后选择两点对象，可以标注两点之间的水平尺寸，也可以标注两点之间的竖直尺寸，移动鼠标指针来确定是标注竖直尺寸还是水平尺寸（将鼠标指针移动到标注对象的左侧或右侧可以标注竖直尺寸，将鼠标指针移动到标注对象上方或下方可以标注水平尺寸），最后在放置尺寸的位置单击鼠标中键，完成两点间距离尺寸的标注，如图 2-75 所示。

（3）标注两平行线间的距离 选择"尺寸标注"命令 ，依次选择两平行直线对象，在放置尺寸的位置单击鼠标中键，完成两条平行线间距离尺寸的标注，如图 2-76 所示。

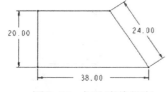

图 2-74 标注直线长度

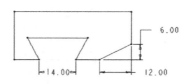

图 2-75 标注两点间距离

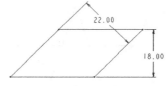

图 2-76 标注平行线间距离

（4）标注两线间的夹角尺寸 选择"尺寸标注"命令 ，然后依次选择两条直线对象，在放置尺寸的位置单击鼠标中键（一般在夹角中的某一个位置），完成两条线间夹角尺寸的标注，如图 2-77 所示。

（5）标注圆弧直径和半径尺寸 选择"尺寸标注"命令 ，在需要标注直径的圆弧上双击，在放置尺寸的位置单击鼠标中键，完成圆弧直径的标注，在需要标注半径的圆弧上单击，在放置尺寸的位置单击鼠标中键，完成半径的标注，如图 2-78 所示。

（6）标注两圆弧间的极限尺寸 选择"尺寸标注"命令 ，分别单击两圆弧的标注位置，如果需要标注两圆弧的最大位置，就在两圆弧的最大位置单击，否则就在最小位置单击，然后在放置尺寸的位置单击鼠标中键，完成尺寸标注，如图 2-79 所示。

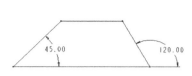
图 2-77 标注夹角尺寸

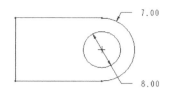
图 2-78 标注圆弧直径与半径尺寸

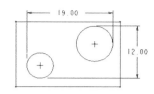
图 2-79 标注圆弧间的极限尺寸

（7）标注对称尺寸　对称尺寸标注经常用在创建回转类零件二维草图中，用来标注关于中心轴线对称的尺寸。选择"尺寸标注"命令，按照直线→中心线→直线的先后顺序单击草图对象，然后在放置尺寸的位置单击鼠标中键，完成对称尺寸标注，结果如图 2-80 所示。

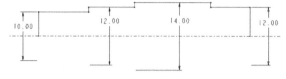
图 2-80 标注对称尺寸

在标注和修改草图尺寸的时候一定要注意草图结构，草图结构在一定程度上影响着尺寸的标注与修改。如图 2-81 所示的草图，若修改草图中标注为 7 的尺寸，从草图结构来看，该尺寸等于尺寸 20 减去尺寸 8 再减去半径为 4 的圆弧的弦长，因为其他的尺寸都定了，所以尺寸 7 的修改就会受到这些尺寸的限制。

2.4　尺寸标注与修改 02

当半径为 4 的圆弧刚好为半圆时（图 2-82），此时为尺寸 7 的最小修改极限，当半径为 4 的圆弧刚好没有时（图 2-83），此时为尺寸 7 的最大修改极限。

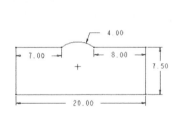
图 2-81 修改草图尺寸

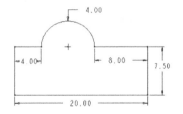
图 2-82 最小修改极限范围

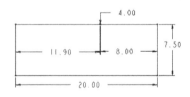
图 2-83 最大修改极限范围

所以，尺寸 7 修改的范围为 4～12，只要修改的值在这个范围之内就可以正常修改，如果超出这个范围就不能修改了，所以在修改草图尺寸时要考虑草图的结构。

2. 尺寸类型

Pro/E 尺寸类型主要包括弱尺寸和强尺寸两种。绘制完草图图元后，系统会自动添加一些尺寸标注（默认情况下颜色为灰色），这些尺寸是软件系统根据用户任意绘制的图元的实际大小标注的尺寸，一般都不是最终设计需要的尺寸，像这样的尺寸就称作弱

2.4　尺寸类型

尺寸，如图 2-84 所示；在弱尺寸基础上做一定的修改或者用户手动标注的尺寸（默认情况下颜色为橙色），一般都是设计需要的尺寸，像这样的尺寸就称作强尺寸，如图 2-85 所示。弱尺寸只是暂时存在于草图中，最后草图中保留下来的尺寸才称作强尺寸，强尺寸是满足设计需要的尺寸。

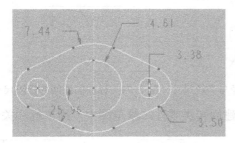

图 2-84　Pro/E 草图中的弱尺寸

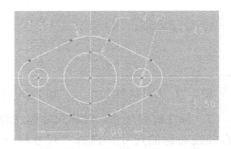

图 2-85　Pro/E 草图中的强尺寸

选中弱尺寸右击，在弹出的快捷菜单中选择"强"命令，可以将弱尺寸转换成强尺寸；另外，使用尺寸标注命令标注的尺寸也属于强尺寸。弱尺寸不能被人为删除，强尺寸可以被人为删除，每添加一个强尺寸，系统会自动删除一个弱尺寸，总的目的是保证草图中的尺寸不多不少刚好把草图标注完全。

3. 尺寸冲突问题

尺寸冲突，包括尺寸与尺寸之间的冲突以及尺寸与几何约束之间的冲突，无论是哪种冲突，根本原因都是因为草图中存在不合理的尺寸或约束，需要将这些不合理的尺寸删除来解决尺寸冲突的问题。

2.4　尺寸冲突

另外，在标注草图尺寸的时候一定不要形成封闭尺寸，否则也会出现尺寸冲突的问题。如图 2-86 所示的草图，其中已经标注了一些尺寸，如果再去标注如图 2-87 所示的尺寸 11.5，就会出现尺寸冲突，其根本原因就是因为尺寸 11.5 与草图中的 5.50 和 17.00 两个尺寸形成了封闭尺寸。

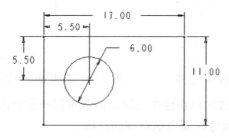

图 2-86　标注草图中的尺寸

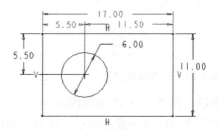

图 2-87　草图中的尺寸冲突

那么为什么会出现尺寸冲突呢？不难发现，之前草图中标注了尺寸 17 和尺寸 5.5，这时要标注的尺寸 11.5 可以根据前两个尺寸计算出来，其实属于已知尺寸，如果再去标注这个尺寸，系统会认为这个尺寸是多余的，也就出现尺寸冲突了。

草图中一旦出现尺寸冲突，系统会将草图中出现尺寸冲突的相关约束与尺寸显示为红色，如图 2-87 所示，同时系统弹出如图 2-88 所示的"解决草绘"对话框。在该对话框中显示出与当前标注尺寸存在冲突的约束与尺寸标注（也就是如图 2-87 所示草图中红色的约束和尺寸）。如果一定要标注尺寸 11.5，可以删除一些冲突的约束或尺寸，如 5.5。操作方法是在"解决草绘"对话框中选中 5.5 的尺寸，然后单击"删除"按钮，即可解决草图中尺寸冲突问题，结果如图 2-89 所示。

图 2-88 "解决草绘"对话框

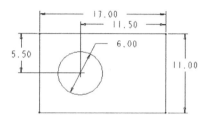

图 2-89 解决草绘尺寸冲突结果

4. 尺寸标注要求与规范策划

在二维草图设计中，关于尺寸标注主要有两种情况。

第一种情况就是根据已有的设计资料（如图样）进行尺寸标注。这种情况下进行尺寸标注不用做什么考虑，直接根据图样要求进行标注就可以。图样要求在什么地方标注尺寸就在什么地方标注，图样要求标注什么类型的尺寸就标注什么类型的尺寸。标注完所有尺寸后，再根据图样中尺寸放置位置对尺寸标注进行整理，使草图中所有尺寸放置位置与图样一致，这样方便对尺寸进行检查与修改。

2.4 尺寸标注要求及规范

另外一种情况就是从无到有进行完全自主设计，手边没有任何设计资料，草图中的每个尺寸都需要设计者自行标注。这种情况下的尺寸标注就比较灵活，也比较自由，但是要求也更高，绝对不能随便标注，一定要注意尺寸标注的规范性要求。尺寸标注规范性要求主要包括以下几点。

1）尺寸标注基本要求。对于距离尺寸、长度尺寸直接选择图元标注线性尺寸，对于圆弧（小于半圆的非整圆）一般标注半径尺寸，对于整圆一般标注直径尺寸，对于斜度结构一般标注角度尺寸，所以如图 2-90 所示的草图尺寸标注是不合理的，正确的尺寸标注如图 2-91 所示。

2）所有尺寸标注要便于实际测量。如图 2-92 所示的草图，水平尺寸 7 是从圆角与直边切点到对称中心的距离尺寸，竖直尺寸 8 是两端圆角与直边切点之间的距离尺寸，水平尺寸 2 是圆角两端切点之间的水平距离尺寸，这些尺寸在实际中均不太容易测量，所以这些标注都是不合理的，正确的标注如图 2-93 所示。

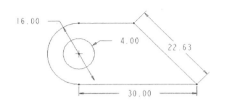

图 2-90 不合理的尺寸标注

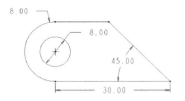

图 2-91 合理的尺寸标注

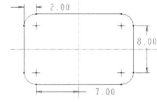

图 2-92 不方便实际测量

3）所有尺寸标注要就近标注。在标注草图尺寸时，标注每一段图元尺寸时，尽量将标注尺寸放置到相应图元附近，不要离得太远，否则影响看图。如图 2-94 所示的草图尺寸标注，其中所有尺寸标注均远离相应图元对象，导致无法准确看清草图轮廓，应该将各尺寸标注到如图 2-95 所示的位置。

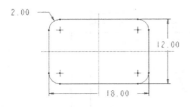
图 2-93　方便实际测量

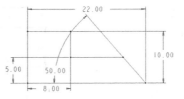
图 2-94　尺寸标注远离图元对象

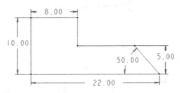
图 2-95　就近标注尺寸

4）重要的尺寸参数一定要直接标注在草图中，切不可间接标注，如果出现尺寸冲突可以作为参考尺寸进行标注。如图 2-96 所示的草图尺寸标注，其中尺寸 10 是整个草图的总高度尺寸，也是整个草图中非常重要的一个尺寸，一定要在草图中直接标注出来，便于读取该尺寸。如果按照图 2-97 所示标注，将重要尺寸 10 拆分成 2 和 8 两个尺寸，在实际读数或修改时还要做加减法，这就没有直接标注方便了。

另外，如图 2-98 所示的草图尺寸标注，其中四个圆水平方向及竖直方向间距尺寸属于非常重要的尺寸，也应该直接标注在草图中。但是因为这些圆与对应位置的圆弧都是同心的，而且草图的水平及竖直方向的总长度尺寸已经标注出来了，在这种情况下再去标注四个圆水平方向及竖直方向间距尺寸就会出现尺寸冲突，此处就应该标注为参照尺寸（草图中带"参照"字样的尺寸）。

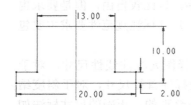
图 2-96　重要尺寸直接标注

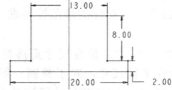
图 2-97　重要尺寸间接标注

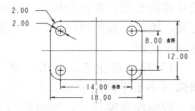
图 2-98　重要尺寸标注为参照尺寸

5）尺寸标注要符合一些典型结构设计要求。在一些典型结构设计中，对其尺寸标注也是有着特殊要求的，在这种情况下的尺寸标注就一定要符合这些特殊要求，使这些结构设计更加规范合理。如图 2-99 所示的长圆形草图，如果用在一般的结构设计中，按照该图的尺寸标注是没有问题的，但是如果用在键槽设计中，这种标注就不行了。同样的长圆形草图，用于键槽设计时，一定要按照如图 2-100 所示的方式进行标注。

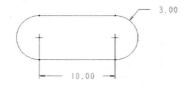
图 2-99　一般情况下的尺寸标注

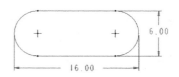
图 2-100　键槽设计中的尺寸标注

2.5　二维草图完全约束

任何一个空间（二维空间或三维空间）都是无限广阔的，存在于空间中的任何一个对象，都必须是唯一确定的。这里的唯一确定必须包括两层含义：一是对象在空间中的位置必须是唯一确定的；二是对象的形状外形必须是唯一确定的，缺少其中任何一点，都会导致对象不是唯一确定，不唯一确定的对象是无法存在于空间中的。

对于二维空间中的平面草图，也必须是唯一确定于二维空间的，这种唯一确定的草图称作全约束草图，绘制的任何一个草图都必须是全约束的草图。否则绘制的草图就一定有问题。

如图 2-101 所示的二维草图，草图中没有对草图形状进行控制的尺寸标注，也没有用来控制草图与坐标轴之间关系的约束或尺寸，所以该草图是一个不确定的草图，是一个不完全约束的草图。在草图中添加如图 2-102 所示的尺寸标注，这样，草图的形状外形是确定的，但是草图与坐标轴之间没有任何关系，也就是说草图的位置是不确定的，草图同样是一个不完全约束的草图。

下面继续对以上草图进行控制。在草图中添加如图 2-103 所示的两个尺寸标注，用来控制草图与坐标轴之间的距离，这样，草图的位置也就完全确定下来了，再加上之前草图的形状外形已经确定了，所以，此时的草图是一个全约束的草图。或者，还可以在草图中添加如图 2-104 所示的两个几何约束，将草图的某些轮廓边线约束到与坐标轴平齐的位置，也可以使草图完全约束。

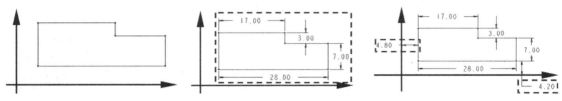

图 2-101　不确定的草图　　图 2-102　仅仅形状确定的草图　图 2-103　添加尺寸标注使草图固定

在 Pro/E 中判断草图是否完全约束可以从草图形状和草图位置是否完全确定来进行判断。另外，一个更直观的方法是看草图中是否还存在弱尺寸，如果草图绘制完成后依然存在弱尺寸就说明草图不完全约束，如果草图中的尺寸全部为强尺寸，那么草图就是完全约束的。

在 Pro/E 的草图环境中是没有坐标轴的，可以在右部工具栏按钮区单击"中心线"按钮来绘制坐标轴，用来对草图进行位置确定，如图 2-105 所示。当从零件设计环境中进入到草绘环境时，可以使用零件设计基准面作为坐标轴对草图进行位置确定，如图 2-106 所示。

图 2-104　添加几何约束使草图固定　图 2-105　绘制中心线作为坐标轴　图 2-106　以基准面为坐标轴

如果使用没有完全约束的草图来设计其他的结构，将会导致其他结构不确定。不确定的结构只能存在于理论设计阶段，而无法存在于实际中。所以，设计人员在使用 CAD 软件进行设计时，一定要保证每个结构中的每个草图完全约束。

2.6　二维草图设计方法与技巧

二维草图设计最重要的问题就是要注意草图设计方法与技巧，其实关键就是要处理好二维草图轮廓绘制、几何约束处理及草图尺寸标注的问题，只有理解了二维草图设计方法与技巧，才能够更高效、更规范地完成二维草图绘制，才能提高产品设计效率。

2.6.1　二维草图绘制过程

2.6.1　二维草图绘制一般过程

二维草图的绘制贯穿整个产品设计阶段，对产品设计的重要性是不言而喻的，那么应该如何规范而高效地绘制草图呢？读者一定要注意在 Pro/E 中进行草图设计的一般过程，在 Pro/E 二维草图设计环境进行二维草图绘制的一般流程如下。

1）分析草图。分析草图的形状，草图中的约束关系以及草图中的尺寸标注。

2）绘制草图大体轮廓。以最快的速度绘制草图大体轮廓，不需要绘制得过于细致。

3）处理草图中的几何约束。先删除无用的约束，然后添加有用的约束。

4）标注草图尺寸。按照设计要求或者图样中的尺寸标注，标注草图中的尺寸。

5）整理草图。按照机械制图的规范整理草图中的尺寸标注。

2.6.2　分析草图

2.6.2　分析草图

在开始任何一项工作或项目之前，首先一定要对这项工作或项目做一定的分析，而不要急于开始工作，这是一个很好的工作习惯，将工作或项目分析清楚了，再开始工作定会达到事半功倍的效果，盲目地开始工作，只会事倍功半。

草图设计也是如此，而且对草图的前期分析直接关系到后面草图绘制的全过程是否能够顺利进行。对草图的分析主要从以下几个方面入手。

1．分析草图的总体结构特点

分析草图的总体结构特点，对草图做到心中有数，胸有成竹，能够帮助用户快速得出一个可行的草图绘制方案，同时也能够帮助用户快速完成草图大体轮廓的绘制。

2．分析草图的形状轮廓

分析草图的轮廓形状时需要特别注意草图中的一些典型结构，例如，圆角、直线-圆弧-直线相切、圆弧-圆弧-圆弧相切以及直线-圆弧-圆弧相切结构等。这些典型的草图结构都具有独特的绘制方法与技巧，灵活运用这些独特的绘制方法与技巧，能够大大提高草图轮廓绘制效率。

3．分析草图中的几何约束

草图中的几何约束就是草图中各图元之间的几何关系，一般比较常见的包括对称关系、平行关系、相等关系、共线关系、等半径关系、相切关系、竖直和水平关系等，分析清楚了草图中的几何约束关系才能更快、更好地处理草图中的约束问题。

对草图中几何约束的分析往往是最难分析也最难把握的，因为草图中的几何约束关系属于草图中的一种隐含属性，不像草图轮廓和草图尺寸那么明显，需要绘制草图的人自行分析与判断。一般根据产品设计要求、草图结构特点以及草图中标注的尺寸来分析草图中的几何约束，而且分析的结果因人而异，只要能够将草图约束到需要的状态，可以有多种添加约束的具体方法。

在分析草图约束时，可以一个图元一个图元地去分析，分析每个图元的约束关系，当然也要注意一些方法和技巧。例如，一般情况下，圆角不用去考虑其约束，因为圆角的约束是固定的，就是圆弧与直线相切，除此以外只需要看圆角半径值是多少即可。对于一般圆弧，主要看两点，一点是圆弧与圆弧相连接的图元之间的关系，一般情况下相切的情况比较多，另一点要看的就是圆弧的圆心位置以及圆弧的半径值。注意这几点就很容易分析草图约束了。

4．分析草图中的尺寸

首先，通过尺寸分析，能够直观观察出草图整体尺寸大小，便于在绘制轮廓时确定轮廓比例；其次，就是看草图中哪些地方需要标注尺寸，方便快速标注草图尺寸。总之，分析草图的最终目的就是要对草图非常了解，做到胸有成竹，也为下一步工作做好铺垫。

2.6.3　绘制草图大体轮廓

草图大体轮廓是指草图的大概形状轮廓。开始草图的绘制时，往往不需要绘制得很细致，只需要绘制一个大概的形状就可以了。因为在产品最初的设计阶段，工程师一般是没有很精确的形状及尺寸的，最初有的只是一个大概的图形甚至一个大概的"想法"，所以，绘制草图时先绘制草图大概形状，然后经过后续的步骤使草图具体化。

2.6.3　草图绘制效率

1．草图绘制效率

实际上，做产品结构设计，其中的 70%～80%（甚至更多）的时间都是在绘制二维草图，所以，只要二维草图绘制得快，那么产品结构设计自然就快。要想提高设计效率，就一定要提高草图绘制速度，由经验可知，影响草图绘制速度最主要的原因就是草图轮廓的绘制以及草图约束的处理，其中最能够有效提高草图绘制速度的就是草图轮廓的绘制，所以在绘制草图轮廓时一定要快，不要绘制得过于细致。因为不论草图轮廓绘制得多么细致，后面的工作还是要一步一步去做的，所以绘制细致的草图轮廓就没有太大的意义，反而浪费了很多时间。一般地，对于草图大体轮廓的绘制控制在数秒钟以内完成是比较合理的。

2.6.3　绘制草图基准及辅助参考线

2．绘制草图基准及辅助参考线

首先确定草图的尺寸大小基准，这一点对于草图的绘制非常重要，特别是结构复杂的草图。绘制草图轮廓时不注意尺寸大小，会对后面的工作带来很大的影响，快速确定尺寸大小基准的方法是先在草图中找一个比较有代表性的图元，根据草图中标注的尺寸（或者估算的尺寸）将其绘制在草图平面相应的位置（相对于坐标原点的位置），然后以此基准作为参照绘制草图的大体轮廓。

绘制草图基准参照尽量选择草图中的完整图元，如圆、椭圆、矩形等，并且要注意该基准参照图元相对于坐标轴的位置关系，同时要按照设计草图标注基准参照图元的尺寸。如图 2-107 所示的卡环截面草图，在绘制大体轮廓时应该选择草图中直径为 6 的圆作为基准参照图元，如图 2-108 所示，然后在该基准参照图元的基础上绘制草图大体轮廓，结果如图 2-109 所示。

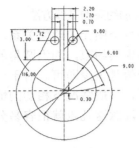

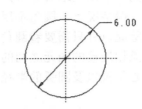

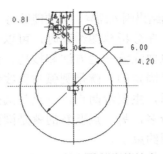

图2-107　卡环截面草图　　　图2-108　绘制基准参照图元　　　图2-109　绘制草图大体轮廓

如果草图中没有合适的较为完整的图元作为基准参照图元使用，可以根据草图尺寸大小估算一个草图图元作为基准参照图元。如图 2-110 所示的机箱盖截面草图，在绘制大体轮廓时，可以根据草图中竖直方向的 560 尺寸为依据，绘制如图 2-111 所示的直线（长度为 560）作为基准参照图元，然后在该基准参照图元的基础上绘制草图大体轮廓，结果如图 2-112 所示。

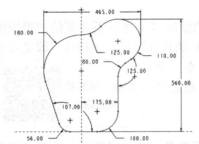

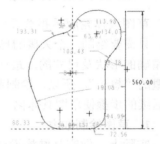

图2-110　机箱盖截面草图　　　图2-111　绘制参照图元　　　图2-112　绘制草图大体轮廓

如果草图中可用的基准参照图元相对于草图结构来说比较小，而且比较分散，只绘制其中一个基准参照图元对草图轮廓绘制帮助不大，可以尽可能多地绘制一些可用的基准参照图元，甚至绘制全部的参照基准图元。

如图 2-113 所示的底板截面草图，草图中五个圆可以作为草图的基准参照图元使用，所以在绘制草图大体轮廓之前应该先绘制如图 2-114 所示的基准参照图元，然后再绘制草图大体轮廓，结果如图 2-115 所示。

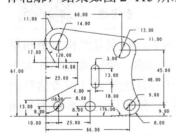

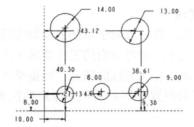

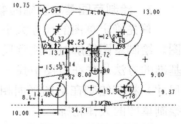

图2-113　底板截面草图　　　图2-114　首先绘制基准参照　　　图2-115　绘制草图大体轮廓

为了辅助草图轮廓的绘制或对草图进行特殊尺寸的标注，需要在草图中绘制一些辅助参考线，在这些参考辅助线基础上再去绘制草图中的其他结构，这样能够大大提高草图轮廓的准确性，也为后续工作做好铺垫。

如图 2-116 所示的吊摆结构草图，草图中一段半径为 135 的圆弧主要作用是对草图结构进行定位，像这种对草图起定位作用的图元一般称作辅助线。在绘制草图时，应该先绘制这些辅助线，如图 2-117 所示，再将辅助图元变成构造图元，如图 2-118 所示。

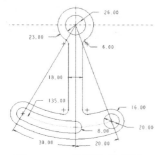

图 2-116　吊摆结构草图

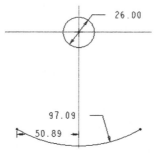

图 2-117　绘制辅助图元

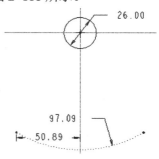

图 2-118　将辅助图元转换成构造线

3. 草图大体轮廓的把握

虽然说是草图的大体轮廓，但是也不要绘制得太"大体""太随意"了，否则会给后面的操作带来不必要的麻烦，也会严重影响后面草图的绘制，从而影响草图绘制效率。在绘制草图大体轮廓时一定要注意以下两点。

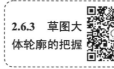

2.6.3　草图大体轮廓的把握

1）一定要控制草图轮廓相对于草图坐标轴或草图主要参考对象之间的位置关系。如图 2-119 所示的连杆截面草图，在绘制该草图大体轮廓时，要注意草图轮廓相对于坐标轴的位置关系。如图 2-120 所示的草图轮廓相对于水平和竖直坐标轴之间的位置关系偏差太大，对草图后期的处理影响很大，而如图 2-121 所示的位置关系就比较好。

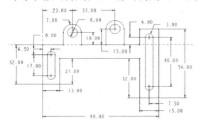

图 2-119　连杆截面草图

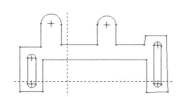

图 2-120　与坐标轴偏差太大

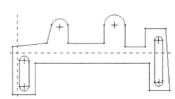

图 2-121　与坐标轴位置合适

2）一定要把握好草图大体轮廓与草图最终结构的相似性。如图 2-122 所示的弯臂连杆截面草图，在绘制该草图大体轮廓时，要注意草图轮廓的相似性，相似性越高，绘制草图就会越顺利。所以在绘制如图 2-123 所示的草图大体轮廓时要时刻注意草图与设计草图之间的相似性，如果不注意相似性，草图后期处理会比较困难，例如，无法添加约束、无法修改标注的尺寸等，特别是圆弧结构比较多的草图更应注意。

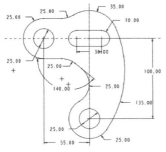

图 2-122　弯臂连杆截面草图

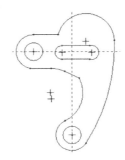

图 2-123　注意草图大体轮廓相似性

4．对称与非对称结构草图的绘制

2.6.3 对称与非对称结构草图的绘制

如果不是对称结构的草图，按照一般的方法来绘制；如果是对称结构的草图，那么在绘制草图大体轮廓时就有两种绘制方法：一种是使用对称方式来绘制，另外一种就是使用一般的方法来绘制。草图对称与否的分析很重要，直接关系到用户对草图绘制的总体把握，而且，草图对称与不对称这两种绘制方法存在很大区别。

需要注意的是，对于对称草图，不一定非要按照对称方式来绘制。一般对于复杂的对称草图，特别是圆弧结构比较多或者对称性比较高的草图最好使用对称方式绘制，这样能够大大减少草图绘制工作量，提高草图绘制速度。如图 2-124 所示的某箱体截面草图，草图结构比较复杂，而且草图对称性比较好（上下左右分别关于水平中心线和竖直中心线对称），在绘制草图轮廓时就应该使用对称的方式来绘制，先绘制如图 2-125 所示的草图 1/4，然后对草图进行镜像得到完整草图轮廓，结果如图 2-126 所示。

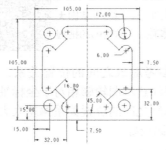
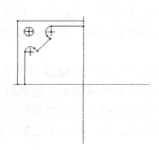
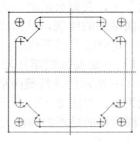

图 2-124　箱体截面草图　　　　图 2-125　绘制草图四分之一　　　　图 2-126　镜像草图轮廓

而对于一些简单的对称草图，一般是直接绘制的，然后通过几何约束使草图对称，对简单的草图使用对称方式绘制反而使草图绘制复杂化。如图 2-127 所示的燕尾槽滑板截面草图，属于结构简单的草图，不用使用对称方式来绘制，应该直接绘制如图 2-128 所示的草图大体轮廓，然后使用几何约束使草图对称，结果如图 2-129 所示。

图 2-127　燕尾槽滑板截面草图　　　图 2-128　直接绘制大体轮廓　　　图 2-129　约束草图轮廓对称

另外，对于对称结构的草图，有时根据草图的结构特点，还可采用局部对称的方式来绘制。在绘制如图 2-107 所示的卡环截面草图轮廓时可以对如图 2-130 所示的局部结构进行镜像，得到如图 2-131 所示的整个草图轮廓。总之，草图的绘制一定要活学活用。

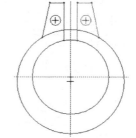

图 2-130　绘制局部镜像部位　　　　　　图 2-131　对草图局部进行镜像

5. 典型草图结构的绘制

2.6.3 典型草图结构的绘制

绘制草图轮廓时需要特别注意草图中的一些典型结构，例如，直线-圆弧-直线相切、圆弧-圆弧-圆弧相切以及直线-圆弧-圆弧相切等结构。

对于直线-圆弧-直线相切结构，如图 2-132 所示，一般是直接绘制成折线样式（图 2-133），最后使用"倒圆角"命令绘制中间的圆弧结构，如图 2-134 所示。

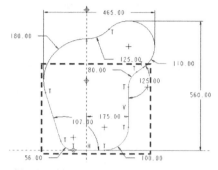

图 2-132　直线-圆弧-直线结构

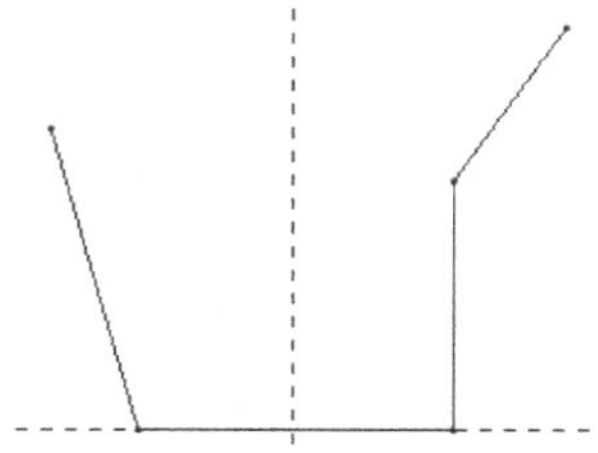

图 2-133　绘制初步轮廓折线

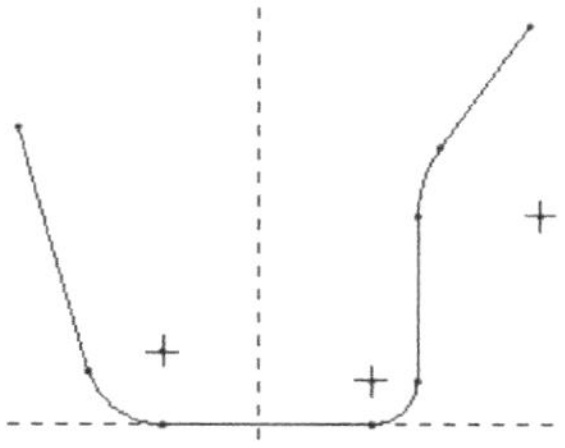

图 2-134　绘制倒圆角

圆弧-圆弧-圆弧相切（图 2-135）和直线-圆弧-圆弧相切（图 2-136）结构也是如此，先绘制两边的结构，中间部分的圆弧同样使用倒圆角工具来绘制，如图 2-137、图 2-138 所示。这样既省去了绘制圆弧的麻烦，同时也省去了添加两个相切约束的麻烦，提高了草图绘制效率。

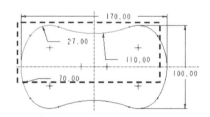

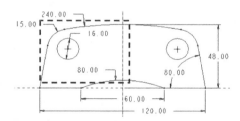

图 2-135　草图中的圆弧-圆弧-圆弧相切结构

图 2-136　草图中的直线-圆弧-圆弧相切结构

图 2-137　圆弧-圆弧-圆弧相切画法

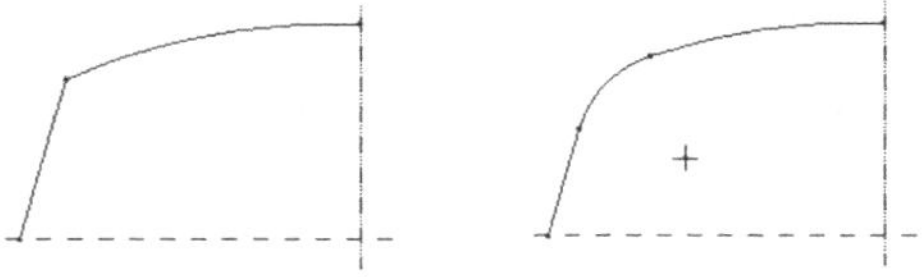

图 2-138　直线-圆弧-圆弧相切画法

2.6.4　处理草图中的几何约束

2.6.4 处理草图中的几何约束

处理草图中的几何约束就是按照设计要求或者图样要求，根据之前对草图约束的分析，处理草图中图元与图元之间的几何关系，主要包括以下两部分内容。

1）删除草图中无用的草图约束。在快速绘制草图大体轮廓时，系统难免会自动捕捉一些约束，这些自动捕捉的约束中有些可能是有用的约束，有些可能是无用的，有些可能是一部分有用，一部分无用，对于无用的约束一定要删除干净，一个不能留。因为这些无用的约束保留在草图中会出现两个结果，一个是将来有用的约束加不上去，另一个是有用的尺寸加不上去，总之，会使最终的草图无法完全约束！

2）无用的约束处理干净后，就要根据之前分析的结果正确添加有用的几何约束。这可以说是草图绘制过程中最灵活，也最难掌控的一个环节，这一部分处理得好坏也直接影响草图绘制效率。因为草图中的几何约束都是各人根据自己的分析判断出来的，同一个草图可能有很多种添加约束的方法，完全因人而异，总之，只要将草图正确约束到需要的状态就可以了。一定要正确添加有用的几何约束，否则后期会花费大量时间，来检查草图约束的问题，从而影响草图绘制效率。

实际上，在处理草图约束时，有时草图中的约束实在是确定不了，这个时候就应该暂时放下，继续后面的操作，一定不要添加没有把握的约束，一旦添加约束错误，对后面的影响是巨大的。总之，对于没有把握的约束要放在草图的最后去处理。

另外，如果在绘制草图轮廓时绘制了参考辅助线，那么草图中的参考辅助线也要完全约束，否则软件会认为草图没有完全约束。虽然说参考辅助线是否完全约束并不影响草图结果，但是会给审核草图的人员造成误解。

2.6.5 标注草图尺寸

2.6.5 标注草图尺寸

草图绘制的最后一步是标注草图尺寸，这一步可以说是草图绘制过程中最简单的一个环节，主要是根据设计要求或者图样尺寸要求，在相应的位置添加尺寸标注即可。一般地，尺寸标注主要步骤如下。

1）快速标注所有地方的尺寸，而不要急于修改尺寸值，待所有尺寸标注完成后再统一去修改尺寸，这样做的原因主要有以下两点。

① 快速标注完草图中的尺寸，就能够判断此时的草图是否是全约束的草图，如果标注一个，修改一个，就不能及时判断草图是否是完全约束的。在不完全约束的草图中修改草图尺寸是毫无意义的，所以在修改草图尺寸之前一定要先判断草图是否完全约束，如图 2-139 所示。

② 其次一定要判断完成尺寸标注后的草图是否是完全约束的草图，如果是全约束草图就继续下一步操作；如果草图还没有全约束，那么一定不要继续下一步的操作，一定要停下来检查草图没有完全约束的原因，解决草图完全约束的问题后再继续下一步操作。

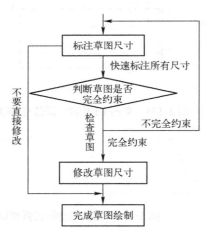

图 2-139　判断草图完全约束

2）按照设计要求或图样要求快速地修改草图中的尺寸，修改草图尺寸时一定要注意修改的先后顺序，否则会严重影响后续对其他尺寸的修改。在修改草图尺寸时，应遵循的一个原则就是要避免草图因为修改尺寸而发生太大的变化，以至于无法观察草图的形状轮廓。

如图 2-140 所示的燕尾槽滑轨截面草图，在绘制该草图过程中，初步完成尺寸标注后如图 2-141 所示。如果首先修改草图中的 497.67 尺寸（修改为 52），此时草图结构变化成如图 2-142 所示的结果。因为这个修改使草图变化很大，严重影响草图的后续尺寸修改，所以先修改 497.67 这个尺寸是不对的。

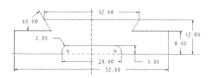

图 2-140　燕尾槽滑轨截面草图

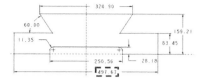

图 2-141　修改草图尺寸前

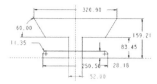

图 2-142　修改草图尺寸后

一般地，如果绘制的草图整体尺寸都比目标草图尺寸大，那么首先应该修改尺寸小的尺寸；如果绘制的草图比目标草图小，就需要首先修改尺寸大的尺寸，这样才能保证尺寸的修改不至于使草图形状轮廓发生太大的变化。

如图 2-141 所示的草图，修改草图中的尺寸至如图 2-140 所示的结果。因为如图 2-141 所示草图中的尺寸比设计尺寸都大，需要先修改草图中尺寸较小的尺寸，所以正确的修改顺序是先修改倒圆角尺寸 11.35、竖直方向的 28.18、82.45 和 159.21，最后修改水平方向的 250.56、320.90 和 497.67。

3）如果在修改尺寸过程中遇到修改不了的尺寸，可以先修改其他能够修改的尺寸，将这些暂时不能修改的尺寸放在最后去修改。如果草图中的尺寸实在是修改不了，可以采用逐步修改的方法来修改，逐步将尺寸修改到最终目标尺寸。

如图 2-143 所示的吊钩设计草图，完成草图尺寸标注后的草图如图 2-144 所示。在修改草图尺寸时，以 70.83 的尺寸修改为例，如果直接将其修改成 60，是无法进行修改的。遇到这种情况有两种处理方法，一种是暂时放弃对该尺寸的修改，先去修改其他能够修改的尺寸；另一种是逐步对尺寸进行修改，可以先将 70.83 的尺寸修改为 70，再将其修改为 65 或者更加接近 60 的尺寸值，直至成功修改到 60。

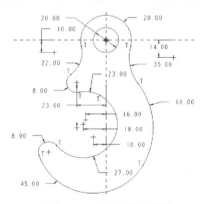

图 2-143　吊钩设计草图

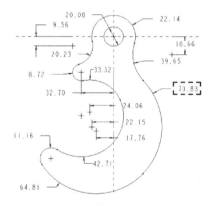

图 2-144　修改草图中的尺寸

4）草图尺寸标注完成后，还需要整理草图中各尺寸的位置，各尺寸要摆放整齐，紧凑，而且各尺寸位置要和图样尺寸位置对应。图 2-145 所示为设计草图，在 Pro/E 中标注草图尺寸时应按照设计草图的标注要求以及位置来进行标注，如图 2-146 所示。这样做有一个好处就是便于以后对草图的检查与修改，如果不按照图样位置放置草图尺寸，那么别人在检查或者审核时容易造成漏标草图尺寸的错觉。

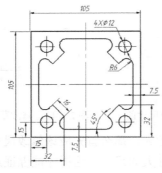

图 2-145　设计草图

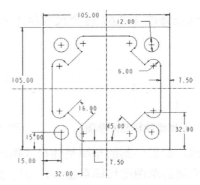

图 2-146　Pro/E 中绘制的草图

2.7　二维草图设计案例

前面章节已经详细介绍了二维草图绘制的各项具体内容，本节通过几个草图设计实战案例详细讲解二维草图设计，加深读者对于二维草图设计方法与技巧的理解，帮助读者提高二维草图设计实战能力。

1．二维草图案例一：连接片草图设计

如图 2-147 所示的草图，草图结构简单且对称，主要由圆、圆弧以及相切的直线构成，像这种特点的草图可以按照 CAD 的绘图思路来进行绘制。先绘制辅助草图图元，然后通过修剪的方法得到需要的草图，具体绘制过程请扫二维码参看视频讲解。

2.7　连接片草图设计

2．二维草图案例二：调整垫片草图设计

如图 2-148 所示草图，草图结构简单，主要由圆和圆弧构成，而且存在相切圆弧结构，绘图思路是：先绘制辅助草图图元，然后通过修剪方法得到需要的草图，具体绘制过程请扫二维码参看视频讲解。

2.7　调整垫片草图设计

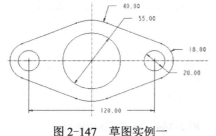

图 2-147　草图实例一

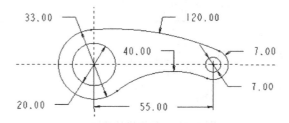

图 2-148　草图实例二

3．二维草图案例三：连接臂草图设计

如图 2-149 所示的草图，草图主要由圆、圆弧和直线构成，而且草图中还包括直线-圆弧-直线的典型结构，绘制思路是：先按典型的绘制方法绘制，然后处理草图约束并标注草图尺寸，具体绘制过程请扫二维码参看视频讲解。

2.7　连接臂草图设计

4．二维草图案例四：机盖垫片草图设计

如图 2-150 所示的草图，草图为对称结构，而且结构比较复杂，为了减少草图轮廓绘制工作量，可以采用对称草图绘制方法来绘制。先绘制草图的一半，然后使用"镜像"命令绘制另外一

2.7 机盖垫片草图设计

半。另外，草图中包括圆弧-圆弧-圆弧相切和直线-圆弧-直线相切典型草图结构，在绘制草图大体轮廓时应该按照这种典型结构的绘制方法来绘制草图大体轮廓，最后处理草图约束并标注尺寸，具体绘制过程请扫二维码参看视频讲解。

5．二维草图案例五：吊钩草图设计

如图 2-151 所示的草图，草图主要由圆和圆弧构成，像这种圆弧结构比较多的草图在绘制大体轮廓时一定要保证草图轮廓与设计草图之间的相似性，在处理草图约束时一定要特别注意草图中圆弧圆心的位置。另外在具体绘制过程中，要灵活处理草图中

2.7 吊钩草图设计

遇到的约束及尺寸标注的问题，将不好处理的放在最后去处理，以免延长草图绘制时间，具体绘制过程请扫二维码参看视频讲解。

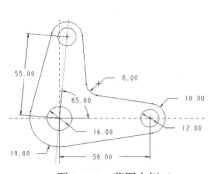

图 2-149 草图实例三

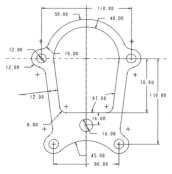

图 2-150 草图实例四

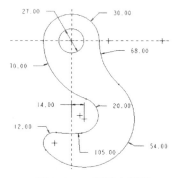

图 2-151 草图实例五

6．二维草图案例六：复杂垫片草图设计

如图 2-152 所示的草图，草图中涉及辅助线，所以要首先绘制辅助线。同时因为草图结构较复杂，圆弧比较多，在绘制草图轮廓时一定要时刻考虑草图与设计草图的相似性。另外，在草图

2.7 复杂垫片草图设计

中还包括直线-圆弧-直线的典型结构，像这种典型的草图结构具有典型的绘制方法，最后处理草图约束并标注草图尺寸，具体绘制过程请扫二维码参看视频讲解。

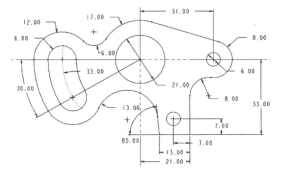

图 2-152 草图实例六

2.8 习题

2.8 选择题与判断题

一、选择题

1．以下关于二维草图的说法中不正确的是（　　　）。

 A．二维草图也就是二维平面草图，需要选择平面进行绘制

 B．二维草图可以在独立的草绘环境中绘制，也可以在零件环境中绘制

 C．二维草图设计是三维设计的基础，没有二维草图便无法设计三维结构

 D．二维草图可以通过复制、粘贴方法在不同文件中共享使用

2．以下哪项不属于草图三要素（　　　）。

 A．草图形状   B．草图名称   C．草图标注   D．草图约束

3．在分析草图轮廓形状时，一定要注意分析草图中的典型结构，比较典型的草图结构包括直线–圆弧–直线结构和圆弧–圆弧–圆弧结构，以下各草图中不包括这些典型结构的是（　　　）。

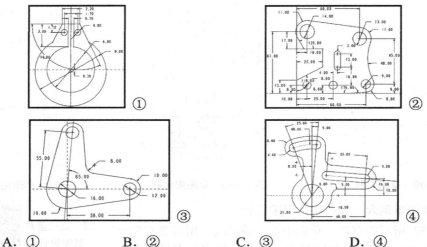

 A．①   B．②   C．③   D．④

4．以下关于草图全约束的说法中不正确的是（　　　）。

 A．草图全约束是草图唯一性具体体现，既包括形状唯一性，又包括位置唯一性

 B．草图全约束可通过观察草图是否有弱尺寸来判断，有弱尺寸说明没有全约束

 C．绘制的所有草图都必须要完全约束，否则草图无法用于三维特征结构的设计

 D．绘制的所有草图都必须要完全约束，否则会影响结构的更新与改进

5．在绘制草图时，欲使此草图完全约束，以下措施中无法实现的是（　　　）。

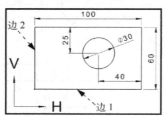

A. 添加约束：约束边 1 与原点水平重合；然后约束边 2 与原点竖直重合

B. 添加尺寸：添加边 1 与原点间竖直距离；然后添加边 2 与原点间水平距离

C. 添加约束：约束矩形左下角顶点与原点重合

D. 添加约束：添加边 1 与圆心竖直尺寸；然后添加边 2 与圆心水平尺寸

二、判断题

1. 草图中几何约束处理是非常灵活的，同一个草图可以使用多种约束方法。（　　　）

2. 草图中的参考尺寸也可以随意被修改。（　　　）

3. 草图设计流程是先绘制大体轮廓，然后处理草图约束，最后标注尺寸。（　　　）

4. 草图尺寸标注一定要符合尺寸标注规范性要求，不可随意进行标注。（　　　）

5. 草图如果没有完全约束将无法进行三维特征设计。（　　　）

6. 草图中的尺寸类型包括强尺寸和弱尺寸，每增加一个强尺寸，系统会自动删除一个弱尺寸，而且没有任何提示信息。（　　　）

7. 草图中的弱尺寸是由系统自动添加的，如果不符合设计意图可人为删除。（　　　）

8. 绘制草图前首先要分析草图基准，绘制草图时，使草图基准与 Pro/E 中的坐标原点重合，这是保证草图完全约束的重要前提。（　　　）

9. 二维草图的绘制直接关系到以后三维零件设计甚至整个产品设计的效率，所以一定要重视二维草图的学习。（　　　）

10. 草图绘制过程中如果出现尺寸或约束冲突，应该立即解决这些冲突问题，然后继续草图绘制，否则无法保证草图的完全约束。（　　　）

三、草绘题

1. 在 Pro/E 中新建零件文件，命名为 sketch1，在零件环境中选择 FRONT 基准面绘制如图 2-153 所示的草图（注意草图中的约束及尺寸）并保存。

2. 在 Pro/E 中新建零件文件，命名为 sketch2，在零件环境中选择 FRONT 基准面绘制如图 2-154 所示的草图（注意草图中的约束及尺寸）并保存。

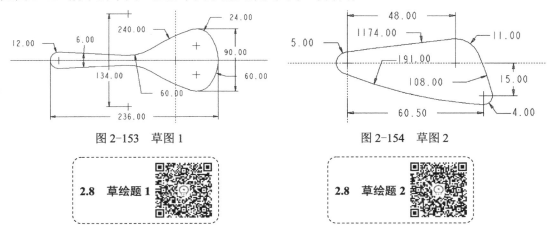

图 2-153　草图 1　　　　　　　　　　图 2-154　草图 2

2.8　草绘题 1　　　　　　　　　　2.8　草绘题 2

3. 在 Pro/E 中新建零件文件，命名为 sketch3，在零件环境中选择 FRONT 基准面绘制如图 2-155 所示的草图（注意草图中的约束及尺寸）并保存。

4. 在 Pro/E 中新建零件文件，命名为 sketch4，在零件环境中选择 FRONT 基准面绘制如图 2-156 所示的草图（注意草图中的约束及尺寸）并保存。

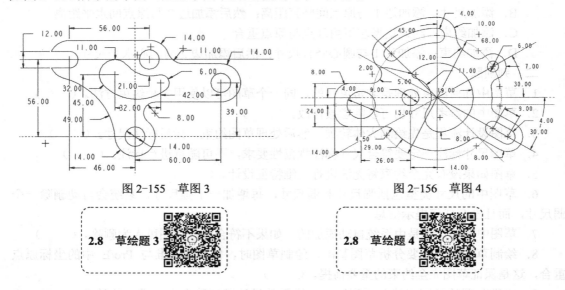

图 2-155　草图 3

图 2-156　草图 4

2.8　草绘题 3

2.8　草绘题 4

第 3 章 三维特征设计

本章提要

零件设计中的任何零件结构，都是由若干个最基本的几何特征构成的，要掌握零件设计，必须从这些最基本的几何特征设计开始。Pro/E 软件中提供了零件设计所需的所有特征设计工具，只有完全掌握这些特征设计工具的使用方法，才能够完成各种零件结构的设计。本章主要介绍 Pro/E 软件中所有特征设计工具及编辑操作。

> **3.1** Pro/E 特征设计概述

3.1 Pro/E 特征设计概述

Pro/E 是基于特征设计的三维设计软件，工程设计人员采用具有智能特性的基于特征的功能来创建模型，如拉伸（Extude）、拔模（Draft）、筋（Ribs）、倒圆（Round）和抽壳（Shells）等，用户可以随意绘制草图，方便地改变模型。采用这种手段来创建模型，对于工程师来说更自然、更直观，无须采用复杂的几何设计方式。

> **3.2** 拉伸特征设计

3.2 拉伸特征

拉伸特征是指将一个二维平面草图沿着与草图平面垂直的方向拉出一定的高度（在 Pro/E 中称作深度）形成的三维几何特征，如图 3-1 所示。

通过拉伸

图 3-1　拉伸特征示意图

拉伸工具是零件设计中应用最广泛的特征工具之一，一般用来设计零件中的基础结构，箱体类零件的底座结构或零件中的一些板状、块状、凸台、槽或切口结构等，图 3-2 所示为拉伸特征在零件设计中的应用举例。

图 3-2　拉伸特征应用举例

如图 3-3 所示的汽车转向器壳体零件，需要设计零件中的底座结构，如图 3-4 所示。底座结构属于典型的板块结构，可以使用拉伸特征来设计，下面具体介绍使用拉伸特征创建该汽车转向器壳体零件中底座结构的设计过程。

图 3-3　汽车转向器壳体零件　　图 3-4　底座结构

Step1．选择命令工具。在右部工具栏按钮区中单击"拉伸工具"按钮，系统弹出如图 3-5 所示的"拉伸"操控板。

图 3-5　"拉伸"操控板

Step2．绘制拉伸截面草图。在绘图区中的空白位置按住右击，在弹出的快捷菜单中选择"定义内部草绘"命令，系统弹出如图 3-6 所示的"草绘"对话框。选择 TOP 基准平面为草图平面，系统自动选择 RIGHT 基准平面作为参照平面，"方向"为右，单击"草绘"按钮，进入草图绘制环境，绘制如图 3-7 所示的草图作为拉伸特征截面草图。

Step3．定义拉伸属性。完成拉伸特征截面草图绘制后，需要定义拉伸特征属性。

（1）定义拉伸方向　采用系统默认的拉伸方向为拉伸方向，如图 3-8 所示。

　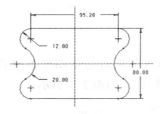　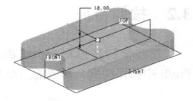

图 3-6　"草绘"对话框　　　图 3-7　绘制拉伸截面　　　图 3-8　定义拉伸方向

（2）定义拉伸深度属性　在"深度"选项下拉列表中选择"按指定值拉伸"选项，然后在其后面的文本框中输入深度值"18"，表示拉伸底座高度为 18。

Step4．完成拉伸特征设计。在"拉伸"操控板中单击"完成"按钮，完成拉伸特征设计，然后在此基础上设计其余特征结构。

3.3　旋转特征

3.3　旋转特征设计

旋转特征是指将一个二维平面草图绕着一根轴线旋转一定的角度（软件默认为 360°）而形成的回转几何特征，如图 3-9 所示。旋转特征工具同样是零件设计中比较常用的特征工具，经常用来设计各种回转结构。旋转特征虽然与拉伸特征有很大的区别，但是在设计过程中，特别是一些选项的设置，两者还是有很多相似之处的，下面具体介绍旋转特征的设计。

旋转特征一般用来设计轴套类零件、盘盖类零件等回转结构的基础结构，或零件结构上的回转槽结构，旋转特征在零件设计中的应用举例如图 3-10 所示。

图 3-9　旋转特征示意图

图 3-10　旋转特征应用举例

如图 3-11 所示的阀体零件，其主体结构为回转体结构，如图 3-12 所示。对于该阀体零件的设计，首先需要设计其回转主体结构，然后在回转主体结构基础上设计其余结构。对于回转类型的结构，可以使用旋转特征工具来设计，下面具体介绍设计过程。

Step1．选择命令工具。在右部工具栏按钮区中单击"旋转工具"按钮 ⊕，系统弹出如图 3-13 所示的"旋转"操控板。

图 3-11　阀体零件　　图 3-12　阀体主体结构

图 3-13　"旋转"操控板

Step2．绘制旋转截面草图。在绘图区中的空白位置按住右击，在弹出的快捷菜单中选择"定义内部草绘"命令，系统弹出如图 3-14 所示的"草绘"对话框。选择 FRONT 基准面为草图平面，系统自动选择 RIGHT 为参照平面，"方向"为右，单击"草绘"按钮，进入草图设计环境，绘制如图 3-15 所示的草图作为旋转特征截面草图（草图中旋转中心线一定要用"几何中心线"命令绘制）。

Step3．定义旋转属性。在"旋转"操控板中 ⊥ 右侧文本框中输入旋转角度值"360"（默认情况下就是 360），结果如图 3-16 所示。

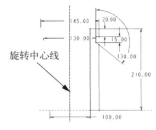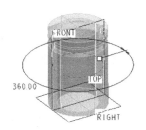

图 3-14　"草绘"对话框　　图 3-15　旋转截面草图　　图 3-16　定义旋转属性结果

Step4．完成旋转特征设计。在"旋转"操控板中单击"完成"按钮✅，完成旋转特征设计，然后在此基础上设计其余结构。

3.4 倒角特征设计

3.4 倒角特征

倒角特征又称倒斜角，是指在两个面的交线部位或者零件的端部创建斜面连接结构，如图 3-17 所示。在产品设计中，倒角结构主要有以下几个方面的考虑。

1）为了去除零件上因机加工产生的毛刺。

2）尖锐的棱角结构容易磕碰而损毁结构。

3）方便产品的装配和拆卸。

4）在结构上通过倒角能够使结构看上去更美观。

图 3-17　倒角特征应用举例

如图 3-18 所示的回转支架零件模型，已经完成了如图 3-19 所示的结构设计，需要在如图 3-20 所示的长圆形孔部位设计倒角结构，下面具体介绍其设计过程。

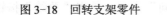

图 3-18　回转支架零件　　图 3-19　已完成的结构　　图 3-20　倒角部位

Step1．选择命令工具。在右部工具栏按钮区中单击"边倒角"按钮✎，系统弹出如图 3-21 所示的"倒角"操控板。

图 3-21　"倒角"操控板

Step2．选取倒角边线。按住〈Ctrl〉键在模型上选取如图 3-22 所示的两条模型边线。

Step3．定义倒角值。在"倒角"操控板中输入倒角值"2.5"，如图 3-23 所示。

Step4．完成倒角特征设计。在"倒

图 3-22　选取倒角边线　　图 3-23　定义倒角尺寸

角"操控板中单击"完成"按钮☑，完成倒角特征设计。然后在此基础上设计其余结构。

3.5 倒圆特征

圆角特征是指在两个面的交线部位或者零件的端部创建圆弧
面连接结构，如图3-24所示。在产品设计中，设计圆角特征主要有以下几个方面的考虑。

1）为了去除零件上因机加工产生的毛刺。
2）减少结构上的应力集中提高零件强度。
3）尖锐的棱角结构容易磕碰而损毁结构。
4）方便产品的装配和拆卸。
5）在结构上通过倒圆能够使结构看上去更美观。

图3-24 倒圆特征应用举例

如图3-25所示的安装支座零件模型，已经完成了如图3-26所示的结构设计，需要在如图3-27所示的底板连接部位设计倒圆结构，要求倒圆半径为3mm，这种情况可以使用倒圆特征来实现，下面具体介绍其设计过程。

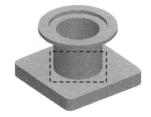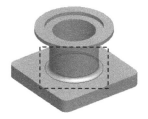

图3-25 安装支座零件　　　图3-26 已完成的结构　　　图3-27 设计倒圆结构

Step1. 选择命令工具。在右部工具栏按钮区中单击"倒圆角"按钮🗇，系统弹出如图3-28所示的"倒圆角"操控板。

图3-28 "倒圆角"操控板

Step2. 选取倒圆边线。选取如图3-29所示的模型边线为倒圆边线。
Step3. 定义圆角半径。输入圆角半径值"3"，如图3-30所示。
Step4. 完成倒圆特征设计。在"倒圆角"操控板中单击"完成"按钮☑，完成倒圆角特征设计。

图 3-29　选取倒圆边线　　　　　　　图 3-30　定义倒圆半径

3.6　基准特征

　　基准特征属于一种特征辅助设计工具，主要用来辅助设计零件中的特征结构，不属于零件结构中的任何一部分。在零件设计过程中使用基准特征（图 3-31）就像盖一栋大楼要使用脚手架（图 3-32）等建筑工具作为辅助工具是一样的道理。

　　Pro/E 基准特征主要包括基准平面、基准轴、基准点、基准曲线以及基准坐标系，其中基准点和基准曲线在曲面设计中应用较多。

　　基准特征的创建总的来说比较简单，且非常灵活。同一个基准特征可能有多种创建方法，在具体创建过程中一定要根据产品结构特点、产品设计要求选用最合理的创建方法，只要理解各基准特征的创建方法，就能够以不变应万变，最终完成基准特征创建。

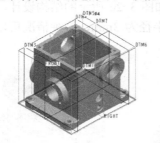

图 3-31　零件设计中的基准特征　　　　　图 3-32　建筑施工中的脚手架

3.6.1　基准平面

　　新建一个零件文件并进入到零件设计环境中，系统提供了三个原始基准平面——FRONT 基准平面、TOP 基准平面和 RIGHT 基准平面，任何一个零件的设计都是以这三个基准平面为基础设计的。但是，在零件结构比较复杂时，仅使用这三个基准平面是无法满足设计需要的，这时就需要用户自己根据结构设计需要创建合适的基准平面。

　　如图 3-33 所示的支架零件模型，已经完成如图 3-34 所示的支架底座结构的设计，需要继续设计如图 3-35 所示的圆柱凸台结构，圆柱凸台参数如图 3-36 所示。如果想直接去设计这个圆柱凸台基本上是不可能的，因为找不到任何基准或参考，所以对这个结构的设计，正确的设计思路是先根据产品设计要求创建如图 3-37 所示的圆柱凸台基准面，然后在圆柱凸台基准面上设计圆柱凸台结构就可以了。这是一个典型应用基准平面设计零件结构的例子，下面介绍其设计过程。

图 3-33 支架零件

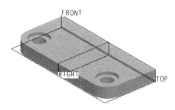

图 3-34 已完成结构

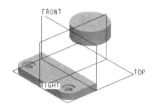

图 3-35 需要设计的圆柱凸台

1．创建圆柱凸台基准面

Step1．选择命令工具。在右部工具栏按钮区中单击"平面"按钮 ⬜，弹出"基准平面"对话框。

Step2．选取基准平面参考。在模型上选取 TOP 基准平面作为平面参考。

Step3．定义偏移距离值。在如图 3-38 所示的"基准平面"对话框的"平移"文本框中输入平移距离为"65"，结果如图 3-39 所示。

Step4．完成基准面创建。在"基准平面"对话框中单击"确定"按钮。

图 3-36 圆柱凸台参数

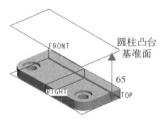

图 3-37 圆柱凸台基准面

图 3-38 "基准平面"对话框

2．创建圆柱凸台结构

Step1．在右部工具栏按钮区中单击"拉伸工具"按钮 ⬜，系统弹出"拉伸"操控板在绘图区中空白位置右击，在弹出的快捷菜单中选择"定义内部草图"命令，系统弹出如图 3-40 所示的"草绘"对话框。

Step2．选择圆柱凸台基准平面为草图平面，选择 RIGHT 基准平面作为参照平面，"方向"为底部（图 3-40），单击"草绘"按钮，进入草图绘制环境，绘制如图 3-41 所示的草图作为拉伸特征截面草图。

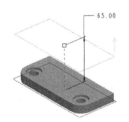

图 3-39 定义偏移距离值

图 3-40 "草绘"对话框

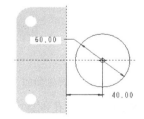

图 3-41 拉伸截面草图

Step3．在"拉伸"操控板中的 ⬜ 下拉列表中选择 ⬜ 选项，输入拉伸深度值"25"，系统将拉伸截面沿着圆柱凸台基准平面的两侧方向对称拉伸。

Step4．完成拉伸特征创建。在"拉伸"操控板中单击"完成"按钮 ✓。

3.6.2 基准轴

基准轴经常用于确定各种关键位置，如基准面的位置、孔的位置等，在产品设计中应用非常广泛。

如图 3-42 所示的滑动轴承座盖零件，在设计其中两侧孔结构时，为了保证孔分别与两侧打孔凸台圆柱面同轴的关系，需要分别过凸台的圆柱面创建基准轴（图 3-43），然后利用创建的基准轴对孔进行定位（图 3-44）。如果不创建这样的基准轴，很难保证孔与两侧凸台的同轴关系，下面具体介绍基准轴的创建过程。

图 3-42　滑动轴承座盖零件模型　　图 3-43　创建基准轴　　图 3-44　使用基准轴对孔进行定位

1. 创建圆柱凸台基准轴

Step1．选择命令工具。在右部工具栏按钮区中单击"轴"按钮 ，系统弹出"基准轴"对话框。

Step2．选取基准轴参照。在模型上选择如图 3-45 所示的圆柱面为参照，此时"基准轴"对话框如图 3-46 所示。

Step3．完成基准轴创建。在"基准轴"对话框中单击"确定"按钮。

2. 创建圆柱凸台孔特征

Step1．选择命令工具。在右部工具栏按钮区中单击"孔"按钮 ，打开"孔"操控板。

Step2．选取孔定位参照。按住〈Ctrl〉键，选择如图 3-47 所示的圆柱结构顶面及创建的基准轴为孔定位参照，设置孔直径为 13，深度类型为贯通。

  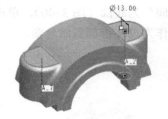

图 3-45　选择轴参照　　　图 3-46　"基准轴"对话框　　图 3-47　创建孔特征

Step3．完成孔创建。在"孔"操控板中单击"完成"按钮 。

3.6.3 基准点

基准点经常用于确定各种关键位置，如基准面的位置、基准轴的位置、孔的位置、曲线线框的位置等，在产品设计中应用非常广泛。

如图 3-48 所示的 S 形护栏结构，已经完成了如图 3-49 所示两侧 S 形曲线的设计，需要继续创建如图 3-50 所示基准点，作为后续结构设计的参考点，下面具体介绍创建过程。

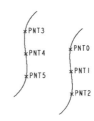

图 3-48　S 形护栏结构　　　图 3-49　已经完成的 S 形曲线　　　图 3-50　需要创建基准点

Step1．使用比率方式创建基准点。在右部工具栏按钮区中单击"点"按钮，系统弹出如图 3-51 所示的"基准点"对话框。然后选择如图 3-52 所示的曲线为基准点参照对象，在"基准点"对话框中的"偏移"选项组选择偏移方式为比率，输入比率值为"0.25"，表示在选择曲线的 25%（四分之一）的位置创建基准点。

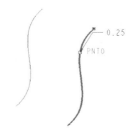

图 3-51　"基准点"对话框　　　　　图 3-52　使用比率方式定义基准点

Step2．使用实数方式创建基准点。在右部工具栏按钮区中单击"点"按钮，系统弹出"基准点"对话框。选择 S 形曲线为基准点参照对象，在"基准点"对话框中的"偏移"选项组选择偏移方式为实数，输入实数值为"85"，表示在选择曲线上距离最近端点 85mm 的位置创建基准点。

3.6.4　基准曲线

在右部工具栏按钮区中单击"曲线"按钮，系统弹出如图 3-53 所示的"曲线选项"菜单管理器。在该菜单管理器中可以选择创建基准曲线的方法，一共包括四种创建曲线的方法：通过点方法、自文件方法、使用剖截面方法及从方程。

基准曲线在产品设计过程中主要包括以下几个方面的应用。

1）创建特殊工程曲线，如齿轮渐开曲线。

2）曲面设计中用来创建曲线线框。

3）在电气与管道设计中，用来创建电气或管道参考曲线。

如图 3-54 所示的一段空间管道零件，已经完成了管道两端法兰

图 3-53　"曲线选项"菜单管理器

结构的设计（图 3-55），需要继续设计中间的连接管道。根据该管道结构特点，应该采用扫描混合特征的方法进行设计，而关键就是要创建如图 3-56 所示的曲线作为扫描混合的轨迹

曲线，该曲线两端连接两端法兰的圆心，同时需要与两端法兰平面垂直。

图 3-54　空间管道零件

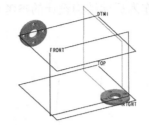

图 3-55　已经完成的法兰结构

图 3-56　需要创建的扫描曲线

1. 创建法兰中心轴线

Step1. 选择命令工具。在右部工具栏按钮区中单击"曲线"按钮～，系统弹出"曲线选项"菜单管理器。

Step2. 定义曲线方式。在"曲线选项"菜单管理器中选择"通过点"选项，然后单击"完成"选项，系统弹出图 3-57 所示的"曲线：通过点"对话框和图 3-58 所示的"连结类型"菜单管理器。

Step3. 定义曲线连接类型。在如图 3-58 所示的"连结类型"菜单管理器中选择"样条"→"整个阵列"→"添加点"选项，然后单击"完成"选项。

Step4. 选取曲线通过点。在模型上依次选择 PNT1 和 PNT0 基准点，系统在选择的两点之间创建一条曲线，如图 3-59 所示。

图 3-57　"曲线：通过点"对话框

图 3-58　"连结类型"菜单管理器

图 3-59　选取曲线通过点

Step5. 参照以上方法，在另外一端的法兰上创建轴线，结果如图 3-60 所示。

2. 创建管道中心曲线

Step1. 创建初步通过点曲线。在右部工具栏按钮区中单击"曲线"按钮～，系统弹出"曲线选项"菜单管理器，选择"通过点"选项，然后单击"完成"选项，在系统弹出的"连结类型"菜单管理器中选择"样条"→"单个点"→"添加点"选项，依次选择前面创建的两条法兰轴线的对应端点为曲线通过点，如图 3-61 所示。

图 3-60　创建另外一端法兰轴线

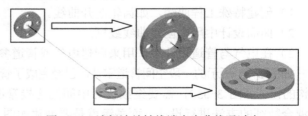

图 3-61　选择法兰轴线端点为曲线通过点

Step2．添加约束条件。

（1）定义相切属性　在"曲线：通过点"对话框中双击"元素"列表中的"Tangency（相切）"选项，用于对创建的曲线添加相切约束条件。

（2）定义起始相切参考　在如图 3-62 所示的"定义相切"菜单管理器中选择"起始"→"曲线/边/轴"选项，然后选择如图 3-63 所示的法兰轴线为相切参考，定义创建的曲线与该法兰轴线相切，最后定义相切方向。相切方向一般是从曲线起点指向曲线终点，如果方向是对的，直接在如图 3-64 所示的"定义相切"菜单管理器中选择"确定"选项，完成起始相切条件定义。

图 3-62　定义起始相切约束

图 3-63　选择法兰轴线为相切参考

图 3-64　定义起始相切方向

（3）定义终止相切参考　在"定义相切"菜单管理器中选择"终止"→"曲线/边/轴"选项，然后选择另一法兰轴线为相切参考，定义创建的曲线与该法兰轴线相切，最后注意定义相切方向，完成的曲线如图 3-56 所示。

3.6.5　基准坐标系

在右部工具栏按钮区中单击"坐标系"按钮，系统弹出如图 3-65 所示的"坐标系"对话框。在模型上选取用来创建基准坐标系所需要的参考对象，系统会根据选中的参考对象自行创建基准坐标系。

图 3-166 所示为三通管零件，在管道设计中，需要将该管路元件添加到管道系统中，需要事先在管路元件的管口位置创建符合要求的入口端坐标系，坐标系 Z 轴方向要指向管道接入方向及三通管外接方向，如图 3-67 所示。下面具体介绍其创建过程。

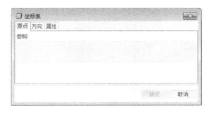
图 3-65　"坐标系"对话框

图 3-66　三通管零件

图 3-67　入口端坐标系

Step1．选择命令工具。 在右部工具栏按钮区中单击"坐标系"按钮，系统弹出"坐标系"对话框。

Step2. 选择坐标系参考。按住〈Ctrl〉键，选择如图 3-68 所示的 A_4 轴与三通管端面为参考对象，系统以 A_4 轴与三通管端面相交交点为原点创建坐标系。

Step3. 定义坐标系方向。创建坐标系只定义坐标系原点是不够的，还需要定义坐标系方向。在"坐标系"对话框中单击"方向"选项卡，在该选项卡中定义坐标系方向。

（1）定义 Z 轴方向　根据管道设计要求，坐标系 Z 轴必须指向管道接入方向，所以需要在对话框"确定"选项后面的下拉列表中选择"Z"，然后单击"反向"按钮调整轴的方向，如图 3-69 所示。

（2）定义 X 或 Y 轴方向　在管道设计中，坐标系 X 或 Y 轴方向是没有要求的，随便选择一个参考对象就可以了。首先在对话框"使用"选项后的文本框中单击以选择参考对象，选择 TOP 基准面为方向参考，在"投影"选项后的下拉列表中设置为 X 方向或 Y 方向，如图 3-70 所示。

图 3-68　选择坐标系参考　　　图 3-69　定义坐标系 Z 轴方向　　　图 3-70　定义坐标系 XY 轴方向

Step4. 单击对话框中的"确定"按钮，完成坐标系的创建。参照以上方法创建其余两个坐标系，结果如图 3-67 所示。

3.7　孔特征

> 3.7　孔特征设计

孔结构是零件结构中非常常见的一类结构，在零件中主要起到定位、安装与紧固的作用，如图 3-71 所示的各零件中均使用了大量孔特征设计其中的孔结构。

图 3-71　孔特征在零件设计中的应用举例

孔有多种分类方式：从孔的结构类型上来划分，主要包括直孔（光孔）、沉头孔、埋头孔，螺纹孔等，各种类型孔的结构如图 3-72 所示；从孔的深度类型上来划分，主要包括盲孔（定值孔）和贯通孔，如图 3-73 所示；从孔的底部结构类型上来划分，主要包括平底孔和锥底孔，如图 3-74 所示。

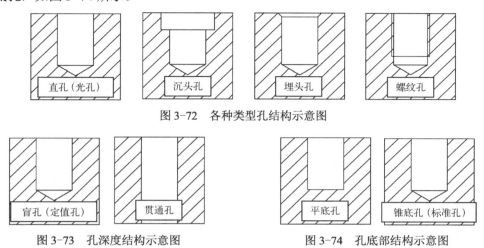

图 3-72　各种类型孔结构示意图

图 3-73　孔深度结构示意图　　　　　图 3-74　孔底部结构示意图

3.7.1　孔特征工具

在零件设计中对于孔结构一般使用专门的孔特征工具进行设计，使用孔特征工具设计零件结构中的孔结构既方便又快捷，同时也方便后期的设计变更。更重要的是，使用孔特征工具设计孔结构能够规范孔的设计，是使用其他一般工具（拉伸或旋转）设计孔结构所望尘莫及的。所以，在零件结构设计中，一旦需要设计孔结构，首选就是使用孔特征工具来设计，读者一定要养成这样的设计习惯。

在右部工具栏按钮区中单击"孔"按钮，系统弹出如图 3-75 所示的"孔"操控板，在该操控板中可以定义孔特征的各项参数。

图 3-75　"孔"操控板

在 Pro/E 中设计孔结构的具体步骤如下。

（1）确定打孔面　在 Pro/E 中创建孔特征的打孔面可以是模型上的平面，也可以是曲面，在确定打孔面时一定要考虑实际安装的问题。

（2）确定打孔位置　就是要精确确定孔在打孔平面上的具体位置。

（3）定义孔特征参数　包括孔的类型、孔的形状尺寸以及孔的深度等。

3.7.2　孔特征设计

如图 3-76 所示的泵盖零件，已经完成了如图 3-77 所示的结构，需要继续设计泵盖零件上如图 3-78 所示的简单孔结构，下面具体介绍该简单孔的设计过程。

图 3-76　泵盖零件

图 3-77　已经完成的结构

图 3-78　需要设计的简单孔

Step1. 选择命令工具。在右部工具栏按钮区中单击"孔工具"按钮，系统弹出"孔"操控板。

Step2. 定义孔类型。在"孔"操控板中单击"创建简单孔"按钮。

Step3. 选择打孔面与放置参考。选择如图 3-79 所示的泵盖零件平面为打孔面，按住〈Ctrl〉键，选择 A_2 轴为放置参考，此时在选择的打孔面上创建与该轴同轴的简单孔。

Step4. 定义孔形状参数。在"孔"操控板中单击按钮，表示设计锥底孔；在 ϕ 后的文本框中输入孔直径"18"；在后的文本框中输入孔深度"15"；其余采用系统默认设置即可。对于孔形状参数定义，也可以在"形状"选项卡中定义，如图 3-80 所示。

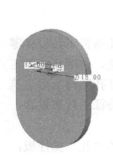

图 3-79　选择打孔面
　　　　与放置参考

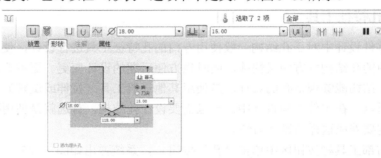

图 3-80　定义孔形状参数

**3.8　螺纹修饰
特征设计**

3.8　螺纹修饰特征

零件设计中经常需要设计各种螺纹结构，螺纹结构主要包括外螺纹与内螺纹，外螺纹是指在圆柱面上设计的螺纹结构，如图 3-81 所示；内螺纹是指在孔圆柱面上设计的螺纹结构，如图 3-82 所示。

图 3-81　外螺纹结构

图 3-82　内螺纹结构

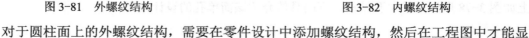

对于圆柱面上的外螺纹结构，需要在零件设计中添加螺纹结构，然后在工程图中才能显

示螺纹线并自动标注螺纹线，目前还没有直接设计的方法，一般是先设计主体结构，再添加螺纹结构就可以了；对于孔圆柱面上的内螺纹结构，一般可以考虑使用孔特征工具中的标准孔方法进行直接设计，但是遇到复杂截面轮廓的异形孔，孔特征工具中的标准孔方法也无法进行有效设计。在这种情况下，一般是首先使用孔特征工具中的异形孔方法或旋转切除方法设计孔主体结构，然后添加螺纹结构。

另外，在一些孔的改进设计中，没有注意到改进的问题，在前期设计中使用了拉伸或旋转方式设计孔，现在需要将前期设计的孔改为螺纹孔，但是无法直接改动（所以对于零件中的孔结构一定要首选孔特征工具设计，方便以后修改），而全部删除重新设计也不太现实，特别是孔比较多的情况，那么最好的方法就是使用修饰螺纹工具进行改进设计，既可提高设计效率，也避免了重复设计的问题。还有一种情况是，前期的设计是在别的软件中完成的，现在需要导入到 Pro/E 软件中进行改进设计，如果经过中间格式转换，即使之前是用螺纹孔设计的，在导入以后也无法显示螺纹结构，在这种情况下，也应首选螺纹修饰工具进行改进设计。

如图 3-83 所示的管道连接件零件，已经完成了如图 3-84 所示的结构设计，需要继续设计如图 3-85 所示的修饰螺纹结构（在零件小端外圆柱面上添加外螺纹结构，在零件大端内圆柱面上添加内螺纹结构），下面具体介绍其设计过程。

图 3-83 管道连接件零件

图 3-84 已经完成的结构

图 3-85 需要添加螺纹结构

1．在零件小端外圆柱面上添加外螺纹结构

Step1．选择命令工具。选择"插入"→"修饰"→"螺纹"命令，系统弹出如图 3-86 所示的"修饰：螺纹"对话框。

Step2．选取螺纹放置面。选取如图 3-87 所示的圆柱面为螺纹放置面。

Step3．选择螺纹起始曲面。选取如图 3-88 所示的零件小端端面为螺纹起始曲面。

图 3-86 "修饰：螺纹"对话框（一）

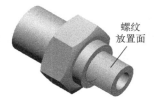

图 3-87 选择螺纹放置面

图 3-88 选择螺纹起始曲面

Step4．定义螺纹生成方向。定义完螺纹起始曲面后，系统弹出如图 3-89 所示的"方向"菜单管理器，用于调整螺纹生成方向，调整后的螺纹生成方向如图 3-90 所示。

Step5．定义螺纹长度。定义螺纹生成方向后，系统弹出如图 3-91 所示的"指定到"菜单管理器，在该菜单管理器中选择"盲孔"选项，然后在弹出的如图 3-92 所示的文本框中输入螺纹深度值"60"。

图 3-89　"方向"菜单管理器　　　图 3-90　定义螺纹生成方向　　　图 3-91　菜单管理器

Step6.定义螺纹主直径。完成螺纹深度定义后，需要在系统弹出的如图 3-93 所示的文本框中定义螺纹直径，本例采用系统默认的直径值"63"。

Step7.完成螺纹结构设计。单击"修饰：螺纹"对话框中的"确定"按钮，结果如图 3-94 所示。

图 3-92　定义螺纹深度　　　　　　　图 3-93　定义螺纹主直径

2. 在零件大端内圆柱面上添加内螺纹结构

参考小端外螺纹设计方法，设计如图 3-95 所示零件大端内螺纹结构。选择大端内圆柱面作为螺纹放置面，再选择连接件零件大端端面为螺纹起始曲面，注意调整生成方向要朝向零件小端面方向，定义螺纹深度为 60，螺纹"主直径"为 77，如图 3-96 所示。最后，单击"修饰：螺纹"对话框中的"确定"按钮，完成内螺纹结构设计。

图 3-94　添加螺纹结构特征　　　图 3-95　添加内螺纹结构　　　图 3-96　"修饰：螺纹"对话框（二）

3.9　抽壳特征

抽壳特征是指在结构实体表面上选择一个或多个移除面，系统首先将这些移除面删除，然后将结构内部掏空，形成均匀或不均匀壁厚的零件结构。图 3-97 所示为抽壳特征在零件设计中的应用举例。

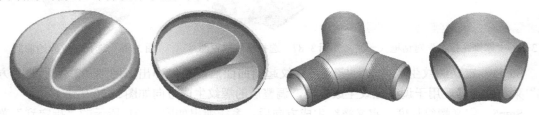

图 3-97　抽壳特征的应用举例

如图 3-98 所示的旋钮开关模型，已经完成了如图 3-99 所示的结构设计，需要继续设计如图 3-100 所示的壳体结构，且壳体结构厚度为 1.5，下面具体介绍其设计过程。

图 3-98 旋钮开关

图 3-99 已完成结构

图 3-100 壳体结构

Step1. 选择命令工具。在右部工具栏按钮区中单击"抽壳工具"按钮，系统弹出如图 3-101 所示的"抽壳"操控板。

图 3-101 "抽壳"操控板

Step2. 选取抽壳移除面。在模型上选取如图 3-102 所示的模型表面为抽壳移除面。

Step3. 定义抽壳厚度。在"抽壳"操控板中的"厚度"文本框中输入抽壳厚度值"1.5"。还可单击文本框后的"反向"按钮，用于调整抽壳厚度方向，使抽壳向外或向内。本例中不用调整厚度方向，采用系统默认的厚度方向（向内进行抽壳）。

图 3-102 定义移除面

Step4. 完成抽壳结构设计。在"抽壳"操控板中单击"完成"按钮，完成抽壳。

3.10 拔模特征

3.10 拔模特征设计

在一些产品的设计中，需要将一些结构的表面设计成斜面结构，特别是注塑件或铸造件的设计。如图 3-103 所示，在这些产品适当位置设计斜面结构，方便这些产品在完成注塑或铸造后能够顺利从模具中取出来，从而保证产品的最终成型。

图 3-103 拔模特征应用举例

零件设计中的这些斜面结构在工程中称为拔模，在零件设计中称作拔模特征。拔模特征包括四大要素：一是拔模面，即在拔模前后角度发生变化的面；二是拔模枢轴面（也称拔模固定面），即在拔模前后无论是角度还是大小均未发生变化的面；三是拔模方向（也称脱模方向），即模型从模具中取出来的方向；四是拔模角度，即拔模面在拔模前后发生变化的角度，也是拔模设计中最重要的一个参数（在 Pro/E 5.0 中，拔模角度值最大为 30°）。拔模结构示意图及拔模四要素如图 3-104 所示。

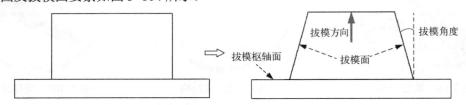

图 3-104 拔模结构示意图及拔模四要素

如图 3-105 所示的泵盖零件属于典型的铸造件，已经完成了如图 3-106 所示的结构设计，需要继续设计如图 3-107 所示的拔模结构，方便泵盖零件在铸造过程中能够顺利从砂型中取出，下面具体介绍其设计过程。

图 3-105 泵盖零件　　　　　图 3-106 已经完成的结构　　　　图 3-107 需要设计拔模结构

Step1．选择命令工具。在右部工具栏按钮区中单击"拔模"工具按钮，系统弹出"拔模"操控板。

Step2．定义拔模面。在"拔模"操控板中展开"参照"选项卡，如图 3-108 所示。在"参照"选项卡的"拔模曲面"列表框单击，选择如图 3-109 所示模型表面为拔模面。

Step3．定义拔模枢轴面。在"参照"选项卡中的"拔模枢轴"列表框单击，然后选择如图 3-110 所示模型表面为拔模枢轴面。

图 3-108 "拔模"操控板

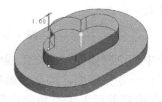

图 3-109 定义拔模面　　　　　　　　图 3-110 定义拔模枢轴面

Step4．定义拖拉方向（拔模方向）。定义拔模枢轴面后，系统自动定义拖拉方向，也就是如图3-104中箭头指示方向，单击箭头可调整方向，本例中需调整"拖拉方向"为向上。

Step5．定义拔模角度。完成拔模面、拔模枢轴面及拖拉方向定义后，最后在"拔模"操控板中角度文本框中输入拔模角度值"15"，如图 3-111 所示。输入拔模角度后单击文本框后的"反向"按钮 ╱ 调整拔模角度方向，结果如图3-112所示。

Step6．完成拔模特征设计。在"拔模"操控板中单击"完成"按钮 ✓。

图3-111　定义拔模角度

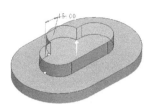

图3-112　调整拔模角度方向

3.11　加强筋特征

筋，也称加强筋，在零件结构中一般呈板状或块状，在零件结构中主要起支撑作用，用来提高零件结构的强度，特别在一些起支撑作用的零件上，都会在相应的位置设计相应的加强筋。例如，箱体零件中安装轴承的孔位置，还有支架或拨叉类零件上一般都设计有加强筋。一些塑料盖类零件，因为塑料的强度有限，为了提高塑料盖的强度，一般也都会设计加强筋结构。图3-113所示为加强筋设计应用举例。

图3-113　加强筋设计应用举例

加强筋类型主要包括两种，一种是轮廓筋，即在零件中的开放区域设计的加强筋，图 3-114 所示为支座零件中设计的轮廓筋；另外一种是网格筋（在 Pro/E 中称为轨迹筋），即在封闭区域设计的加强筋，图3-115所示为塑料凳模型中设计的网格（轨迹）筋。

图3-114　支座零件上的轮廓筋　　　　图3-115　塑料凳上的网格筋

3.11.1 轮廓筋

如图 3-116 所示的支座零件，属于支撑类结构的零件，为了提高零件结构的强度，需要在圆柱结构和底板结构之间设计加强筋结构，已经完成了如图 3-117 所示的结构设计，需要继续设计如图 3-118 所示的加强筋，下面具体介绍其设计过程。

图 3-116　支座零件　　　图 3-117　已经完成的结构　　　图 3-118　需要设计的加强筋

Step1. 选择命令工具。在右部工具栏按钮区中单击"轮廓筋"按钮打开"轮廓筋"操控板。

Step2. 定义轮廓筋的轮廓草图。在空白区域右击，在弹出的快捷菜单中选择"定义内部草绘"选项，打开"草绘"对话框，选取如图 3-119 所示的 FRONT 平面为草图平面，选取如图 3-120 所示模型表面为参照面，绘制如图 3-121 所示的草图并退出草图环境。

Step3. 定义轮廓筋属性。在图形区单击箭头调整轮廓筋的生成方向为朝向实体一侧，然后在"轮廓筋"操控板中单击"方向"按钮，调整轮廓筋的厚度方式为对称，在文本框中输入轮廓筋的厚度值"15"，结果如图 3-122 所示。

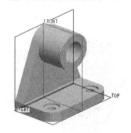 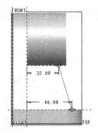 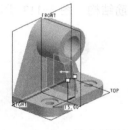

图 3-119　选取草图平面　　图 3-120　选取参照平面　　图 3-121　绘制草图　　图 3-122　定义轮廓筋属性

注意：轮廓筋的生成方向一定要朝向有实体的一侧，因为只有该侧的轮廓筋区域是确定的，否则轮廓筋就不确定，无法正确生成轮廓筋。另外，定义轮廓筋的厚度方式有三种，分别为草图面的左侧、右侧及两侧对称，如图 3-123 所示。

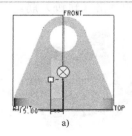 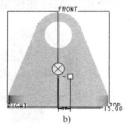 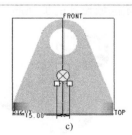

a)　　　　　　　　　　　b)　　　　　　　　　　　c)

图 3-123　轮廓筋厚度方式

a) 左侧　b) 右侧　c) 两侧对称

Step4. 完成轮廓筋设计。在"轮廓筋"操控板中单击"完成"按钮☑，完成轮廓筋设计。

3.11.2 轨迹筋

如图 3-124 所示的固定盒体零件，已经完成了如图 3-125 所示结构设计，需要继续设计如图 3-126 所示的轨迹筋（网格筋）结构，下面具体介绍其设计过程。

图 3-124　固定盒体零件　　　　图 3-125　已经完成的结构　　　　图 3-126　需要设计的轨迹筋

Step1. 选择命令工具。在右部工具栏按钮区中单击"轨迹筋"按钮☑，打开"轨迹筋"操控板。

Step2. 定义轨迹筋轨迹草图。在空白区域右击，在弹出的快捷菜单中选择"定义内部草绘"选项，打开"草绘"对话框，选取如图 3-127 所示的轨迹筋基准面为草图平面，采用默认的参照平面，选择盒体内边界为草绘参照，绘制如图 3-128 所示草图。

Step3. 定义轨迹筋属性。退出草绘环境后，在"轨迹筋"操控板中输入轨迹筋厚度值"3"，结果如图 3-129 所示。

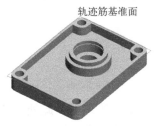
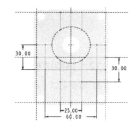

图 3-127　选取轨迹筋草图平面　　　图 3-128　绘制轨迹筋轮廓草图　　　图 3-129　定义轨迹筋厚度参数

3.12　扫描特征

扫描特征是指将一个平面截面沿着一条轨迹线扫描，在空间形成的一种几何特征。扫描特征中扫描截面所在平面始终与扫描轨迹是垂直的，扫描截面在整个扫描轨迹上都是恒定不变的。扫描特征主要用来创建具有一定轨迹特点的结构，如护栏、钢架或弯管等，图 3-130 所示为扫描特征在零件设计中的应用举例。

图 3-130　扫描特征应用举例

3.12.1　扫描特征工具

选择"插入"→"扫描"命令，系统弹出如图 3-131 所示的扫描命令子菜单，其中"伸出项""薄板伸出项""切口"和"薄板切口"四种类型属于实体扫描设计工具，其余的"曲面""曲面修剪"和"薄曲面修剪"三种类型用于曲面扫描设计。

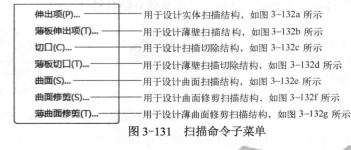

图 3-131　扫描命令子菜单

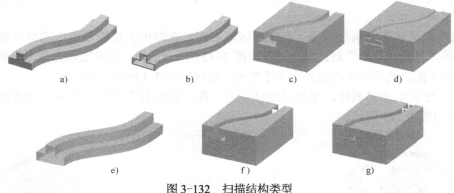

图 3-132　扫描结构类型

a) 伸出项　b) 薄板伸出项　c) 切口　d) 薄板切口　e) 曲面　f) 曲面修剪　g) 薄曲面修剪

从扫描子菜单中选择一种命令后，系统会弹出相应的对话框及菜单管理器，此处以选择"伸出项"为例进行说明，其他类型的扫描设计方法与"伸出项"类型扫描设计是类似的。选择扫描子菜单中的"伸出项"命令，系统弹出如图 3-133 所示的"伸出项：扫描"对话框及如图 3-134 所示的"扫描轨迹"菜单管理器。在"伸出项：扫描"对话框中需要定义扫描特征的两大要素——扫描轨迹与扫描截面。首先在"扫描轨迹"菜单管理器中选择定义扫描轨迹方法，然后具体设计扫描轨迹和截面，具体介绍如下。

图 3-133　"伸出项：扫描"对话框

图 3-134　"扫描轨迹"菜单管理器

3.12.2　扫描特征设计

如图 3-135 所示的饮水机开关模型，已经完成了如图 3-136 所示的基础结构及扫描轨迹曲线，需要继续设计如图 3-137 所示的扫描结构，下面具体介绍其设计过程。

Step1．选择命令工具。选择"插入"→"扫描"→"伸出项"命令，系统弹出"伸出项：扫描"对话框及"扫描轨迹"菜单管理器。

图 3-135 饮水机开关零件

图 3-136 已经完成的结构

图 3-137 需要设计的扫描结构

Step2．定义扫描轨迹类型。在"扫描轨迹"菜单管理器中选择"选取轨迹"选项，表示通过选择现有的轨迹曲线作为扫描轨迹，而不是去绘制扫描轨迹。

Step3．选取扫描轨迹。选择"选取轨迹"选项后，系统弹出如图 3-138 所示的"链"菜单管理器，按住〈Ctrl〉键，从头到尾依次选择如图 3-139 所示的曲线作为扫描轨迹曲线，单击鼠标中键完成选取，然后调整扫描轨迹起始点如图 3-140 所示。

图 3-138 "链"菜单管理器

图 3-139 选择扫描轨迹

图 3-140 调整扫描轨迹起始点

Step4．定义扫描截面。

（1）定义扫描截面参考方向 完成扫描轨迹选取后，系统弹出如图 3-141 所示的"方向"菜单管理器，用于控制草绘参考平面方向，本例采用系统默认方向，直接单击"确定"选项即可。

（2）定义扫描属性 定义扫描截面参考方向后，系统弹出如图 3-142 所示的"属性"菜单管理器，用于控制扫描末端结构形式，本例采用系统默认的"自由端"方式，然后直接单击"完成"选项。

（3）绘制扫描截面 定义扫描属性后，系统自动进入到草绘环境，绘制如图 3-143 所示的草图作为扫描截面。

图 3-141 "方向"菜单管理器

图 3-142 "属性"菜单管理器

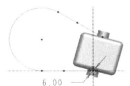
图 3-143 绘制扫描截面

Step5．完成扫描特征设计。完成扫描各项参数定义后，在"伸出项：扫描"对话框中单击"确定"按钮，完成扫描特征设计。

3.13　螺旋扫描

零件设计中经常需要设计一些螺旋结构，如弹簧结构、丝杆结构，螺纹结构等，图 3-144 所示为螺旋结构在零件设计中的应用举例。

图 3-144　螺旋结构在零件设计中的应用举例

3.13.1　螺旋扫描工具

3.13.1　螺旋扫描工具

螺旋扫描结构是一种比较典型的零件结构，具有独特的结构形式，使用一般的方法很难完成螺旋结构设计，在 Pro/E 中提供了专门进行螺旋结构设计的工具——螺旋扫描。选择"插入"→"螺旋扫描"命令，系统弹出如图 3-145 所示的"螺旋扫描"命令子菜单，选择其中不同的命令，可设计不同类型的螺旋扫描结构。其中"伸出项""薄板伸出项""切口"和"薄板切口"四种类型属于实体螺旋扫描设计工具，其余的"曲面""曲面修剪"和"薄曲面修剪"三种类型用于曲面螺旋扫描设计。

伸出项(P)…	用于设计实体螺旋扫描结构，如图 3-146a 所示
薄板伸出项(T)…	用于设计薄壁螺旋扫描结构，如图 3-146b 所示
切口(C)…	用于设计螺旋扫描切除结构，如图 3-146c 所示
薄板切口(T)…	用于设计薄壁螺旋扫描切除结构，如图 3-146d 所示
曲面(S)…	用于设计曲面螺旋扫描结构，如图 3-146e 所示
曲面修剪(S)…	用于设计曲面修剪螺旋扫描结构，如图 3-146f 所示
薄曲面修剪(T)…	用于设计薄曲面修剪螺旋扫描结构，如图 3-146g 所示

图 3-145　"螺旋扫描"命令子菜单

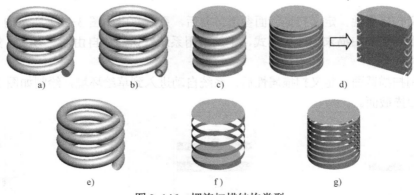

图 3-146　螺旋扫描结构类型

a) 伸出项　b) 薄板伸出项　c) 切口　d) 薄板切口　e) 曲面　f) 曲面修剪　g）薄曲面修剪

82

从螺旋扫描子菜单中选择一种命令后，系统会弹出相应的对话框及菜单管理器，此处以选择"伸出项"为例进行说明，其他类型的螺旋扫描设计方法与"伸出项"类型螺旋扫描设计方法是类似的。选择螺旋扫描子菜单中的"伸出项"命令，系统弹出如图 3-147 所示的"伸出项：螺旋扫描"对话框及如图 3-148 所示的"属性"菜单管理器。在"伸出项：螺旋扫描"对话框中需要定义螺旋扫描特征的主要参数——螺旋扫描属性、扫描轨迹、螺距与扫描截面。首先在"属性"菜单管理器中定义螺旋扫描的属性，然后具体定义螺旋扫描轨迹、螺距与扫描截面。下面具体介绍。

图 3-147 "伸出项：螺旋扫描"对话框

图 3-148 "属性"菜单管理器

3.13.2 螺旋扫描特征设计

如图 3-149 所示的拉簧零件，在具体设计过程中，需要首先设计如图 3-150 所示的弹簧结构，然后在此基础上添加两头的拉钩结构即可得到最终的拉簧。下面具体介绍拉簧零件中弹簧结构的设计过程。

Step1．选择命令工具。选择"插入"→"螺旋扫描"→"伸出项"命令，系统弹出"伸出项：螺旋扫描"对话框及"属性"菜单管理器。

Step2．定义螺旋扫描属性。在"属性"菜单管理器中依次单击"常数"→

图 3-149 拉簧零件

图 3-150 需要设计的弹簧结构

"穿过轴"→"右手定则"→"完成"选项，单击"常数"选项表示螺旋扫描结构的螺距是恒定值，单击"穿过轴"选项表示螺旋扫描截面平面穿过螺旋结构旋转轴，单击"右手定则"选项表示右旋螺旋。

Step3．定义螺旋扫描轨迹。

（1）选取草绘平面 设置螺旋扫描属性后，系统弹出如图 3-151 所示的"设置草绘平面"菜单管理器，依次单击"新设置"和"平面"选项，选择 FRONT 为草绘平面。

（2）设置草绘平面方向 选择草绘平面后，系统弹出如图 3-152 所示的"设置草绘平面"菜单管理器，通过单击"方向"选项列表中的选项调整草绘平面的方向，本例采用默认的方向，然后单击"确定"选项。

（3）设置参照平面方向 定义草绘平面方向后，系统弹出如图 3-153 所示的"设置草绘平面"菜单管理器，通过单击"草绘视图"选项列表中的选项调整参照平面的方向，一般采用"缺省"方式。

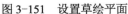

图 3-151　设置草绘平面

图 3-152　设置草绘平面方向

图 3-153　设置草绘视图

（4）绘制螺旋扫描轨迹曲线　设置参照平面方向后，系统自动进入草绘环境，绘制如图 3-154 所示的螺旋扫描轨迹草图，草图中的直线即为螺旋扫描结构的轨迹曲线，控制螺旋扫描结构的扫描形状，草图中的黄色箭头表示螺旋扫描起始位置与方向。另外，草图中必须包括一条中心线作为螺旋扫描中心轴。

Step4．定义螺旋扫描螺距。完成螺旋扫描轨迹绘制后就需要定义螺旋扫描螺距值，此时系统弹出如图 3-155 所示的"输入节距值"文本框，输入螺旋扫描螺距值"12"。

Step5．绘制螺旋扫描截面。完成螺距定义后，系统自动进入草绘环境，绘制如图 3-156 所示的螺旋扫描截面。

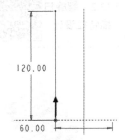

图 3-154　绘制螺旋扫描轨迹

图 3-155　定义螺距

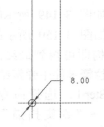

图 3-156　绘制螺旋扫描截面

Step6．完成螺旋扫描特征设计。完成螺旋扫描各项参数定义后，在"伸出项：螺旋扫描"对话框中单击"确定"按钮，完成螺旋扫描特征设计。

在螺旋扫描结构设计中，螺旋扫描轨迹既可以是直线轨迹，也可以是曲线轨迹，如果将本例中的螺旋扫描轨迹改为如图 3-157 所示的曲线轨迹，将得到如图 3-158 所示的螺旋扫描结构。这种设计方法非常有用，能够解决很多实际问题，如图 3-159 所示的螺栓，在设计螺栓中的螺纹结构时需要处理螺纹收尾结构，这种情况下可以绘制相应的螺旋轨迹控制螺旋扫描切除，得到符合要求的螺纹结构，具体操作请扫二维码参看视频讲解。

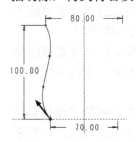

图 3-157　曲线轨迹

图 3-158　螺旋扫描结构

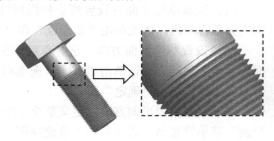

图 3-159　螺栓设计中的螺旋结构

3.14 混合特征

混合特征应用非常广泛，主要用于设计不规则的零件结构，而且很难用其他的特征设计工具代替。图 3-160 所示为混合特征应用举例。

图 3-160 混合特征在零件设计中的应用举例

混合特征是指根据一组二维截面（至少两个截面），经过连续两截面间的拟合在空间形成的几何体特征，图 3-161 所示是混合特征示意图，说明了两个截面经过拟合得到混合特征的混合原理。

图 3-161 混合特征示意图

在 Pro/E 中创建混合特征的原理比较特殊，多个截面其实都是创建在一个草绘平面上的，但截面之间是独立的，然后定义每个截面之间的真实距离（相当于将同一平面里的两个截面拉出一定的距离）。在 Pro/E 中设计混合特征的示意图如图 3-162 所示。

图 3-162 在 Pro/E 中定义混合截面示意图

3.14.1 混合特征工具

选择"插入"→"混合"命令，系统弹出如图 3-163 所示的"混合"命令子菜单，选择其中不同的命令，可以设计不同类型的混合结构。其中"伸出项""薄板伸出项""切口"和"薄板切口"四种类型属于实体混合设计工具，其余的"曲面""曲面修剪"和"薄曲面修剪"三种类型用于曲面混合特征设计。

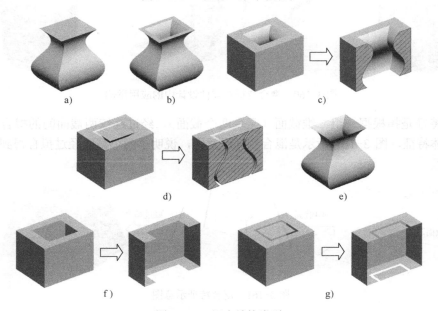

伸出项(P)...	用于设计实体混合结构,如图3-164a 所示
薄板伸出项(T)...	用于设计薄壁混合结构,如图3-164b 所示
切口(C)...	用于设计混合切除结构,如图3-164c 所示
薄板切口(T)...	用于设计薄壁混合切除结构,如图3-164d 所示
曲面(S)...	用于设计曲面混合结构,如图3-164e 所示
曲面修剪(S)...	用于设计曲面修剪混合结构,如图3-164f 所示
薄曲面修剪(T)...	用于设计薄曲面修剪混合结构,如图3-164g 所示

图 3-163 "混合"命令子菜单

a)　　　　　　　　　b)　　　　　　　　　c)

d)　　　　　　　　　e)

f)　　　　　　　　　g)

图 3-164　混合结构类型

a) 伸出项　b) 薄板伸出项　c) 切口　d) 薄板切口　e) 曲面　f) 曲面修剪　g) 薄曲面修剪

从"混合"命令子菜单中选择一种命令后,系统会弹出相应的对话框及菜单管理器,此处以选择"伸出项"为例进行说明,其他类型的混合特征设计与"伸出项"类型混合特征设计是类似的。选择"混合"命令子菜单中的"伸出项"命令,系统弹出如图 3-165 所示的"混合选项"菜单管理器,在该菜单管理器中定义混合类型、截面类型及截面方法。

3.14.2　混合特征设计

如图 3-166 所示的工艺花瓶模型,在花瓶设计过程中需要首先设计如图 3-167 所示的花瓶主体基础结构,然后在此基础上添加抽壳及两侧的扫描结构最终得到花瓶模型。类似花瓶主体的基础结构可以使用混合特征来设计。

Step1. 选择命令工具。选择"插入"→"混合"→"伸出项"命令,系统弹出"混合选项"菜单管理器。

Step2. 设置混合选项。在"混合选项"菜单管理器中依次单击"平行"→"规则截面"→"草绘截面"→"完成"选项,表示使用规则截面创建平行类型的混合特征,混合特征的截面使用草绘方式进行绘制。

图 3-165　混合选项

图 3-166　工艺花瓶模型

图 3-167　需要设计的花瓶主体基础结构

Step3．设置混合属性。完成混合选项设置后，系统弹出如图 3-168 所示的"伸出项：混合，平行，规则截面"对话框和如图 3-169 所示的"属性"菜单管理器，在"属性"菜单管理器中依次单击"光滑"→"完成"选项，表示创建光滑连续的混合结构。

Step4．设置草绘平面。完成混合属性设置后需要设置草绘平面，该草绘平面用于绘制混合截面。

（1）选择草绘平面　完成混合属性设置后系统弹出如图 3-170 所示的"设置草绘平面"菜单管理器，再依次单击"新设置"→"平面"选项，表示选择新的平面作为草绘平面，然后选择 TOP 平面为草绘平面。

图 3-168　"伸出项：混合，平行，
　　　规则截面"对话框

图 3-169　"属性"菜单管理器

图 3-170　设置草绘平面

（2）定义草绘平面方向　选择草绘平面后，在草绘平面上显示如图 3-171 所示的红色箭头，该红色箭头指示的方向为草绘平面的方向，即混合特征生成的方向。单击如图 3-172 所示的"设置草绘平面"菜单管理器中的"方向"选项可以调整草绘平面方向，本例中直接单击"确定"选项即可。

（3）定义草绘视图方向　完成草绘方向定义后，系统弹出如图 3-173 所示的"设置草绘平面"菜单管理器，采用默认的视图方向，直接单击"缺省"选项，完成草绘视图方向设置。

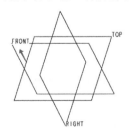

图 3-171　定义草绘平面方向

图 3-172　设置草绘平面方向

图 3-173　设置草绘视图

Step5．定义混合截面。设置草绘平面后系统自动进入草绘环境，绘制混合截面草图，对于本例的设计需要定义四个混合截面，下面具体介绍。

（1）定义第一个混合截面　绘制如图 3-174 所示草图作为第一个混合截面，完成该截面草图绘制后复制该草图，以备后用。

（2）定义第二个混合截面　完成第一个混合截面绘制后，在图形区空白位置右击，在弹出的快捷菜单中选择"切换截面"命令，如图 3-175 所示，系统切换至第二个截面绘制环境，绘制如图 3-176 所示的草绘作为第二个混合截面。

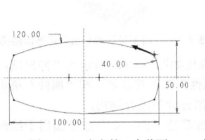

图 3-174　定义第一个截面

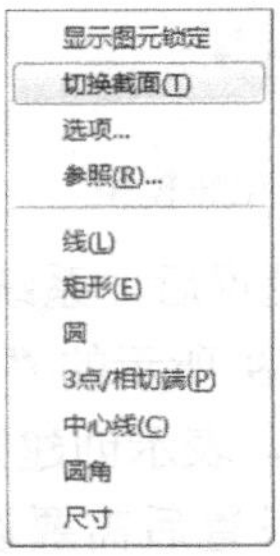

图 3-175　快捷菜单

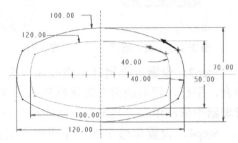

图 3-176　定义第二个截面

（3）定义第三个混合截面　完成第二个混合截面绘制后，在图形区空白位置右击，在弹出的快捷菜单中选择"切换截面"命令，系统切换至第三个截面绘制环境。然后在空白处右击，在弹出的快捷菜单中选择"粘贴"命令，将之前复制的第一个混合截面草图粘贴到第三个混合截面环境中，此时系统弹出如图 3-177 所示的"移动和调整大小"对话框。在对话框中的"缩放"文本框中输入缩放比例"0.6"，也就是将复制的草图缩放为原来的 0.6 倍，结果如图 3-178 所示。

（4）定义第四个混合截面　完成第三个混合截面绘制后，在图形区空白位置右击，在弹出的快捷菜单中选择"切换截面"命令，系统切换至第四个截面绘制环境。然后在空白处右击，在弹出的快捷菜单中选择"粘贴"命令，将之前复制的第一个混合截面草图粘贴到第四个混合截面环境中，在弹出的"移动和调整大小"对话框中"缩放"文本框中输入缩放比例"1"，也就是保持原来比例，结果如图 3-179 所示。

图 3-177　"移动和调整大小"对话框

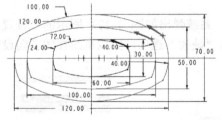

图 3-178　定义第三个混合截面

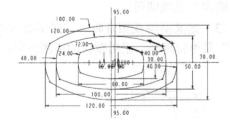

图 3-179　定义第四个混合截面

Step6．定义各混合截面之间的距离。前面定义的四个混合截面其实都是在同一个草绘平面上绘制的，接下来需要定义各混合截面之间的距离才能够进行混合。

（1）定义混合截面深度类型　完成所有混合截面定义后，单击草绘环境的"确定"按钮，退出草绘环境，此时系统弹出如图 3-180 所示的"深度"菜单管理器，用于设置混合截面深度类型。本例中选择"盲孔"类型定义混合截面深度，也就是通过定义深度值定义各截面之间的距离。

（2）定义混合截面距离（深度）　完成深度类型设置后，系统弹出如图 3-181 所示的"输入截面的深度"文本框，依次定义各截面深度。本例设置所有截面深度为"60"。

图 3-180　设置深度

图 3-181　定义混合截面距离

Step7．完成混合特征设计。完成混合特征各项参数定义后，在"伸出项：混合，平行，规则截面"对话框中单击"确定"按钮，完成混合特征设计。

3.15　扫描混合特征

前面小节分别介绍了扫描特征及混合特征的设计，扫描特征是指一个截面沿着一条轨迹扫掠形成的几何体，而混合特征是指多个截面直接进行混合形成的几何体，扫描混合其实就是扫描特征和混合特征的"组合工具"，既包括扫描特征的特性，又包括混合特征的特性，是指多个截面沿着指定轨迹混合形成的几何体。正是因为扫描混合特征既包含扫描特征特性，又包含混合特征特性，扫描混合在零件设计中的应用非常广泛，扫描混合特征应用举例如图 3-182 所示。

图 3-182　扫描混合特征应用举例

因为扫描混合特征既包含扫描特性又包含混合特性，所以在设计时既要满足扫描特征要求又要满足混合特征要求，扫描混合特征的设计需要满足以下两个方面的要求。

1）扫描混合中各截面尺寸要小于扫描混合轨迹对应位置最小折弯尺寸，如果截面尺寸过大，会在扫描混合过程中出现自相交情况，最终导致无法生成扫描混合特征。

2）扫描混合中各截面的图元数要相等，混合起点及方向要对应，否则无法生成扫描混合特征，或者在扫描混合特征表面出现扭曲结构，影响表面质量。

3.15.1　扫描混合特征设计工具

选择"插入"→"扫描混合"命令，系统弹出如图 3-183 所示的"扫描混合"操控板，可在该操控板中定义扫描混合各项参数。

图 3-183　"扫描混合"操控板（一）

在 Pro/E 中使用扫描混合工具默认情况下是创建扫描混合曲面，如果需要创建实体扫描混合特征需要在"扫描混合"操控板中单击"创建实体"按钮□。本节只介绍扫描混合实体的设计过程，扫描混合曲面将在曲面设计中详细介绍。

在"扫描混合"操控板中单击"移除材料"按钮◿，表示创建扫描混合切除，就是将创建的扫描混合特征从已有的实体中切除掉；单击"创建薄板特征"按钮⊏，表示创建薄壁的扫描混合特征，此时的操控板如图 3-184 所示，单击"反向"按钮％，可调整加厚方向，在厚度文本框中输入厚度值。

图 3-184 "扫描混合"操控板（二）

在"扫描混合"操控板中打开"参照"选项卡，该选项卡用于设置扫描混合轨迹参数；打开"截面"选项卡，该选项卡用于设置扫描混合截面参数；打开"相切"选项卡，该选项卡用于设置扫描混合首尾截面边界条件；打开"选项"选项卡，该选项卡用于设置扫描混合截面控制方式。下面通过一个具体案例详细介绍扫描混合特征设计及其参数设置。

3.15.2 扫描混合特征设计

扫描混合特征的设计，首先需要准备一条曲线作为扫描混合轨迹曲线，然后使用扫描混合工具在轨迹曲线上添加混合截面，最终得到扫描混合特征。

如图 3-185 所示的手柄零件，已经完成了如图 3-186 所示的结构设计（其中的曲线将作为扫描混合轨迹曲线），需要继续设计如图 3-187 所示的扫描混合结构作为手柄零件主体结构，下面具体介绍其设计过程。

图 3-185 手柄零件

图 3-186 已经完成的结构

图 3-187 需要设计的手柄主体

Step1．选择命令工具。选择"插入"→"扫描混合"命令，系统打开"扫描混合"操控板。

Step2．定义扫描混合类型。在"扫描混合"操控板中单击"创建实体"按钮□，表示创建实体类型的扫描混合特征。

Step3．定义扫描混合轨迹。本例中直接选择已有的曲线作为扫描混合轨迹曲线。

（1）选取轨迹曲线 在图形区选取如图 3-188 所示的曲线作为扫描混合轨迹，此时在轨迹曲线一端出现黄色箭头，有黄色箭头的一端为扫描混合轨迹起点，单击该箭头可切换扫描混合起点至另外一端。

（2）定义轨迹参数 在"扫描混合"操控板

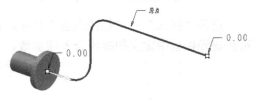
图 3-188 定义扫描混合轨迹

中打开"参照"选项卡,如图 3-189 所示,在该选项卡中定义轨迹参数,对于本例的设计均采用默认参数。

图 3-189 "参照"选项卡

Step4.定义扫描混合截面。定义扫描混合截面首先需要在"扫描混合"操控板中打开"截面"选项卡,如图 3-190 所示,在该选项卡中定义截面参数。对于本例的设计,只需要在扫描混合轨迹两端分别定义一个混合截面即可。

(1)定义截面方法 在"截面"选项卡中选择"草绘截面"选项,表示直接进入草绘环境绘制混合截面,如果选择"选定截面"选项,表示选择已有曲面作为混合截面。

(2)定义第一个混合截面 在"截面"选项卡的"截面"列表框中单击"截面 1",如图 3-190 所示,再单击轨迹曲线的起点,表示将第一个混合截面定义在扫描混合轨迹曲线的起点位置,然后单击"截面"选项卡中的"草绘"按钮,系统自动进入到草绘环境,绘制如图 3-191 所示的草图作为第一个混合截面。

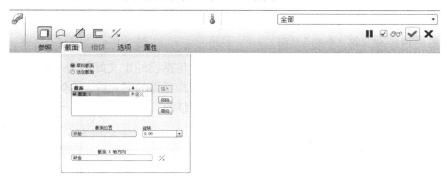

图 3-190 "截面"选项卡(一)

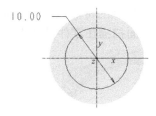

图 3-191 定义第一个混合截面

(3)定义第二个混合截面 完成第一个混合截面定义后,单击截面选项卡中的"插入"按钮,插入一个新截面,此时的"截面"选项卡如图 3-192 所示。在"截面"列表框中单击"截面 2"，再单击轨迹曲线的终点，表示将第二个混合截面定义在扫描混合轨迹曲线的终点位置。然后单击"截面"选项卡中的"草绘"按钮，系统自动进入到草绘环境，绘制如图 3-193 所示的草图作为第二个混合截面。

图 3-192　"截面"选项卡（二）

Step5．完成扫描混合特征设计。完成扫描混合截面定义后结果如图 3-194 所示，其余各项参数均采用系统默认设置，单击"扫描混合"操控板中的"完成"按钮☑，完成扫描混合特征的设计。

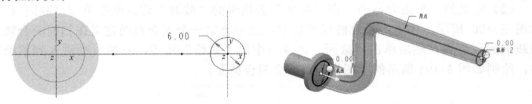

图 3-193　定义第二个混合截面　　　　图 3-194　扫描混合结果

完成扫描混合截面定义后，在"截面"列表框中包括已经定义好的两个混合截面（"截面1"和"截面 2"），在"截面"列表框中的#列显示各对应截面的图元数。本例中的截面均为圆，图元数为 2，如果图元数不相等是无法创建扫描混合特征的。

> 3.16　可变截面
> 扫描特征设计

3.16　可变截面扫描特征

可变截面扫描是指将一个截面沿着多条扫描轨迹进行扫掠形成的特征结构，通过控制截面和扫描轨迹的变化，可以得到不同形状的特征造型，主要用于设计一些外形结构不规则且复杂的结构，图 3-195 所示为可变截面扫描在零件设计中的应用。

图 3-195　可变截面扫描应用举例

3.16.1 可变截面扫描工具

选择"插入"→"可变截面扫描"命令，系统弹出如图 3-196 所示的"可变截面扫描"操控板，在该操控板中定义可变截面扫描各项参数。

图 3-196 "可变截面扫描"操控板（一）

在 Pro/E 中使用可变截面扫描工具默认情况下是创建可变截面扫描曲面的，如果需要创建实体可变截面扫描特征需要在"可变截面扫描"操控板中单击"创建实体"按钮□，本节只介绍可变截面扫描实体的设计过程。

在"可变截面扫描"操控板中单击"移除材料"按钮◿，表示创建可变截面扫描切除，就是将创建的可变截面扫描特征从已有的实体中切除掉；单击"创建薄板特征"按钮▭，表示创建薄壁的可变截面扫描特征，此时的操控板如图 3-197 所示，然后在厚度文本框中输入厚度值，单击其后的"反向"按钮╱，可调整加厚方向。

图 3-197 "可变截面扫描"操控板（二）

在"可变截面扫描"操控板中打开"参照"选项卡，该选项卡用于设置可变截面扫描轨迹参数；打开"选项"选项卡，该选项卡用于设置可变截面扫描截面样式是可变截面还是恒定截面；打开"相切"选项卡，该选项卡用于设置可变截面扫描首尾截面边界条件。下面通过一个具体案例详细介绍可变截面扫描特征设计及其参数设置。

3.16.2 可变截面扫描设计

在创建可变截面扫描过程中至少需要选择一条原点轨迹和若干条一般轨迹，然后绘制扫描截面，系统将扫描截面沿着选择的各条轨迹扫描得到可变截面扫描结构。

如图 3-198 所示的水壶模型，已经完成了如图 3-199 所示曲线的创建，需要根据这些曲线创建如图 3-200 所示的水壶主体结构（水壶主体中各截面均为矩形），下面具体介绍其设计过程。

 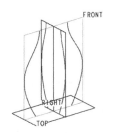 

图 3-198　水壶模型　　　　图 3-199　已经创建的曲线　　　　图 3-200　需要创建的水壶主体结构

Step1. 选择命令工具。选择"插入"→"可变扫描截面"命令，系统弹出"可变截面扫描"操控板。

Step2．定义可变截面扫描类型。在"可变截面扫描"操控板中单击"创建实体"按钮 ⬜，表示创建实体类型的可变截面扫描特征。

Step3．定义可变截面扫描轨迹。

（1）定义原点轨迹　选择如图 3-201 所示的直线作为原点轨迹。原点轨迹是截面扫过的路线，即截面开始于原点轨迹线的起点，终止于原点轨迹线的终点。

（2）定义一般轨迹　定义原点轨迹后按住〈Ctrl〉键继续选择如图 3-202 所示的四条曲线作为一般轨迹，多条一般轨迹用于控制截面的形状。

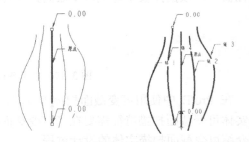

图 3-201　定义原点轨迹　图 3-202　定义一般轨迹

（3）定义参数　完成原点轨迹与一般轨迹定义后，在"可变截面扫描"操控板中打开"参照"选项卡，如图 3-203 所示。在"参照"选项卡中查看定义的轨迹，并可以设置"剖面控制"等各项参数，本例均采用系统默认设置即可。

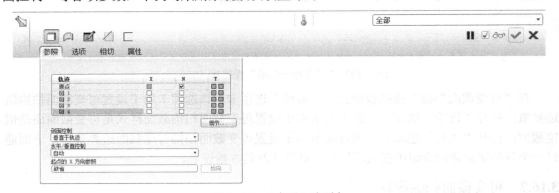

图 3-203　"参照"选项卡

Step4．定义可变截面扫描选项。在操控板中打开"选项"选项卡，如图 3-204 所示，可以设置可变截面扫描截面类型及草绘放置点。本例中选择"可变截面"选项，表示创建的可变截面扫描特征中的截面是可变的；设置"草绘放置点"为默认值，即"原点"。

图 3-204　"选项"选项卡

Step5．定义扫描截面。完成原点轨迹和一般轨迹定义后，单击操控板中的"剖面"按钮 ⬚，系统自动切换至草绘环境，绘制如图 3-205 所示的扫描截面。

Step6．完成可变截面扫描特征设计。完成截面定义后，其余各项参数均采用系统默认设置，结果如图 3-206 所示。单击"可变截面扫描"操控板中的"完成"按钮 ✓，完成可变截面扫描特征的设计。

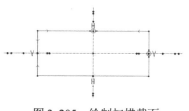

图 3-205　绘制扫描截面

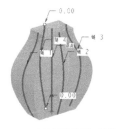

图 3-206　可变截面扫描结果

3.17　镜像特征

　　零件设计中经常需要设计各种对称结构，图 3-207 所示为零件设计中对称结构的应用举例。这些对称结构的设计方法与设计工具都是一样的，如果采用常规方法再设计一次，无疑是一种重复性劳动，而且影响整个产品设计效率，在实际产品设计中，像这些对称结构的设计主要使用镜像特征来设计。

图 3-207　零件设计中对称结构的应用举例

　　镜像特征是指将特征结构沿着一个平面做对称复制，对称出来的特征与原特征关于镜像平面对称。使用镜像特征设计对称结构的关键是先设计好一半结构，然后将设计好的一半结构沿着合适的平面进行镜像，即可得到对称结构的另外一半。使用镜像特征能够大大减少工作量，避免不必要的重复性工作。

　　如图 3-208 所示的固定底座零件，已经完成了如图 3-209 所示的结构设计，需要继续设计如图 3-210 所示的结构，这种情况就应该使用镜像特征进行设计。

图 3-208　固定底座零件　　　　图 3-209　已经完成的结构　　　　图 3-210　需要继续设计的结构

　　Step1．选择镜像特征。在模型树中选择如图 3-211 所示的沉头孔特征为镜像对象。

　　Step2．选择命令工具。在右部工具栏按钮区中单击"镜像"按钮，打开"镜像"操控板。

  Step3. 选择镜像平面。选择如图 3-212 所示的 RIGHT 基准平面为镜像平面。

  Step4. 完成镜像特征操作。单击"镜像"操控板中的"完成"按钮☑，完成操作。

 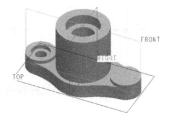

图 3-211 选择镜像对象   图 3-212 选择镜像平面

3.18 阵列特征

3.18 阵列特征概述及工具

  零件设计中经常需要设计一些具有一定排列规律的特征结构，图 3-213 所示为阵列特征在零件设计中的应用举例，其中很多具有一定排列规律的特征结构就是使用阵列工具设计的。像这些结构如果采用常规方法就得一个一个地设计，这样会花费大量时间，严重影响产品设计效率，最行之有效的方法就是使用阵列工具进行设计。

图 3-213 阵列特征在零件设计中的应用

3.18.1 阵列特征工具

  在 Pro/E 零件环境中提供了专门进行特征阵列的工具。首先选择需要阵列的特征结构，然后在右部工具按钮区单击"阵列"按钮▦，系统弹出如图 3-214 所示的"阵列"操控板，使用该操控板对选中的特征进行阵列操作。

图 3-214 "阵列"操控板

3.18.2 尺寸阵列

3.18.2 尺寸阵列 01

  尺寸阵列是指通过选择阵列特征中的一些尺寸参数作为阵列方向参考的一种线性阵列方式。在创建尺寸阵列选择尺寸时，如果只选择一个尺寸参考，系统将特征沿着该尺寸方向进行单一方向的线性阵列，如果单独选择两个正交方向的尺寸参考，系统将特征同时沿着这两个尺寸方向进行线性阵列，此时阵列结果形成一个矩形区域，所以这种阵列也称作矩形阵列。如果同时选中两个尺寸参考，系统将特征沿着这两个尺寸方向的"合方向"进行线性阵列，这种阵列方式称作斜线阵列。

如图 3-215 所示的塑料凳子模型，已经完成了如图 3-216 所示的结构设计（在凳子顶面已经设计了一个椭圆形的孔），需要继续设计如图 3-217 所示的椭圆孔阵列结构，下面具体介绍其设计过程。

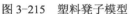

图 3-215　塑料凳子模型　　　图 3-216　已经完成的结构　　　图 3-217　需要设计椭圆孔阵列结构

Step1．分析阵列特征尺寸。 对特征进行尺寸阵列之前，首先要分析阵列特征的尺寸参数，本例要阵列如图 3-216 所示的椭圆孔特征，所以需要先分析一下椭圆孔特征的尺寸参数。图 3-218 所示为椭圆孔截面草图，其中 68、52 和 45 三个尺寸为定位尺寸，30 和 15 两个尺寸为形状尺寸，进行尺寸阵列时，使用定位尺寸定义阵列方向参考，使用形状尺寸定义阵列过程中的形状变化。对于本例的阵列，只需要将椭圆孔沿凳子两个边缘方向进行阵列，不涉及椭圆孔尺寸变化，在尺寸阵列时，只需要选择 68 和 52 两个尺寸定义阵列方向参考即可。其中尺寸 68 属于水平方向的尺寸标注，可以使椭圆孔沿着水平方向阵列；尺寸 52 属于竖直方向尺寸标注，可以使椭圆孔沿着竖直方向阵列。

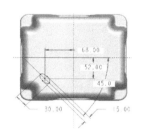

图 3-218　分析特征尺寸

Step2．选择阵列特征。 在模型树或模型上选择椭圆孔结构（拉伸 5）为阵列对象。

Step3．选择命令工具。 选择阵列特征后，在右部工具栏按钮区中单击"阵列"按钮，系统弹出"阵列"操控板。

Step4．定义阵列方式。 在"阵列"操控板阵列方式下拉列表中选择"尺寸"选项（系统默认选项），表示对阵列特征进行尺寸阵列。

Step5．定义尺寸阵列参数。 完成阵列方式定义后，此时的"阵列"操控板如图 3-219 所示，在该操控板中定义尺寸阵列参数；同时在模型上显示阵列特征各项参数便于阵列时选取尺寸参数，如图 3-220 所示。使用尺寸阵列时，需要首先选择合适尺寸定义阵列方向参考及阵列增量参数，然后定义阵列个数，下面具体介绍。

（1）定义方向 1 阵列参数　选择如图 3-220 所示的尺寸 68 为方向 1 方向参考，表示沿着尺寸 68 标注的方向进行阵列；然后展开操控板中的"尺寸"选项卡，在"方向 1"列表框的"增量"列中定义该方向的增量（也就是阵列间距）为-34，如图 3-221 所示，最后在第一方向阵列个数文本框中定义阵列个数为 5，结果如图 3-222 所示。

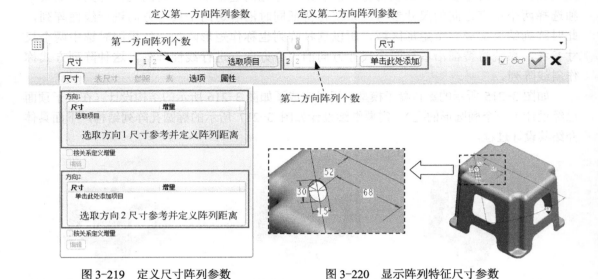

图 3-219　定义尺寸阵列参数　　　　　　图 3-220　显示阵列特征尺寸参数

图 3-221　定义方向 1 阵列参数　　　　　　图 3-222　方向 1 阵列结果

（2）定义方向 2 阵列参数　选择如图 3-220 所示的尺寸 52 为方向 2 方向参考，表示沿着尺寸 52 标注的方向进行阵列；然后在"尺寸"选项卡的"方向 2"列表框的"增量"列中定义该方向的增量（也就是阵列间距）为"-34"，如图 3-223 所示，最后在第二方向阵列个数文本框中定义阵列个数为"4"，结果如图 3-224 所示。

图 3-223　定义方向 2 阵列参数　　　　　　图 3-224　方向 2 阵列结果

Step6. 完成方向阵列。在"阵列"操控板中单击"完成"按钮☑，完成阵列操作。

在尺寸阵列中，如果在各阵列方向上继续选择特征中的形状尺寸并定义增量，系统将继续对阵列特征沿着指定尺寸方向进行线性阵列，同时会将选中的尺寸在该阵列方向上根据设置的增量进行变化阵列。

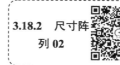

如图 3-225 所示的阵列示例模型，需要对长方板上的圆柱凸台进行阵列。已知圆柱凸台截面草图如图 3-226 所示，尺寸 75 为水平方向定位尺寸，尺寸 12 为圆柱直径，另外，圆柱凸台的拉伸高度为 10，欲通过阵列得到如图 3-227 所示的阵列效果。

图 3-225 阵列示例模型

图 3-226 圆柱凸台截面草图

图 3-227 阵列效果

像这样涉及阵列特征变化的阵列需要定义形状尺寸增量来实现。在"阵列"操控板中选择尺寸阵列方式，选择定位尺寸 75 为阵列方向参考，表示将阵列特征沿着尺寸 75 的标注方向进行阵列；按住〈Ctrl〉键，选择圆柱直径尺寸 12，在其"增量"列中输入增量值"3"，表示每个阵列实例比前一个实例直径增加 3；继续按住〈Ctrl〉键，选择圆柱凸台高度尺寸 10，在其"增量"列中输入增量值"5"，表示每个阵列实例比前一个实例高度增加 5，参数定义如图 3-228 所示，结果如图 3-229 所示。

定义完阵列参数后，在模型上会出现表示阵列实例位置的圆形黑点，每个圆形黑点表示一个阵列实例，单击圆形黑点使其变成白色圆点，如图 3-230 所示，白色圆点表示该处将不显示阵列实例（图 3-231），使用这种操作能够绕开障碍进行阵列。

图 3-228 定义阵列参数

图 3-229 阵列结果

图 3-230 单击黑点使其变成白点

图 3-231 白点位置不显示阵列实例

99

对于设计错误的阵列结构可以对其进行删除操作，删除阵列包括两种方式：在模型树中选中阵列特征后右击，在弹出的快捷菜单中选择"删除"命令，如图 3-232 所示，此时将阵列实例连同原始特征均删除，结果如图 3-233 所示；如果选择"删除阵列"命令，此时仅删除阵列实例，原始特征依然保留在原始位置，结果如图 3-234 所示。此处介绍的删除阵列特征的两种操作适用于所有的阵列类型，后面章节不再赘述。

图 3-232 选择"删除"命令

图 3-233 "删除"命令结果

图 3-234 "删除阵列"命令结果

3.18.3 方向阵列

3.18.3 方向阵列

方向阵列是指通过在模型中选择方向参考对特征进行线性阵列，方向参考可以是模型上的边线或基准轴，也可以是模型表面或基准面平面。如果选择边线或轴，系统将沿着边线或轴的线性方向进行线性阵列，如果选择模型表面或基准平面作为方向参考，系统将沿着模型表面或基准面的垂直方向进行线性阵列。

如图 3-235 所示的发动机壳体零件模型，已经完成了如图 3-236 所示的结构设计，其中顶部的圆片结构为散热片结构，需要继续设计如图 3-237 所示的散热片阵列结构，下面具体介绍其设计过程。

Step1．选择阵列特征。在模型树或模型上选择如图 3-238 所示的圆片结构（拉伸 2）为阵列对象。

图3-235 发动机壳体零件

图3-236 已经完成的结构

图3-237 需要继续设计的结构

图3-238 选择阵列特征

Step2．选择命令工具。选择阵列特征后，在右部工具栏按钮区中单击"阵列"按钮，系统弹出"阵列"操控板。

Step3．定义阵列方式。在"阵列"操控板阵列方式下拉列表中选择"方向"选项，表示对阵列特征进行方向阵列。

Step4. 定义方向阵列参数。完成阵列方式定义后，此时的"阵列"操控板如图 3-239 所示，在该操控板中定义方向阵列参数；使用方向阵列时，需要首先选择方向参考定义阵列方向，然后定义阵列个数与阵列间距参数。

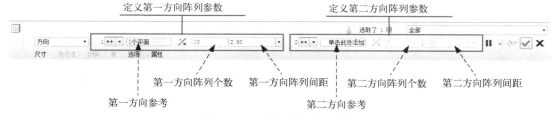

图 3-239　定义方向阵列参数

（1）定义阵列方向　选择如图 3-240 所示的模型表面为方向参考，表示沿着该面垂直方向进行阵列，单击第一方向参考后面的"反向"按钮⅍，调整阵列方向向下。

（2）定义阵列参数　在第一方向阵列个数文本框中定义阵列个数为 10，在第一方向阵列间距文本框中定义阵列间距为 2.5，如图 3-241 所示。

图 3-240　定义阵列方向　　图 3-241　定义阵列参数

Step5. 完成方向阵列。在"阵列"操控板中单击"完成"按钮☑，完成阵列操作。

使用方向阵列的效果与尺寸阵列类似，但相对于尺寸阵列来说，方向阵列更加直观，更容易理解，在线性阵列中应用非常广泛。

另外，与尺寸阵列类似，选择一个方向参考，可以沿着单一方向进行线性阵列，如果选择两个方向参考，可以沿着两个方向分别进行线性阵列，也就是矩形阵列。

如图 3-242 所示的示例模型，需要对模型中的圆孔进行阵列，如果只选择如图 3-242 中所示的模型边线 1 为方向参考，系统将对孔特征进行单一方向的阵列，结果如图 3-243 所示；如果同时选择如图 3-242 中所示的模型边线 1 和模型边线 2 为方向参考，系统将对孔特征进行两个方向的阵列（矩形阵列），结果如图 3-244 所示。

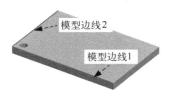
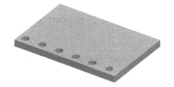
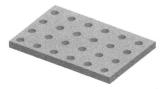

图 3-242　阵列示例模型　　图 3-243　单一方向的阵列　　图 3-244　两个方向的阵列

3.18.4　轴阵列

轴阵列是指将特征绕着一根轴进行圆周阵列，阵列特征分布在以轴为圆心的圆周上，选择的轴可以是基准轴，还可以是模型边线或直线。

如图 3-245 所示的齿轮零件模型，已经完成了如图 3-246 所示的结构设计，需要对其中的圆形孔进行圆周阵列，得到如图 3-247 所示的结构，下面具体介绍设计过程。

Step1．选择阵列特征。选择如图 3-246 所示的圆柱孔结构（拉伸 7）为阵列对象。

Step2．选择命令工具。选择阵列特征后，在右部工具栏按钮区中单击"阵列"按钮⊞，系统弹出"阵列"操控板。

图 3-245　齿轮零件模型　　图 3-246　已经完成的结构　　图 3-247　需要设计的圆周孔结构

Step3．定义阵列方式。在"阵列"操控板阵列方式下拉列表中选择"轴"选项，表示对阵列特征进行绕轴的圆周阵列。

Step4．定义轴阵列参数。完成阵列方式定义后，此时的"阵列"操控板如图 3-248 所示，在该操控板中定义轴阵列参数。使用轴阵列时，需要首先选择轴参考，然后定义阵列个数与阵列角度参数，具体介绍如下。

（1）选择阵列轴　在模型树或模型上选择 A_1 轴为阵列轴参考，表示绕着该轴进行圆周阵列（选择的 A_1 轴在前面已经做好了，此处直接选用）。

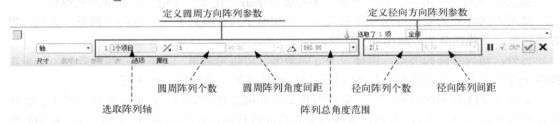

图 3-248　定义轴阵列参数

（2）定义阵列个数与阵列角度间距　本例需要将圆柱孔绕着中心轴均匀阵列五个，那么阵列角度间距就等于 360/5 即 72，所以在圆周阵列个数文本框中定义阵列个数为 5，在圆周阵列角度间距文本框中定义角度间距为 72°，结果如图 3-249 所示。

Step5．完成轴阵列。在"阵列"操控板中单击"完成"按钮✔，完成阵列操作。

3.18.5　填充阵列

填充阵列是指将特征在一个封闭的区域里按照一定的排列分布方式进行阵列，填充阵列排列方式有多种，包括矩形、棱形、三角形、环形、螺旋和曲线等。

如图 3-250 所示的防尘盖零件，已经完成了如图 3-251 所示

图 3-249　定义阵列参数结果

3.18.5　填充阵列

的结构设计，在结构中心位置有一个直径为 3mm 的小孔，现在需要对该小孔进行阵列操作，得到如图 3-252 所示的阵列结构，下面具体介绍其设计过程。

Step1．选择阵列特征。选择如图 3-251 所示的圆孔结构（孔 2）为阵列对象。

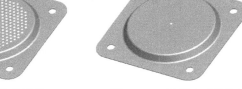

图 3-250　防尘盖零件　　　　图 3-251　已经完成的结构　　　图 3-252　需要设计的阵列结构

Step2．选择命令工具。选择阵列特征后，在右部工具栏按钮区中单击"阵列"按钮，系统弹出"阵列"操控板。

Step3．定义阵列方式。在"阵列"操控板阵列方式下拉列表中选择"填充"选项，表示对阵列特征进行填充阵列。

Step4．定义阵列填充区域。定义阵列填充区域有两种方式：一种是事先使用草绘工具在阵列面上绘制好填充区域草图；另一种方法是在定义填充阵列过程中绘制填充区域草图。本例没有事先提供现成的区域草图，故采用第二种方法定义填充区域。

（1）定义草绘平面　在"阵列"操控板中展开"参照"选项卡，如图 3-253 所示。在"参照"选项卡中单击"定义"按钮，系统弹出"草绘"对话框，用于定义填充阵列区域草绘平面。选择如图 3-254 所示的模型表面为草绘平面，采用系统默认的面为参照平面，单击"草绘"按钮，系统自动进入草绘环境。

图 3-253　"参照"选项卡

（2）绘制填充区域草图　在草绘环境绘制如图 3-255 所示的草图作为填充区域。

（3）初步填充阵列　完成填充区域草图绘制后，得到初步的填充阵列效果，如图 3-256 所示。初步阵列结果一般不符合预期的要求，需要继续定义填充阵列参数。

图 3-254　选择草绘平面　　　图 3-255　绘制填充区域草图　　　图 3-256　初步阵列结果

Step5．定义填充阵列参数。完成填充阵列区域定义后，此时的"阵列"操控板如图 3-257 所示。在该操控板中定义填充阵列参数，具体需要定义的填充参数根据选择的排列方式会发生相应的变化。

（1）选择阵列排列方式　在操控板中的排列方式下拉列表中选择阵列排列方式，一共包括如图 3-258 所示的六种排列方式。本例中选择第三种（六边形）排列方式（图 3-258c），表示阵列特征在填充区域中按照六边形进行分布。

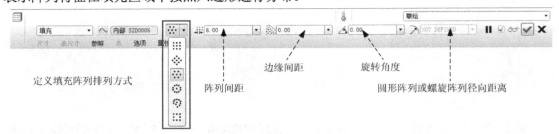

图 3-257　定义填充阵列参数

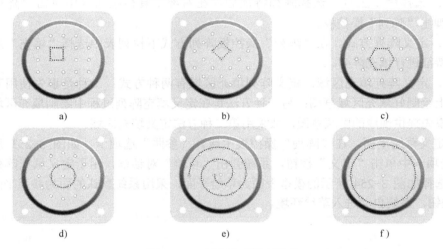

图 3-258　填充阵列排列样式

a) 方形排列　b) 菱形排列　c) 六边形排列　d) 同心圆排列　e) 螺旋线排列　f) 沿曲线排列

（2）定义具体阵列参数　排列方式为六边形时，需要定义阵列间距、边缘间距及旋转角度等参数。阵列间距表示每两个阵列特征之间的距离，此处输入"6"；边缘间距表示最外侧的阵列特征距离填充边界之间的距离，此处输入"0"；旋转角度表示对所有阵列实例进行旋转变换，此处不做旋转，不用定义旋转角度，阵列结果如图 3-259 所示。

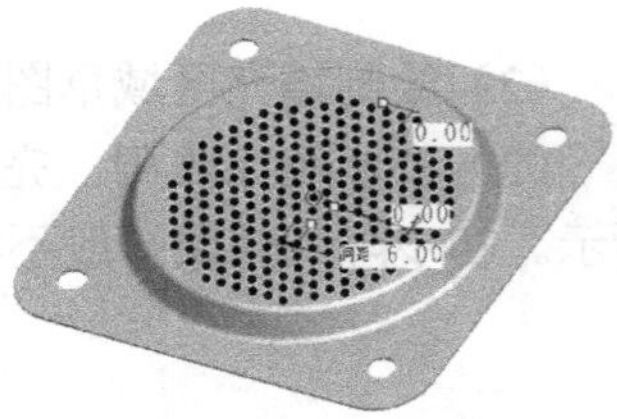

图 3-259　定义填充阵列结果

Step6．完成填充阵列。在"阵列"操控板中单击"完成"按钮 ✓，完成阵列操作。

填充阵列排列样式中一种较为特殊的样式就是沿曲线阵列。在填充阵列排列样式中选择沿曲线阵列方式，系统将特征沿着封闭填充区域边界进行阵列，即沿着曲线进行阵列。

3.18.6　曲线阵列

3.18.6　曲线阵列

曲线阵列是指将特征沿着曲线进行阵列。定义曲线阵列参数有两种方式：一种是定义阵列的个数以及每两个相邻特征在曲线上的距离，系统按照给定参数在曲线上进行阵列；另一种方式是给定阵列个数，系统将特征按照给定阵列个数在曲线上均匀分布。

如图 3-260 所示的护栏零件，已经完成了如图 3-261 所示的结构设计，包括零件中间的草绘曲线和零件下部的圆柱杆，需要对零件中的圆柱杆进行阵列，得到如图 3-262 所示的阵列结构，下面具体介绍其设计过程。

图 3-260　护栏零件　　　　图 3-261　已经完成的结构　　　图 3-262　需要设计的阵列结构

Step1．选择阵列特征。选择如图 3-261 所示的圆柱杆结构（拉伸 1）为阵列对象。

Step2．选择命令工具。选择阵列特征后，在右部工具栏按钮区中单击"阵列"按钮[图标]，系统弹出"阵列"操控板。

Step3．定义阵列方式。在"阵列"操控板阵列方式下拉列表中选择"曲线"选项，表示将阵列特征沿着草绘曲线进行阵列。

Step4．定义阵列曲线参考。在模型树或模型上直接选择"阵列曲线"为阵列曲线参考，系统将选择的阵列特征沿着该曲线进行阵列。

Step5．定义曲线阵列参数。完成阵列曲线定义后，此时的"阵列"操控板如图 3-263 所示，在该操控板中定义曲线阵列参数。

图 3-263　定义曲线阵列参数

Step5．完成曲线阵列。在"阵列"操控板中单击"完成"按钮[图标]，完成阵列操作。

3.18.7　点阵列

点阵列是指将特征按照草图点或基准点位置进行阵列。使用点阵列主要用于设计一些无规则的阵列结构，在零件设计中应用非常广泛。

如图 3-264 所示的机盖零件，已经完成了如图 3-265 所示结构的设计（注意其中的孔结构），需要继续设计如图 3-266 所示的结构，就是要将已有的孔阵列到其他各个圆柱凸台位置。因为各个圆柱凸台的分布位置无规律，所以无法使用前面介绍的阵列方法来设计，只能用点阵列来设计，关键是要用点来确定孔的阵列位置，该点既可以是草图点，也可以是基准点，下面具体介绍其设计过程。

Step1．选择阵列特征。在模型树中选择如图 3-265 所示的孔（孔 1）为阵列对象。

Step2．选择命令工具。选择阵列特征后，在右部工具栏按钮区中单击"阵列"按钮 ，系统弹出"阵列"操控板。

图 3-264　机盖零件

图 3-265　已经完成的结构

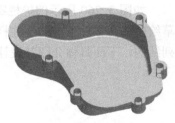

图 3-266　需要设计的孔阵列结构

Step3．定义阵列方式。在"阵列"操控板阵列方式下拉列表中选择"点"选项，表示将阵列特征按照点位置进行阵列。

Step4．定义阵列点。定义阵列点有两种方式，在"阵列"操控板中单击 按钮，表示使用草图点进行点阵列；单击 按钮，表示使用基准点进行点阵列。如果使用草图点，既可以选择已有的草图点，也可以在如图 3-267 所示的"参照"选项卡中单击"定义"按钮绘制草图点；如果使用基准点，只能选择已有的基准点进行阵列。本例没有提供现成的草绘点及基准点，使用定义草图点的方法创建阵列点完成该阵列。

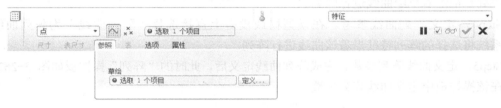

图 3-267　"参照"选项卡

（1）定义草绘平面　在"参照"选项卡中单击"定义"按钮，选择如图 3-268 所示的模型表面为草绘平面。

（2）绘制草图点　进入草绘环境后，选择"草绘"→"参照"命令，打开"参照"对话框，并在草图中选择每个圆柱的圆弧作为参照，然后选择草绘几何点命令在各个圆柱凸台中心位置绘制如图 3-269 所示的草图点（已经设计的孔位置不需要绘制草图点）。完成草图点绘制后，系统在每个草图点位置生成一个阵列实例，如图 3-270 所示。

图 3-268　选择草绘面

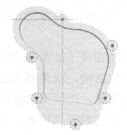

图 3-269　绘制草图点

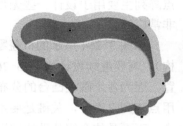

图 3-270　点阵列结果

Step5．完成点阵列。在"阵列"操控板中单击"完成"按钮 ，完成点阵列操作。

3.19　特征设计案例

本章前面各节全面介绍了 Pro/E 零件设计中常用的特征工具，为了加深读者对三维特征的理解，本节通过五个具体案例介绍三维特征在零件设计中的应用。

1．特征设计案例一：天圆地方壳体

使用系统自带的 mmns_part_solid 模板新建零件文件，文件名称为 shell，使用混合特征及抽壳特征创建如图 3-271 所示的天圆地方壳体（厚度为 2mm）。

由于书籍写作篇幅限制，本书不详细介绍设计过程，读者请扫二维码参看视频讲解，视频中有详尽的天圆地方壳体设计讲解。

2．特征设计案例二：阀体手轮

使用系统自带的 mmns_part_solid 模板新建零件文件，文件名称为 hand_wheel，使用旋转特征、扫描特征、阵列特征、圆角特征创建如图 3-272 所示的阀体手轮。

详尽的阀体手轮设计讲解请扫二维码参看。

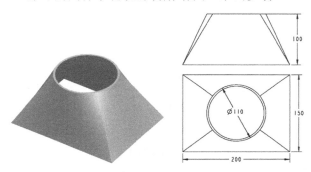

图 3-271　天圆地方壳体

图 3-272　阀体手轮

3．特征设计案例三：滚轮支架

使用系统自带的 mmns_part_solid 模板新建零件文件，文件名称为 bracket，使用拉伸特征、抽壳特征、孔特征创建如图 3-273 所示的滚轮支架。

详尽的滚轮支架设计讲解请扫二维码参看。

4．特征设计案例四：连接螺杆

使用系统自带的 mmns_part_solid 模板新建零件文件，文件名称为 screw_rod，使用旋转特征、扫描特征、孔特征、圆角特征创建如图 3-274 所示的连接螺杆。

详尽的连接螺杆设计讲解请扫二维码参看。

5．特征设计案例五：固定座

使用系统自带的 mmns_part_solid 模板新建零件文件，文件名称为 fix_base，使用旋转特征、扫描特征、阵列特征、圆角特征创建如图 3-275 所示的固定座。

图 3-273 滚轮支架

图 3-274 连接螺杆

图 3-275 固定座

详尽的固定座设计讲解请扫二维码参看。

3.20 习题

3.20 选择题

一、选择题

1. 如图 I 所示的模型，需要在图 I 的基础上创建如图 II 所示的凸台，为了保证图 II 所示凸台的宽度与图 I 所示的宽度始终一致，应该使用（   ）拉伸方式。

图 I

图 II

A．两侧定值拉伸   B．两侧对称拉伸

C．两侧贯通拉伸   D．两侧直到选定对象拉伸

2. 创建倒圆角时，一定要搞清楚圆角位置的边线及面对象，同时还要注意圆角先后顺序。如图 I～图 V 所示的模型，欲快速得到如图 V 所示的圆角结果，应该正确选择圆角对象及设计顺序，以下倒圆角方案可行的是（   ）。

图 I   图 II   图 III   图 IV   图 V

① 首先选择图 I 所示的边线，然后选择图 II 所示的边线。

② 首先选择图 II 所示的边线，然后选择图 I 所示的边线。

③ 首先选择图 III 所示的凸台顶面与圆弧面，然后选择图 IV 所示凸台顶面与侧面。

④ 首先选择图 IV 所示的凸台顶面与侧面，然后选择图 III 所示凸台顶面与圆弧面。

A．①③   B．②③   C．①④   D．②④

3. 在创建壳体特征时同时需要倒圆角及拔模，为了得到均匀壁厚的抽壳结构，正确的设计顺序是（　　　　）。

　　A．抽壳、拔模、倒圆角　　　　　　B．倒圆角、拔模、抽壳

　　C．拔模、倒圆角、抽壳　　　　　　D．拔模、抽壳、倒圆角

4．如图 3-276 所示的模型，需要将模型中的孔沿着封闭曲线进行阵列，应该使用（　　　　）方式。

图 3-276　模型

　　A．曲线阵列　　　　B．填充阵列　　　　C．点阵列　　　　D．参考阵列

5．以下关于常用特征工具的说法中不正确的是（　　　　）。

　　A．创建扫描特征时扫描截面相对于扫描轨迹不能太大，否则会出现自相交

　　B．创建螺旋扫描特征的轨迹既可以是直线轨迹又可以是曲线轨迹

　　C．创建扫描混合特征时，在轨迹曲线非特殊位置创建基准点可以插入截面

　　D．创建可变截面扫描时，原点轨迹可以是多条，但是一般轨迹只能是一条

二、判断题

1．在 Pro/E 中只要是使用孔工具设计的孔特征，在工程图中都会自动显示孔标注信息，非常方便。（　　　　）

3.20　判断题

2．创建拔模特征时，拔模枢轴面既可以是模型表面也可以是基准平面。（　　　　）

3．选择圆角边线时，如果边线是相切连续的，无论选择边线的任何位置，系统都会自动选择整条相切边线创建倒圆角。（　　　　）

4．创建混合特征时，如果混合截面段数不相等也能创建混合特征，但是混合特征表面会产生扭曲。（　　　　）

5．创建轮廓筋和轨迹筋绘制的草图都不需要封闭。（　　　　）

三、操作题

1．使用系统自带的 mmns_part_solid 模板新建零件文件，文件名称为 spring，然后根据如图 3-277 所示的图样使用螺旋扫描特征创建弹簧。

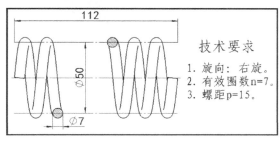

技术要求

1．旋向：右旋。

2．有效圈数n=7。

3．螺距p=15。

3.20　操作题 1

图 3-277　弹簧

2．使用系统自带的 mmns_part_solid 模板新建零件文件，文件名称为 star，使用混合特征创建如图 3-278 所示的立体五角星。

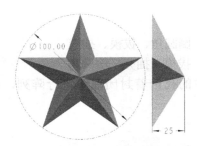

3.20　操作题 2

图 3-278　五角星

3．使用系统自带的 mmns_part_solid 模板新建零件文件，文件名称为 part_design01，按照如图 3-279 所示图样尺寸创建零件模型。

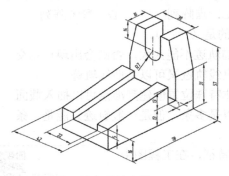

3.20　操作题 3

图 3-279　零件建模（一）

4．使用系统自带的 mmns_part_solid 模板新建零件文件，文件名称为 part_design02，按照如图 3-280 所示图样尺寸创建零件模型。

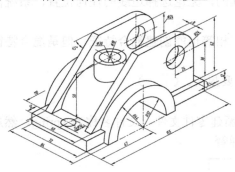

3.20　操作题 4

图 3-280　零件建模（二）

第4章 零件设计

本章提要

对于实际零件设计，首先要根据零件结构特点，确定大概的零件设计方法，然后结合具体的零件结构，规划零件设计思路及设计过程，最终完成零件设计。本章主要介绍一般类型零件设计的常用方法，以及在零件设计中应注意的一些实际要求与规范。

4.1 Pro/E 零件设计思路

在实际零件设计中，关键要知道如何去分析零件设计思路，有了设计思路才能知道怎样把零件设计出来，本节具体介绍如何逐步分析零件设计思路。

4.1.1 分析零件类型

零件设计之前，首先要分析零件结构类型，是属于一般实体零件，还是曲面零件或者钣金零件，不同结构类型的零件，其设计思路与设计方法都不一样，而且在软件中还涉及不同模块的操作，所以分析零件结构类型非常重要。零件结构类型分析示意图如图 4-1 所示。

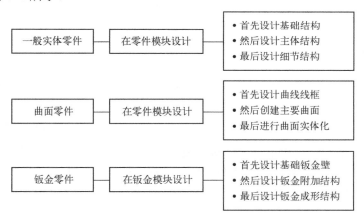

图 4-1　零件结构类型分析示意图

4.1.2 划分零件结构

在零件设计中一定要正确划分零件结构，搞清楚零件整体的结构特点及组成关系，这对于零件的分析及设计来讲是非常重要的。要搞清楚零件结构的划分，首先必须要理解零件设计中两个非常重要的概念。

1. 结构

结构是零件中相对比较独立、比较集中的那一部分几何对象的集合，结构最大的特点就是能够从零件中单独分离出来形成独立的几何体，不管是简单的零件还是复杂的零件都是由若干零件结构直接组成的。

2. 特征

特征是零件中最小、最基本的几何单元，任何一个零件都是由若干个特征组成的，如拉伸特征、孔特征、圆角特征、倒角特征、拔模特征等。

在软件中，所有的特征都对应一个具体的创建工具，如拉伸特征由拉伸工具来创建，旋转特征由旋转工具来创建，孔特征由孔工具来创建等。每个特征创建完成后都会逐一显示在模型树中，模型中的特征与模型树中的特征是一一对应的关系。

3. 零件设计中结构与特征的关系

零件设计中结构与特征的关系如图 4-2 所示。在零件设计之前，一定要根据零件结构特点合理划分零件结构，然后按照划分的零件结构，逐个结构进行设计，所有结构设计完成后，零件设计也就完成了。也就是说，零件设计的过程就是零件中各个结构的设计过程，零件中各个结构的设计过程也就是结构中所包含特征的设计过程。

如图 4-3 所示的箱体零件，可以划分为箱体底座、箱体主体以及箱体附属凸台等结构，其中箱体底座结构如图 4-4 所示。箱体底座主要包括底板拉伸特征、底座倒圆角特征以及底座孔特征等。要创建箱体零件，首先要创建箱体底座结构，要创建箱体底座结构就需要将其中包含的所有特征按照一定的顺序创建出来。

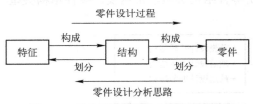

图 4-2　零件设计中结构与特征的关系

图 4-3　箱体零件

图 4-4　箱体底座结构

4.1.3　零件设计顺序

正确划分零件结构后，接下来的关键是要解决零件设计顺序的问题，就是要确定首先做什么，再做什么，最后做什么的问题。一般是先设计基础结构，然后按照一定的顺序或逻辑顺序设计其他主要结构，具体介绍如下。

1. 首先设计基础结构

零件中最能反映整体结构尺寸的结构或是能够作为其他结构设计基准的结构称作零件基础结构，先设计这样的结构，不仅能够优先保证零件中的整体结构尺寸，同时，这些基础结构还是其他结构设计的基准。

例如，箱体类零件，一般都有底座结构，底座结构是整个箱体零件很多竖直方向尺寸参数的基准（图 4-5），所以底座结构需要首先设计，其他结构都是在底座结构上添加得到的。这里的底座结构不仅是整个零件的基础结构，也是整个零件尺寸标注的基准，在零件设计中一定要首先设计。

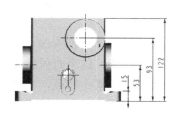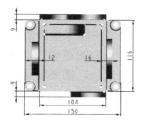

图 4-5　零件基础结构作为零件其他结构设计基准

2．然后设计其余结构

零件其余结构的设计都是在基础结构的基础上，按照一定的空间逻辑顺序或主次关系进行具体设计的，在具体设计过程中还要充分注意一些典型结构设计的先后顺序，如倒圆角先后顺序，拔模、抽壳与倒圆角先后顺序等。

4.2　零件设计要求与规范

零件设计绝对不是一个个几何特征简单叠加的过程，一定不要一味去追求零件的外形结构，设计者需要综合考虑多方面的因素。本节总结了在零件设计过程中必须考虑的几个方面的问题，只有这样才能够设计出符合产品设计要求的零件，才是真正的零件设计，才不会影响后期的设计工作。

4.2.1　零件设计要求与规范概述

1．分析零件在软件环境中的位置定位及设计基准

零件设计之前首先分析零件工程图要求（有工程图的直接看工程图，如果没有工程图也要考虑出工程图的要求），主要看零件主视图、俯视图或左视图定向方位，将这些重要视图方位与软件环境中提供的坐标系对应，以确定零件在软件环境中的位置定位。在 Pro/E 中，零件主视图对应 FRONT 基准面，俯视图对应 TOP 基准面，左视图对应 RIGHT 基准面（注意是反面），然后根据这些定向方位确定零件设计基准。

> 📖 说明：在零件设计中确定正确的位置定位及设计基准，首先是方便以后出工程图，其次是方便以后在渲染中添加渲染场景及渲染光源。

2．分析零件结构布局

分析零件结构布局主要就是考虑零件对称性问题，如果是对称结构零件，就要按照对称方法去设计，可以先设计结构的一半，然后使用镜像等工具完成另外一半的设计，从而减少工作量，提高工作效率。要特别说明的是，即使不是对称结构的零件（或者不是完全对称的零件），并且在零件设计基准不确定的情况下也要尽量按照对称方法去设计，因为这样会给后面的设计或操作带来一些方便。

例如，轴类零件的设计，在设计基准不明确或没有特殊说明的情况下，也应该按照对称方法进行设计，这样在旋转轴类零件时能够保证零件始终绕着图形区中心旋转，不至于旋转出图形区界面，影响后面的设计操作。

3. 注意零件设计的逻辑性与紧凑性

零件的每一步设计过程都会体现在软件模型树中，所以模型树能够准确反映零件设计思路及设计过程，因此模型树应尽量简洁、紧凑。

零件设计过程要有一定的逻辑性，先设计什么后设计什么都应该有一定的原因及具体考虑。如果零件结构比较复杂，需要使用很多特征进行设计，这个时候就更要注意设计的逻辑性，千万不要东一榔头西一棒子，一会设计这个结构中的某个特征，一会又去设计另外某个结构中的某个特征，再一会又去设计之前某个结构中的某个特征。这样给人的感觉就是逻辑思路很混乱，也极不规范。这也是很多设计人员的一种设计陋习，既不方便后期的检查与修改，也不便于设计人员之间的技术交流，所以在设计较复杂结构时，一定要完成一部分结构设计后再去进行其他结构的设计。

零件设计要简洁、紧凑，尽量简化模型树结构，尽量用一个特征去完成更多结构的设计，将更多的设计参数体现在一个特征中。这样会使后期的修改变得简单，不需要在多个特征中完成参数的修改。例如，零件设计中如果要对多处进行倒圆角，一定要使用尽量少的倒圆角次数完成多处倒圆角设计，这样能够有效简化倒圆角设计，提高倒圆角设计效率，同时也便于以后对倒圆角进行修改。

4. 注意零件中典型结构设计的先后顺序

零件设计中经常会涉及各种典型结构设计顺序的问题，如倒圆角设计顺序，还有就是倒圆角、抽壳与拔模设计顺序。

在倒圆角设计中，特别是需要对多处进行倒圆角设计时，一定要注意倒圆角设计顺序。在零件设计中，总有一些边链能够通过倒圆角实现相切连续，这些位置的倒圆角就要优先设计，待这些边链相切连续后，再去对这些相切边链进行倒圆角，这样既方便倒圆角，又能够得到结构美观的圆角结构，同时还能够减少倒圆角次数。

如果在零件设计中，同时需要倒圆角、抽壳与拔模，那么正确的设计顺序应该是先拔模，然后倒圆角，最后抽壳，这样能够得到均匀壁厚的壳体结构，这也是壳体结构设计的基本思路。

5. 零件设计要考虑零件将来的修改及系列化设计

零件设计之前一定要搞清楚的一个基本问题就是不管什么时候进行的零件设计，所设计的零件都不可能是最终版本（结果），而只是零件设计过程中的一个初级品或中间产物。初步零件设计完成后，还会经过一系列的检验及校核，经过多次反复修改与优化设计才能最终确定下来，所以设计的零件，一定要便于以后随时进行各种情况的修改。这就需要在零件设计过程中时刻要考虑以后修改的问题，对于正在设计的结构要清楚将来要如何修改，如何设计才能快速实现修改，也就是在设计任何结构时都要尽量想远一点，尽量考虑全面一点，只有做到这一点，才能方便对零件进行各种修改。

另外，对于一些标准件或常用件的设计，这类零件往往涉及很多不同规格与型号，在设计过程中更要注意修改的问题，而且是系列化的修改，有的涉及尺寸的修改，有的涉及结构的修改。如果不考虑修改的问题，将来很难从一个型号衍生出其他的型号，也就无法进行系列化设计。

6. 零件设计中所有重要设计参数要直接体现

零件设计中包括各种重要设计参数，这些重要设计参数一定要直接体现在设计中，切记不要间接体现。所谓间接体现就是通过参数之间的数学计算得到设计参数，设计参数直接体现更方便以后的修改与更新，设计参数间接体现会使修改与更新变得更加烦琐。

零件设计中重要设计参数直接体现有两种方法：一种是将重要的设计参数直接体现在特征草图中，将来可以直接在草图环境中进行修改；另一种是将重要的设计参数直接体现在特征操控板或对话框中，将来可以直接在特征操控板或对话框中进行修改。

零件设计中直接体现设计参数的同时还要便于以后修改，具体操作就是尽量在一个草图中集中标注尺寸，以后修改时就不用在多个草图中切换修改尺寸。对于后期修改频率大的重要参数，尽量将这些尺寸参数体现在特征操控板中，甚至直接体现在模型的结构树中，以后修改就不用再进入到草图文件中修改。

7．简化草图原则以便提高设计效率

零件设计中一定要注意提高设计效率，高效设计一直是产品设计中不断追求的目标。众所周知，零件设计只是一个最基础的设计环节，零件设计完成后，还有很多后期工作要做，例如，有了零件，可以做产品装配，可以出工程图，可以做产品的渲染，还可以做模具设计、数控加工与编程等，环节越多，越希望设计效率高。其实，每一环节都有一些提高效率的方法，但是各个环节的基础都是零件设计，所以一旦提高了零件设计的效率，就会避免很多重复操作，从而提高产品设计效率。

零件设计中绝大部分时间都是在进行草图绘制，要想提高零件设计效率，必须要提高草图绘制效率，所以最高效的设计就是不用绘制任何草图完成零件结构设计。当然，这只是一种绝对理想的状态，因为很多三维特征的设计都是基于二维草图设计的，在这种情况下，要提高草图绘制效率，可以将复杂草图简化，或将复杂草图分解成若干简单草图，还可以使用三维命令代替草图的绘制（如使用三维倒圆角工具或倒斜角工具代替草图中倒圆角及倒斜角的绘制），另外还可以使用曲面设计工具代替草图绘制。

8．零件设计中的任何草图都必须完全约束

零件设计中如果包含不完全约束的草图，主要会影响零件设计后期的修改与更新，给零件设计带来一些不确定因素。另外也是设计人员设计能力、设计经验不足或设计不够严谨的体现。

9．一定不要引入任何垃圾尺寸

零件设计中的任何尺寸参数都必须是有用的（有用的尺寸参数可以理解为在工程图中需要标注出来的尺寸参数），这些尺寸参数主要是用来确定零件结构尺寸及位置定位，这些尺寸参数必须要直接体现在零件设计中。除了这些有用的尺寸参数，其他的任何尺寸参数都是垃圾尺寸（垃圾尺寸可以理解为在工程图中不需要标注出来的尺寸参数），在零件设计中一定要拒绝任何垃圾尺寸，如果出现了垃圾尺寸，一定要想办法消除这些垃圾尺寸，保证设计中的尺寸参数不多不少刚好能够把整个零件结构完整确定下来即可。

零件设计不许有任何垃圾尺寸主要有两个方面的原因：一方面，它会影响零件结构后期的修改与再生，导致再生失败。另一方面，是因为它会影响后期工作。零件设计完成后，需要出零件工程图，有的三维软件能够在工程图中自动生成尺寸标注，如果模型中带有垃圾尺寸，在自动生成尺寸标注时，系统同样会把垃圾尺寸也生成出来，由于这些垃圾尺寸不是设计需要的，所以需要花费一定的时间去删除这些垃圾尺寸，从而影响工作效率。

10．零件设计要考虑零件将来的装配

零件设计是产品设计的基础，零件设计完成后都会进行装配，最后得到设计需要的装配

产品，所以在零件设计中必须要考虑以后装配的问题，这一点也就是常说的面向装配的零件设计。具体来讲，零件设计首先一定要便于将来的装配，也要考虑装配安装的问题。有些零件结构在装配时需要安装其他的零件，在设计结构时要预留装配空间，保证其他零件能够正常安装。例如，在一个面上需要设计一个孔结构，在选择打孔面时一定不要选择在安装接触面打孔，否则以后修改孔类型时会得到错误的孔结构。

11. 注意零件设计中各种标准及规范化要求

零件设计中一些典型结构，如各种标准件的设计、键槽与花键的设计、注塑件及铸造件的设计，都要按照相应的标准与规范进行设计。

在标准件的设计中，所有的尺寸必须符合标准件尺寸规范，不能随便采用一组尺寸参数进行设计，最好要进行系列化设计，便于以后随时调用不同规格的标准件。

在键槽及花键的设计中，也要按照标准化的尺寸进行设计，否则在以后的装配中找不到合适的键及花键进行配合，影响整个产品设计。

在注塑件及铸造件的设计中，一定要在合适的位置设计相应的拔模结构，方便这些零件在制造过程中从模具中取出，至于拔模角度也要按照相应的标准进行设计与考虑。

12. 零件设计中注意协同设计规范要求

在产品设计工作中，绝大多数的设计都需要很多人员的参与，如果每个人都只按照自己的习惯与规范进行设计而不考虑整个团队的设计，那么这种设计效率是很低的，要想提高整个团队的设计效率，就需要协同设计。对设计中的一些方法与要求进行统一，方便设计者之间看懂彼此的设计，避免产生分歧。这便是协同设计，有助于整个团队效率的提升。

4.2.2 零件设计要求与规范实例

对于任何一个零件的设计，不管是简单结构还是复杂结构，如果单从零件几何外形来看，往往有很多方法可以完成零件的设计，但是零件设计一定不能只看几何外形，更重要的是要注意其内在因素，也就是上一小节介绍的零件设计要求与规范。下面通过一个具体的实例介绍在零件设计中如何注意这些内在因素，如何进行正确的零件设计。

如图 4-6 所示的基座零件工程图，根据该工程图尺寸及结构要求，完成基座零件设计，得到如图 4-7 所示的基座零件。下面具体介绍其设计过程，重点注意零件设计要求与规范，理解零件设计要求与规范的重要实际意义。

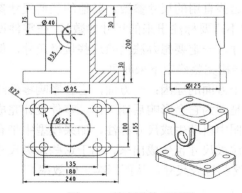

图 4-6 基座零件工程图

图 4-7 需要设计的基座零件

为了让读者更好地理解零件设计的这些要求与意义，在具体介绍该基座零件设计之前，首先了解一下目前市面上的书籍关于该零件设计过程的介绍，然后与本小节介绍的设计过程进行对比，从中理解零件设计要求与规范的重要意义。

　　图4-8所示为目前市面上的书籍关于该基座零件设计过程介绍的截图，按照此过程完全可以完成该零件的设计。但是在这个设计过程中并没有充分考虑零件设计的要求与规范，所以会对后期的各项工作带来很大的不便，这在实际设计工作中是绝对不允许的，下面具体介绍正确的设计过程。

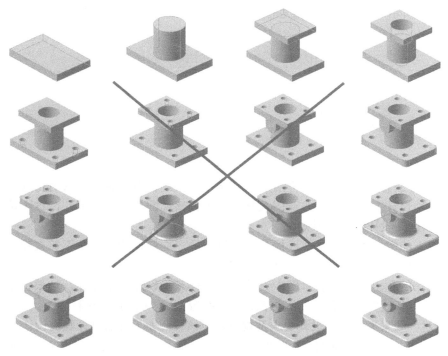

图4-8　目前市面上书籍介绍的基座零件设计过程

1．分析零件设计思路及设计顺序

　　首先分析零件整体结构特点。该基座零件属于一般类型零件，主要由底板结构、中间圆柱结构、顶板结构及U形凸台结构四大部分组成，要完成零件的设计，也就是要完成这些组成结构的设计。

4.2.2　零件设计思路分析

　　清楚零件结构组成后，接下来要分析这些组成结构的设计顺序，也就是零件设计过程。从图4-6所示的基座工程图可知，基座零件设计基准为底板结构的底面，一般情况下，零件基准属于哪部分结构，就应该先设计哪部分结构，所以应该首先设计底板结构；U形凸台结构既与中间圆柱结构相连接，又与顶板结构相连接，所以应该在中间圆柱结构及顶板结构设计完成后最后设计；至于中间圆柱结构与顶板结构之间没有明显的设计先后顺序，先设计哪个后设计哪个都可以。但是按照零件设计一般的逻辑先后顺序，要么是自上而下或自下而上，要么是从左到右或从右到左，前面已经确定了底板结构首先设计，所以应该按照自下而上的顺序设计圆柱结构及顶板结构。

综上所述，大致零件设计顺序是首先设计底板结构，再设计圆柱结构，然后设计顶板结构，最后设计U形凸台结构。

2．在Pro/E中进行零件设计

完成零件设计思路及设计顺序分析后，接下来在 Pro/E 中介绍具体设计过程。

Step1．底板结构设计。底板结构如图 4-9 所示，该结构非常简单，可以使用多种方法进行设计，而最"方便"，最"高效"的方法就是在 TOP 基准面上绘制如图 4-10 所示的底板草图然后进行拉伸，即可一次性得到底板结构，如图 4-11 所示。

图 4-9　底板结构

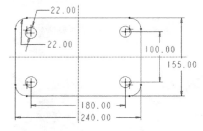
图 4-10　底板草图

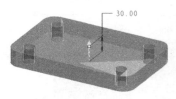
图 4-11　底板拉伸

这种设计方法看似方便高效，但是存在很多设计上的问题，主要有以下几点。

1）在这种设计方法中绘制的草图太复杂，既包括倒圆角又包括圆孔，这不符合零件设计中简化草图提高设计效率的原则。

2）底板上的倒圆角结构是在底板草图中设计的，这样设计倒圆角不够直观，而且不便于以后修改倒圆角尺寸（需要进入草图环境修改）。

3）底板上的孔也是在底板草图中设计的，这样只能设计简单光孔，如果将来要想将这些简单光孔改为其他类型的孔（如沉头孔、螺纹孔等），便无法直接进行修改。

综上所述，如果考虑零件设计要求及规范，应该按照如下方法进行底板设计。

（1）设计如图 4-12 所示的底板拉伸结构　根据简化草图的原则，在 TOP 基准面上绘制如图 4-13 所示的拉伸截面草图，然后对其进行如图 4-14 所示的拉伸（注意拉伸方向向上），得到基座底板拉伸结构。

图 4-12　设计底板拉伸

图 4-13　绘制底板草图底板结构

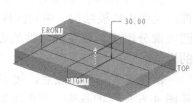
图 4-14　创建底板拉伸

（2）设计如图 4-15 所示的底板圆角　考虑到简化草图的原则，应该使用"倒圆角"命令设计底板圆角（圆角半径为22）。使用这种方法设计圆角，可以直接选择如图 4-16 所示的底板拉伸四个角创建圆角，能够直观预览倒圆角效果，便于把控倒圆角设计。另外，如果需要修改圆角，可直接在模型树中选中倒圆角特征并右击，如图 4-17 所示，在弹出的快捷菜单中选择"编辑定义"命令进行修改，修改效率比较高。如果在草图中设计倒圆角，还需要进入草图环境进行修改，修改效率比较低。

图 4-15　设计底板圆角

图 4-16　创建底板圆角

图 4-17　编辑底板圆角

📖 说明：底板结构设计中一定要先设计四角圆角结构，再去设计四角的底板孔结构，因为像这种底板孔设计，将来很有可能需要将底板孔修改到与四角圆角同轴的位置，如果先设计底板孔再设计底板倒圆角便无法快速实现这种修改。如图 4-8 所示截图中介绍的设计方法刚好是相反的，这将无法快速实现底板孔与底板圆角同轴修改。

（3）设计如图 4-18 所示的底板孔　对于孔的设计，首先要正确选择打孔面，打孔面的选择需要从多方面进行考虑。对于该基座零件，可以从装配方面进行考虑，如底板孔上将来螺栓的装配。如果要装配螺栓，最有可能的一种情况就是从上向下进行装配，如图 4-19 所示，所以此处孔的设计应该按照从上到下的方向进行设计。据此，应该选择如图 4-20 所示的底板上表面作为打孔面设计底板孔。

4.2.2　底板结构设计 02

📖 说明：正确选择打孔面对于孔的设计是非常重要的，直接关系到将来孔的修改。对于简单光孔的设计，选择上表面或下表面是一样的，但是如果需要将简单光孔修改为沉头孔或埋头孔类型，如果打孔面选择错误，那将无法快速修改孔结构。

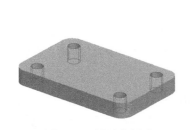
图 4-18　设计底板孔

图 4-19　分析打孔面

图 4-20　选择打孔面

（4）底板孔的定位设计　确定打孔面后，接下来要考虑孔的定位设计。基座零件底板孔的设计，首先要保证孔的对称性要求，其次是孔在两个方向的中心距属于重要的设计参数（基座零件工程图中也标注出来了），一定要直接体现在设计中，最后还要考虑孔位置螺栓的装配。从便于螺栓装配的角度来讲，这些孔必须要用阵列的方法进行设计，因为用阵列设计孔，将来在装配螺栓时，只需要装配一个螺栓，其他螺栓可参照孔阵列信息进行快速装配，以提高螺栓装配效率，如图 4-21 所示。

（5）绘制底板孔定位草图　选择打孔面（底板结构的上表面）为草绘平面，绘制如图 4-22 所示的底板孔定位草图，实际上就是四个草图点，用来确定孔的设计位置。注意在草图中应保证草图点的对称关系，同时一定要标注两个方向上草图点的距离尺寸（实际上就是两个方向上底板孔的中心距）。

（6）设计如图 4-23 所示的第一个底板孔　在右部工具栏按钮区中选择"孔"命令工具，然后选择第（5）步绘制的孔定位草图中的任一草图点作为孔放置参考，在"孔"操控板中设置孔的具体参数，如图 4-24 所示。

图 4-21　孔的定位设计

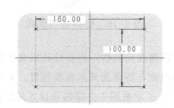

图 4-22　绘制底板孔定位草图

图 4-23　设计第一个底板孔

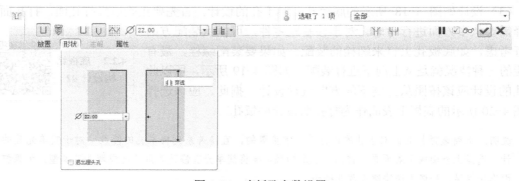

图 4-24　底板孔参数设置

📖　说明：此处孔的设计先在打孔面上绘制孔定位草图，再根据定位草图设计孔结构，主要有三个方面的考虑：一是有效保证孔的设计符合设计要求（孔对称性要求及中心距直接体现在设计中）；二是孔定位草图直接体现在模型树中（图 4-25），方便随时对孔定位进行直接修改；三是根据定位草图中的草图点可以直接对孔进行阵列设计。

（7）设计如图 4-26 所示的底板孔阵列　选择以上设计好的底板孔为阵列对象，在右部工具栏按钮区中单击"阵列"按钮，在阵列类型下拉列表中选择"点"阵列类型，然后选择前面绘制的定位草图点为阵列参考，完成孔的阵列设计。

使用孔工具设计孔结构便于修改孔类型。本例设计的底板孔是简单光孔，如果需要将简单光孔修改为如图 4-27 所示的沉头孔，只需要在"孔"操控板中修改孔类型及形状参数即可，如果使用拉伸或其他方法设计这些孔结构将很难快速修改孔类型。

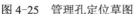

图 4-25　管理孔定位草图　　　图 4-26　设计底板孔阵列　　　图 4-27　修改底板孔类型

　　使用这种方法设计的孔，如果要修改孔的位置，直接修改孔定位草图即可。假设需要使底板孔与底板圆角同轴，可以在孔定位草图中添加草图点与底板圆角圆心的重合约束，如图 4-28 所示。

　　需要特别注意的是，一旦在孔定位草图中添加了这些重合约束，系统会弹出如图 4-29 所示的"解决草绘"对话框，提示约束冲突。因为在添加重合约束之前已经有草图点的尺寸标注，但是定位草图中的这两个尺寸千万不能删除掉，因为这是底板孔设计中非常重要的设计参数，一定要直接体现在设计中。在这种情况下，可以将这些尺寸转换成参照尺寸，如图 4-30 所示，这样既保证了草图点与圆角圆心的重合约束，又直接体现了底板孔中心距这些重要的设计参数。

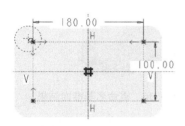

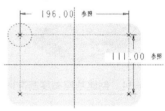

图 4-28　修改孔定位尺寸　　　图 4-29　尺寸冲突　　　图 4-30　标注参照尺寸

　　Step2. 中间圆柱结构设计。接下来设计如图 4-31 所示的圆柱结构。在设计圆柱结构时，一定要着重考虑基座零件总体高度这个重要设计参数（基座工程图中已经标注了），为了直接体现这个重要设计参数，应该选择底板底面（或 TOP 基准面）作为草绘平面，绘制如图 4-32 所示的圆柱拉伸草图，调整拉伸方向向上，拉伸深度为 200，如图 4-33 所示。

4.2.2　中间圆柱结构设计

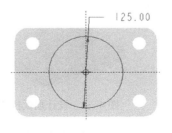

图 4-31　设计圆柱结构　　　图 4-32　绘制圆柱拉伸草图　　　图 4-33　创建圆柱拉伸

📖 说明：此处按照这种方法设计的圆柱结构，圆柱高度即为整个基座零件的总高度，将来要调整基座零件高度，只需要修改圆柱拉伸高度即可。

对于基座圆柱结构的设计，为了在设计中直接体现基座高度这个重要设计参数，除了以上介绍的这种设计方法以外，还有一种更有效的设计方法。首先根据基座高度要求从基座设计基准（TOP 基准面）向上偏移 200 得到基座高度基准面，如图 4-34 所示；为了便于理解该基准面的作用，在模型树中对创建的基准面进行重命名，如图 4-35 所示；重命名基准面结果如图 4-36 所示；最后，在设计好的底板与基座高度基准面之间创建如图 4-37 所示的圆柱拉伸，即可得到需要的中间圆柱结构。

📖 说明：采用这种设计方法，直接将基座高度这个重要设计参数体现在模型树中的基座高度基准面上，这样有助于理解基座高度设计，也便于随时高效修改基座高度。对比于前一种设计方案，将基座高度参数"隐藏于"圆柱拉伸中，如果要修改基座高度还要进入圆柱拉伸草图中进行修改，不便于理解圆柱设计，而且修改效率比较低。

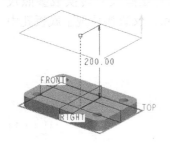
图 4-34　创建基座高度基准面

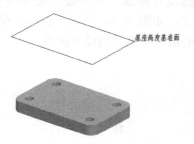
图 4-35　模型树中重命名基准面　　图 4-36　重命名基准面结果

Step3．顶板结构设计。

（1）设计如图 4-38 所示的顶板拉伸　Step2．中已经完成了圆柱结构的设计，而且在圆柱结构设计中已经直接体现出了基座零件的高度，为了不破坏基座零件高度参数，在设计顶板拉伸时

4.2.2　顶板结构设计

应该选择如图 4-39 所示的圆柱顶面为草绘平面，绘制如图 4-40 所示的顶板拉伸草图，然后调整拉伸方向向下进行拉伸，拉伸深度为"30"，如图 4-41 所示。

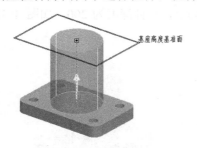
图 4-37　创建圆柱拉伸

图 4-38　设计顶板拉伸

图 4-39　选择顶板草绘平面

（2）设计如图 4-42 所示的顶板圆角　顶板圆角的设计与底板圆角设计一样，直接选择顶板拉伸四个角设计圆角，倒圆角半径为22。

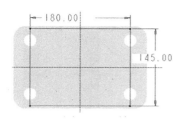

图 4-40 绘制顶板拉伸草图

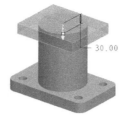

图 4-41 创建顶板拉伸

图 4-42 设计顶板圆角

（3）设计如图 4-43 所示的顶板孔 顶板孔的设计方法与底板孔的设计是一样的。首先根据如图 4-44 所示顶板孔螺栓装配方向确定打孔面，也就是如图 4-45 所示的顶板结构下表面，然后在打孔面上绘制如图 4-46 所示的顶板孔定位草图，最后根据定位草图设计顶板孔并阵列得到最终顶板孔结构。

图 4-43 设计顶板孔

图 4-44 分析打孔面

图 4-45 选择打孔面

Step4．中间腔体结构设计。接下来设计如图 4-47 所示的中间腔体结构。在设计腔体结构之前，首先来认识这种结构。这种结构不能简单地看成是光孔结构，应该将其看成腔体结构，而且是属于回转腔体结构，这种回转腔体结构主要出现在阀体零件、

4.2.2 中间腔体结构设计

箱体零件设计中，要设计这种回转腔体结构，一般使用"旋转"命令工具中的切除操作进行设计。在右部工具栏按钮区中选择"旋转"命令，然后选择 Front 基准面绘制如图 4-48 所示的回转截面草图进行旋转切除，得到需要的中间腔体结构。

此处之所以要使用"旋转"命令设计回转腔体，主要考虑就是便于以后修改回转腔体内部结构。本例设计的回转腔体是最简单的光孔回转腔体（图 4-49），但是回转腔体经常出现的改进要求就是在回转腔体两端壁面或中间壁面设计一些如图 4-50 所示的沟槽结构，如果使用前面介绍的孔工具或拉伸工具设计回转腔体结构，那将无法快速实现这种修改。但是使用"旋转"命令工具进行设计，将来只需要修改回转截面草图（图 4-51）即可实现修改回转腔体内部结构的目的。

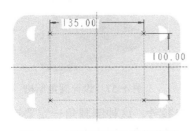

图 4-46 绘制顶板孔定位草图

图 4-47 设计中间腔体

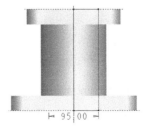

图 4-48 绘制回转草图

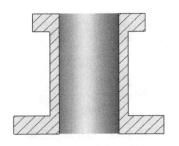

图 4-49　腔体内部结构

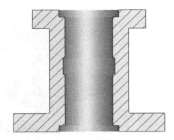

图 4-50　修改腔体结构

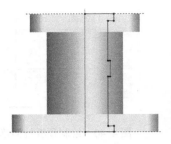

图 4-51　修改回转草图

Step5．U 形凸台结构设计。

（1）设计如图 4-52 所示的 U 形凸台主体结构　在右部工具栏按钮区中选择"拉伸"命令，然后选择如图 4-53 所示的平面为草绘平面，绘制如图 4-54 所示的 U 形凸台拉伸草图，调整拉伸方向指向中间圆柱结构，拉伸方式为"直到下一个面"，得到最终的 U 形凸台主体结构。

图 4-52　设计 U 形凸台主体结构

图 4-53　选择草绘平面

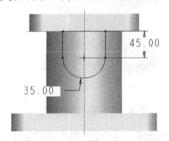

图 4-54　绘制 U 形凸台拉伸草图

（2）设计如图 4-55 所示的 U 形凸台孔结构　因为此处的 U 形凸台孔与 U 形凸台的圆弧面是同轴的关系，为了保证这种同轴关系，首先选择如图 4-56 所示的 U 形凸台圆弧面为参考创建基准轴，然后选择孔工具，按住〈Ctrl〉键，选择 U 形凸台平面为打孔面，选择基准轴为同轴放置参考，定义孔直径为 40，定义孔深度方式为"直到下一个"，得到最终的 U 形凸台孔。

Step6．修饰结构设计。

（1）设计如图 4-57 所示的圆角结构　圆角结构设计主要包括两种，一种是结构倒圆角，另一种是修饰倒圆角。

图 4-55　设计 U 形凸台孔

图 4-56　创建基准轴

图 4-57　设计圆角结构

所谓结构倒圆角是指圆角结构可能作为其他结构设计的参考，这种倒圆角一定要连同具体结构一起设计。例如，前面介绍的底板与顶板四角的倒圆角就属于结构倒圆角，这些倒圆角有可能作为底板与顶板四角孔的定位参考，所以这些倒圆角应该连同底板结构与顶板结构一起设计。

修饰倒圆角是指零件结构中各种连接位置的倒圆角或零件中的铸造圆角等，这些圆角的特点就是数量比较多，而且圆角半径也差不多，这种倒圆角应该在零件设计的最后进行。因为只有完成绝大部分结构设计后，才能对这些修饰倒圆角进行统一规划，以便提高倒圆角设计效率并得到符合要求的圆角结构。例如，基座零件中除了底板与顶板四角倒圆角以外的圆角全部属于修饰倒圆角。

（2）圆角结构的设计一定要注意圆角设计的先后顺序　正确规划圆角设计的先后顺序，一方面能够提高圆角设计效率，另一方面能够得到符合设计要求的圆角结构。基座零件设计中涉及多处圆角设计，正确的设计顺序是先选择如图 4-58 所示的边线倒圆角，圆角半径为4，倒圆角结果如图 4-59 所示；然后选择如图 4-60 所示的边线倒圆角，圆角半径为3，完成修饰圆角设计。

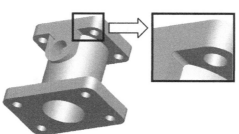

图 4-58　选择圆角边线　　　图 4-59　倒圆角结果　　　图 4-60　选择圆角边线

> 说明：此处规划圆角顺序的主要原因是：先选择如图 4-61 所示边线倒圆角后，使基座零件上半部分边线相切连续，如图 4-62 所示，一旦这些边线相切连续，再倒圆角时，只需要选择这些相切连续边线中任一段边线，系统都会自动选择整条相切边线进行倒圆角，如图 4-63 所示，从而提高了圆角设计中边线的选择效率，也就提高了圆角设计效率。

与图 4-8 中所示圆角设计相比较，同样的圆角结构，图 4-8 中所示的方法进行五次圆角设计，如果设计过程中使用了五次圆角设计，那么将来每次修改都需要修改五次，这样会增加圆角设计工作量，影响设计效率。

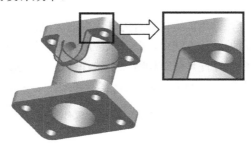

图 4-61　选择圆角边线　　　图 4-62　圆角后边线相切连续　　　图 4-63　选择圆角边线

（3）设计如图 4-64 所示的倒角结构　零件中的倒角结构主要是方便实际产品的装配，所以一般都会在涉及与其他零件装配的位置设计合适的倒角结构。在右部工具栏按钮区中选择"倒角"命令，然后选择如图 4-65 所示的倒角边线，设置倒角尺寸为2，完成倒角结构的设计。

图 4-64　设计倒角结构　　　　　图 4-65　选择倒角边线

Step7．整理模型树结构。完成零件设计后，零件中包含很多辅助特征，如基准面、基准轴、草图等，如图 4-66 所示。这些辅助特征只是用于辅助零件结构的设计，对于零件后期的设计没有太大作用，应该永久隐藏。一般的方法是先在模型树中将这些辅助特征隐藏，然后在层树中将这种隐藏状态保存下来，如图 4-67 所示，保证以后随时打开都是隐藏状态。到此为止，整个零件的设计就完成了。

4.2.2　模型整理

图 4-66　在模型树中隐藏辅助对象　　　　图 4-67　在层树中保存状态

4.3　零件设计方法

对于一般类型的零件设计，常用的零件设计方法主要有分割法、简化法、总分法、切除法、分段法和混合法六种。在这六种设计方法中，分割法应用最为广泛，而且经常作为其他几种方法的基础，在具体设计中，要根据零件具体结构特点，选择合适的方法进行设计，或者使用其中多种方法进行交互设计。本节结合一些具体的零件设计案例详细介绍这几种零件设计方法。

📖　说明：本节介绍的所有零件设计方法主要是针对一般类型零件设计，对于钣金零件的设计、曲面零件的设计在一定的情况下也是可以使用的。

4.3.1　分割法零件设计

1．分割法零件设计概述
首先分析零件结构特点，如果零件结构层次比较明显，给人

4.3.1　分割法零件设计概述

的感觉好像是若干部分"拼凑"起来的，或者零件中存在相对比较独立、比较集中的结构，像这种零件的设计就可以使用分割法进行设计。

分割法首先分析零件中相对比较独立、比较集中的零件结构，然后将这些结构进行分割拆解，最后按照一定的顺序及位置要求将这些分割拆解的结构像搭积木一样逐一叠加设计，最终完成整个零件的设计。

这种设计方法的关键主要有两点：首先是分析零件中相对比较独立、比较集中的零件结构并将其进行分割拆解；其次就是叠加。其实叠加就像玩搭积木游戏一样，如图 4-68 所示，将一块一块的积木按照构思一块一块堆叠起来就形成了一个积木造型。同样地，借助于搭积木的原理，将零件中分割拆解的结构按照一定的顺序逐一叠加起来就可以得到需要的零件结构。

图 4-68　搭积木

分割法零件设计示意图如图 4-69 所示。

 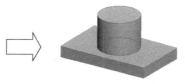 

第一步：创建零件基础结构　　　　第二步：添加主要零件结构　　　　第三步：添加细节结构

图 4-69　分割法零件设计示意图

如图 4-70 所示的零件模型，其零件结构叠加层次分明，均可以分割拆解为若干独立的零件结构，具有这些特点的零件就特别适合用分割叠加法进行零件设计。如 4.2.2 节介绍的基座零件，其中的几大结构（底板结构、中间圆柱结构、顶板结构及 U 形凸台结构）就比较清晰，所以对于基座零件的设计都是使用这种分割法进行设计的。

a)　　　　　　　　　　　　　　　b)　　　　　　　　　　　　　　　c)

图 4-70　分割法零件设计应用举例

2. 分割法零件设计实例

为了让读者更好地理解分割法的设计思路与设计过程，下面介绍一个具体案例。如图 4-70c 所示的泵体零件，其结构层次比较清晰，主要由一些比较独立的结构构成，应该使用分割法进行设计，下面具体介绍其设计思路与设计过程。

4.3.1　分割法零件设计实例

01　　　　02

首先分析泵体零件结构。从泵体零件整体结构来看，主要可以分割为底板结构、支撑板结构、泵体主体结构及加强筋结构，零件结构划分如图 4-71 所示。

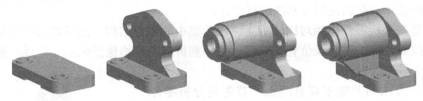

图 4-71　泵体零件结构划分

　　然后分析泵体零件设计顺序。根据泵体零件结构特点及工程图尺寸标注，泵体零件底面为设计基准，而底面属于底板结构，所以应该先设计底板结构，然后按照自下而上的顺序设计支撑板结构及泵体主体结构，加强筋结构属于附属结构，应该在主体结构设计完成后再去设计，最后设计零件中的修饰结构即可。

　　泵体零件结构分析及设计过程详细讲解请扫二维码看"4.3.1 分割法零件设计实例"的视频讲解。

4.3.2　简化法零件设计

1．简化法零件设计概述

　　首先分析零件结构特点，如果零件表面存在很多的细节结构，如拔模结构、倒圆角结构、抽壳结构等，像这种零件的设计就可以使用简化法进行设计。

4.3.2　简化法零件设计概述

　　简化法就是先将零件中的各种细节结构进行简化，得到简化后的基础结构，然后将简化掉的细节结构按照一定的设计顺序添加到简化的基础结构上，最终完成整个零件设计。简化法设计示意图如图 4-72 所示。

第一步：分析零件中的细节　　　　第二步：创建简化后的基础结构　　　　第三步：添加各种细节结构

图 4-72　简化法设计示意图

　　简化法设计的关键是要找到零件中的各种细节特征，零件中常见的细节特征包括圆角、倒角、孔、拔模、抽壳、加强筋等。零件中一旦有这些细节特征，首先要想到的就是要进行简化。

　　简化之后便可以得到零件简化后的基础结构，这个基础结构一般都比较简单，可以很快设计出来，也为后续的设计打下基础。

　　最后按照一定的设计顺序将前面简化掉的各种细节特征添加到基础结构上便可以得到最终要设计的零件。在添加这些细节特征时一定要按照正确、合理的顺序进行添加，特别要注意添加倒圆角拔模及抽壳的先后顺序。

　　简化法经常用于设计一些盖类零件、盒体类零件或与之类似的零件。如图 4-73 所示的零件模型，零件结构中包含大量的细节特征（如圆角、孔、拔模、抽壳等），像这些类型的零件设计就可以使用简化法进行设计。

图 4-73 简化法零件设计应用举例

2. 简化法零件设计实例

为了让读者更好地理解简化法的设计思路与设计过程，下面介绍一个具体案例。如图 4-74 所示的电气盖零件，包括圆角、拔模、抽壳、孔等典型的细节特征，应该使用简化法进行设计，下面具体介绍其设计思路与设计过程。

4.3.2 简化法零件设计实例

01　　02

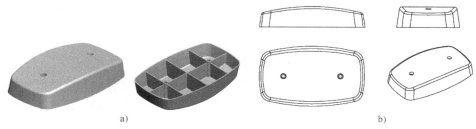

a)　　　　　　　　　　　　　　　　b)

图 4-74 电气盖零件

a) 电气盖零件　b) 电气盖零件结构图

首先分析零件结构特点。零件外形结构比较简单，没有附属结构，内部结构包括加强筋和沉头孔圆锥柱结构，零件中无法划分比较独立、比较集中的零件结构，所以不能使用前面介绍的分割法进行设计。但是仔细分析零件结构，发现零件中包含有拔模、倒圆角、抽壳、孔及加强筋这些细节特征，所以应该使用简化法进行设计，也就是首先要设计零件基础结构，然后逆向添加各种细节特征。

另外，该电气盖零件属于典型的盖类零件，一般盖类零件是先设计其外形结构，再按照一定的设计顺序设计其内部结构。

综上所述，电气盖零件设计的基本思路是先简化零件中的各种细节特征（包括拔模、倒圆角、抽壳、孔及加强筋），创建电气盖零件的基础结构（图 4-75），然后设计电气盖零件的外形结构（图 4-76），最后设计电气盖零件内部结构（图 4-77）。

图 4-75 基础结构　　　　　图 4-76 外形结构　　　　　图 4-77 内部结构

电气盖零件结构分析及设计过程详细讲解请扫二维码看"4.3.2 简化法零件设计实例"的视频讲解。

4.3.3 总分法零件设计

1. 总分法零件设计概述

首先分析零件结构特点，如果零件中存在结构之间相互交叉、相互干涉的情况，无法将零件简单地分割成若干独立结构，像这种零件的设计可以使用总分法进行设计。

总分法就是将零件分为大体结构和具体结构，其中大体结构是整个零件的大体外形，可以理解为"总"结构，具体结构就是零件中比较具体的细节，可以理解为"分"结构。在具体设计时，先设计总体结构，再设计具体结构，最终完成整个零件的设计。总分法设计示意图如图4-78所示。

第一步：创建零件大体结构　　　　第二步：创建零件具体结构　　　　第三步：创建零件细节结构

图4-78　总分法设计示意图

总分法经常用于设计一些箱体类零件、泵体类零件、阀体类零件或与之类似的零件。如图4-79所示的零件模型，零件结构中包含各种相互交叉、干涉的结构，像这些类型的零件设计就可以使用总分法进行设计。

a)　　　　　　　　　　b)　　　　　　　　　　c)

图4-79　总分法零件设计应用举例

2. 总分法零件设计实例

为了让读者更好地理解总分法的设计思路与设计过程，下面介绍一个具体案例。如图4-79a所示的蜗轮蜗杆箱体零件，主要包括蜗轮箱体结构及蜗杆箱体结构，且两大结构相互交叉、相互干涉，所以该零件可以使用总分法设计。

根据蜗轮蜗杆箱体零件结构特点，首先创建如图4-80所示的总体结构，然后创建如图4-81所示的相交结构及内部具体结构，最后创建如图4-82所示的细节结构。

图4-80　总体结构　　　　图4-81　相交结构和内部具体结构　　　　图4-82　各种细节结构

蜗轮蜗杆箱体零件结构分析及设计过程详细讲解请扫二维码看"4.3.3 总分法零件设计实例"的视频讲解。

4.3.4 切除法零件设计

1. 切除法零件设计概述

如图 4-83 所示，实际零件的加工制造就是使用各种机械加工方法对零件坯料进行各种"切除（加工）"，最终得到需要的零件结构。基于这一点，可以在零件结构设计中运用这种方法来设计零件结构。具体思路是先设计零件结构的"坯料"，然后使用各种方法对"坯料"进行各种切除，最终得到需要的零件结构，如图 4-84 所示。

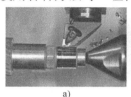 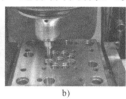  
a)　　　　　　　　　b)　　　　　　　　　c)　　　　　　　　　d)

图 4-83　各种机械加工方法

a) 车削加工圆柱面　b) 钻削加工孔　c) 铣削加工平面　d) 镗削加工孔

第一步：创建零件"坯料"　　　第二步：在"坯料"上切除实体　　　第三步：在"坯料"上打孔

图 4-84　切除法零件设计示意图

如图 4-85 所示的零件模型，零件结构中包含大量"切割"痕迹，特别适合用切除法进行零件设计，在实际零件结构设计中遇到类似结构零件就可以使用切除法设计。

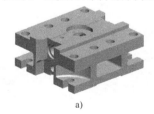  
a)　　　　　　　　　　　b)　　　　　　　　　　　c)

图 4-85　切除法零件设计举例

2. 切除法零件设计实例

为了让读者更好地理解切除法的设计思路与设计过程，下面介绍一个具体案例。如图 4-85c 所示的转向节支撑座零件，首先分析其结构特点及设计思路，然后具体介绍其设计过程（注意切除法在该零件设计中的应用）。

首先分析零件结构特点。该转向节支撑座零件是一个整体性较强的零件，而且主体结构

也不是很规则，所以不太好分析零件设计思路。虽然说零件整体不是那么规则，但是零件结构中有一个很明显的特点就是存在很多"切除痕迹"，即在一个"毛坯"上使用多种切除操作，通过切除完成整个零件设计。

由于该转向节支撑座零件主体部分属对称结构，可以使用对称方法进行设计，即先设计一半结构，然后进行镜像操作即可。根据切除法零件设计原理，结合转向节支撑座零件结构特点，首先创建如图 4-86 所示的基础结构，然后创建如图 4-87 所示的切除结构，最后创建如图 4-88 所示的附属结构。其中基础主体结构相当于"毛坯"，切除结构就是在基础主体结构基础上经过各种切除操作得到的结构，最后设计零件中的附属结构，主要包括上部的法兰圆周孔及两侧的工艺凸台。

图 4-86　创建基础结构（毛坯）　　　图 4-87　创建切除结构　　　图 4-88　创建附属结构

转向节支撑座零件结构分析及设计过程详细讲解请扫二维码看"4.3.4 切除法零件设计实例"的视频讲解。

4.3.5　分段法零件设计

1. 分段法零件设计概述

首先分析零件结构特点，如果零件结构是一个"不可分割的整体"，不适合进行直接设计，像这种情况就需要对整体结构进行分段设计。

分段法是指将零件中的一些整体结构分割成若干个部分，然后一部分一部分地设计，最终将设计好的各部分拼接起来得到完整零件结构的一种方法。类似于船舶结构设计，直接设计和制造非常难以实现，所以在实际工作中，是将整体的船舶结构分割成一段一段来进行设计和制造的，如图 4-89 所示。船舶设计的例子虽然说的是一个复杂的产品，但对于零件设计这种方法依然适用。分段法经常用来设计整体结构不易直接设计的一些整体零件结构。

图 4-89　船体的分割与拼接设计及制造

分段法零件设计的关键是先分析出零件中的一些整体结构，然后根据整体结构的特点进行正确的分段并逐段进行设计，各段设计完成后再拼接得到完整的零件结构。分段法设计示意图如图 4-90 所示。

📖　注意：此处介绍的分段法零件设计与前面介绍的分割法零件设计很容易搞混淆，其实这两种方法有着本质的区别。分割法是对整个零件中相对独立、相对集中的结构（还能继续分割为更小的特征结构）进行拆解，而分段法是对零件中完整的零件结构（不能再继续分割为更小的特征结构）进行分段。

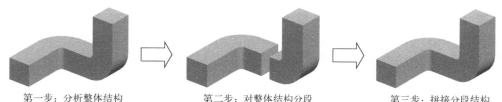

第一步：分析整体结构　　　第二步：对整体结构分段　　　第三步：拼接分段结构

图 4-90　分段法设计示意图

如图 4-91 所示的零件模型，这些零件其实都是一个整体，无法分割成其他的零件结构，从整体结构特点分析，这些零件都可以使用扫描方法进行设计，但是仔细观察发现这些零件的扫描轨迹都是空间的，无法直接创建得到。再从局部细节分析，发现其局部结构有的是规则的几何形状，有的是在一个小的平面上，所以像这些结构都可以使用分段方法进行设计。

 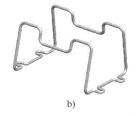 

a)　　　　　　　　　　b)　　　　　　　　　　c)

图 4-91　分段法零件设计举例

2. 分段法零件设计实例

为了让读者更好地理解分段法的设计思路与设计过程，下面介绍一个具体案例。如图 4-91a 所示的座椅支架零件模型，整体是一个扫描结构且不在一个平面上，但局部是在一个平面上，基于此特点，应该使用分段法进行设计，可以分成如图 4-92～图 4-94 所示的各段进行设计。

4.3.5　分段法零件设计实例

图 4-92　底部分段　　　　　图 4-93　侧面分段　　　　　图 4-94　顶部分段

座椅支架零件结构分析及设计过程详细讲解请扫二维码看"4.3.5 分段法零件设计实例"的视频讲解。

4.3.6　混合法零件设计

4.3.6　混合法零件设计概述

1. 混合法零件设计概述

实际设计中，以上介绍的五种设计方法往往并不是单独使用的，很多零件设计中一般都涉及多种设计方法并行，多种设计方法并行的情况就是混合法设计。

混合法设计的关键是分析零件结构特点，找出其中适合于不同设计方法的关键结构，然后综合考虑具体的设计方法及设计过程。

如图 4-95 所示的零件模型，从整体结构上分析，根据相对独立、集中特点可以分割为不同的若干结构；从局部结构分析，其中均包括空间的扫描结构，就这些空间扫描结构来讲，需要使用分段方法进行设计，所以这些零件都可以使用混合方法进行设计。

图 4-95　混合法零件设计应用举例

2. 混合法零件设计实例

4.3.6　混合法零件设计实例

为了让读者更好地理解混合法的设计思路与设计过程，下面介绍一个具体案例。如图 4-96 所示的正交弯管零件。

首先分析零件结构。从零件整体结构来看，该正交弯管零件属于典型的分割零件类型，可以将其分割成如图 4-97 所示的三大零件结构——中间的正交弯管结构以及首尾两端的方形法兰结构和菱形法兰结构，其中设计的关键是如图 4-98 所示的中间正交弯管结构。

图 4-96　正交弯管零件　　　　　图 4-97　分割零件结构　　　　　图 4-98　中间正交弯管结构

中间正交弯管结构在整个零件中已经是一个独立的整体结构，不能再进一步分割，同时该结构还属于典型的空间三维结构，不能采用常规的方法一次性得到，在这种情况下，就应该使用分段法对其进行分段处理。

根据中间正交弯管结构特点，可以将其进行如图 4-99 所示的分段处理，然后使用扫描方法进行设计。考虑到设计的方便，在创建扫描轨迹时进行分段设计，如图 4-100 所示，然后使用两段扫描轨迹进行扫描得到中间正交弯管结构，最后设计弯管两端的方形法兰与菱形法兰。

图 4-99　中间正交弯管结构分段　　　　　　　　图 4-100　扫描轨迹分段

正交弯管零件结构分析及设计过程详细讲解请扫二维码看"4.3.6 混合法零件设计实例"的视频讲解。

4.4 根据图样进行零件设计

4.4.1　根据图纸进行零件设计概述

实际工作中，很多时候还需要用户根据工程图进行零件设计，这也是零件设计中比较简单的一种设计情形，因为不用去考虑很多具体的设计问题，直接根据图样要求进行设计就可以了。

4.4.1　根据图样进行零件设计概述

根据图样进行零件设计的关键就是看懂设计图样，否则很难完成零件设计，那么如何才算看懂设计图样呢？这就需要从图样所包含的设计信息说起。

一般情况下，一张标准、合理、规范的设计图样重点要提供两大设计信息：一个是零件中的尺寸标注信息，另一个是零件设计思路与设计顺序信息。对于前者很容易理解，图样上标注的尺寸是多少，根据这些尺寸进行设计就可以了。但是对于后者可能就不太好理解了，为什么图样还会提供设计思路与设计顺序信息呢？不仅如此，这也正是看懂图样最重要的体现。图样中的各种尺寸标注往往是根据零件设计思路进行标注的，先设计哪个结构，需要哪些尺寸标注。所以只要看懂了图样，看明白了设计思路与设计顺序信息，那么自然而然就知道这个零件是如何设计出来的了。很多人在根据图样进行零件设计时都感到无从下手，其主要原因还是没有看懂设计图样的这些信息。

当然，如果图样并不是一张标准、合理、规范的图样，其中的尺寸标注都是随心所欲标注的，丝毫不考虑设计思路与设计顺序问题，这也会对零件设计带来很大影响。所以根据图样进行零件设计，也能从一个侧面检验图样是否是一张标准、合理、规范的设计图样。

反过来讲，在完成零件设计之后要出零件工程图，在设计的工程图中也应该体现零件设计思路与设计顺序信息，这也是一张标准、合理、规范工程图所必须具有的设计信息，否则就说明设计的图样存在很大问题。

实际上，很多人对于零件工程图中的尺寸标注总是感觉无从下手，根本搞不清楚应该在什么位置标注哪些尺寸，更不知道为什么要这样标注。其实关于工程图中如何标注尺寸，在机械制图中已经有了明确的规定，需要用户按照规定，不断实践，设计出更加标准、合理、规范的工程图。

4.4.2　根据图样进行零件设计实例

如图 4-101、图 4-102 所示的夹具支座零件工程图，是同一个零件的两份工程图。根据这两份工程图中的设计信息均可以完成夹具支座的设计，但是这两份工程图中的一些细节结构的尺寸标注是不一样的，在具体设计时一定要根据这些尺寸标注反映的设计信息进行准确设计。下面具体介绍根据图样进行夹具支座零件设计的分析思路及设计过程。

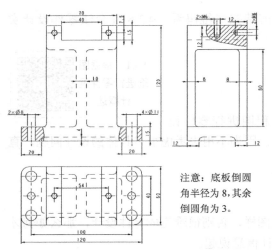

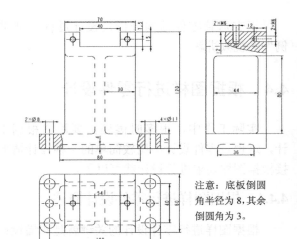

图 4-101　夹具支座零件工程图（A）　　　　　　　图 4-102　夹具支座零件工程图（B）

注意：底板倒圆
角半径为 8，其余
倒圆角为 3。

注意：底板倒圆
角半径为 8，其余
倒圆角为 3。

1. 分析图样信息及设计思路

根据图样进行零件设计，首先要根据图样分析零件类型及主要结构特点。从以上提供的夹具支座零件工程图来看，该零件结构如图 4-103 所示。

4.4.2 分析图样信息及设计思路

📖　注意：根据图样进行零件设计之前，只有图样资料，并没有实实在在的零件模型，这个零件模型是根据零件图样信息进行设计的。如图 4-103 所示的零件结构在设计之前只存在于设计员的大脑中，这是在看懂图样之后在大脑中形成的零件结构。根据这个零件结构可以判断夹具支座零件属于一般类型的零件，与前面小节介绍的基座零件属于同一类型的零件，可以使用分割的方法进行分析与设计。

根据夹具支座零件结构特点，可以将该零件分割成两大结构，也就是如图 4-104 所示的夹具支座底板结构及如图 4-105 所示的夹具支座主体结构。根据工程图中底板高度尺寸 15，总高度尺寸 120，可以确定夹具支座零件底板底面为整个零件设计基准面，而底板底面是属于底板结构的，根据设计基准优先设计的原则，正确的设计思路应该是先设计支座底板结构，再设计支座主体结构，下面具体介绍设计过程。

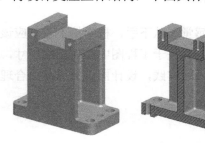

图 4-103　夹具支座零件结构　　　　图 4-104　夹具支座底板　　　图 4-105 夹具支座主体

2. 夹具支座底板结构设计

夹具支座底板结构如图 4-106 所示，在具体设计时需要看懂图样中关于底板结构的尺寸标注。如图 4-107 所示，图中矩形框

4.4.2 夹具支座底板结构设计

中的尺寸都是与底板结构有关的尺寸（此处以图 4-101 所示的夹具支座工程图（A）为例），一定要直接体现在设计中。需要特别注意的是，在底板的底面上开有矩形凹槽，对于该矩形凹槽的设计，以上提供的两种工程图中的标注方式是不一样的，在具体设计时需要根据尺寸标注体现的设计思路进行具体设计。

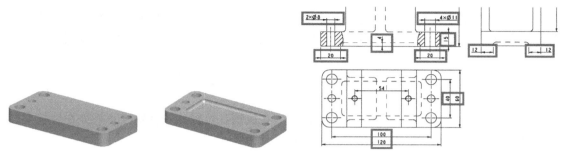

图 4-106　夹具支座底板结构　　　　　　　图 4-107　底板结构设计尺寸

图 4-107 中各尺寸含义说明如下。

● 主视图中"2×φ8"表示底板上两个销孔的直径。
● 主视图中"4×φ11"表示底板上四个安装孔的直径。
● 主视图中两个"20"尺寸表示底板底面矩形凹槽长度两端与底板左右两侧面距离。
● 主视图中尺寸"4"表示底板底面矩形凹槽深度值。
● 主视图中尺寸"15"表示底板厚度值。
● 左视图中两个"12"尺寸表示底板底面矩形凹槽宽度两端与底板前后两侧面距离。
● 俯视图中尺寸"120"和尺寸"60"分别表示底板的长度和宽度。
● 俯视图中尺寸"100"和尺寸"40"分别表示底板安装孔长度和宽度方向中心距。

Step1．创建如图 4-108 所示底板拉伸。创建底板拉伸需要从工程图中读取底板长度尺寸 120、宽度尺寸 60 和高度尺寸 15。选择"拉伸"命令，再选择 TOP 基准面为草绘平面，绘制如图 4-109 所示的拉伸草图（草图中尺寸 120 为底板长度、尺寸 60 为底板宽度），然后创建如图 4-110 所示的底板拉伸特征，拉伸深度为 15（此处拉伸深度就是底板高度）。

　　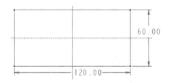　　

图 4-108　底板拉伸　　　图 4-109　绘制底板拉伸草图　　　图 4-110　创建底板拉伸特征

Step2．创建如图 4-111 所示的底板倒圆角。创建底板倒圆角需要从工程图中读取底板倒圆角半径尺寸，工程图中有明确说明，底板圆角半径为 8。选择"圆角"命令，选择如图 4-112 所示的四角边线为倒圆角对象，设置圆角半径为 8。

Step3．创建如图 4-113 所示的底板安装孔。创建底板安装孔需要从工程图中读取底板安装孔长度和宽度方向中心距 100 和 40，还需要读取底板安装孔直径 11。

图 4-111　底板倒圆角

图 4-112　选择倒圆角边线

图 4-113　底板安装孔

（1）创建如图 4-114 所示底板安装孔定位草图点　选择底板顶面为草绘平面，绘制如图 4-115 所示的草图（草图中尺寸 100 为底板孔长度方向中心距，尺寸 40 为底板孔宽度方向中心距）。

（2）选择以上创建的任一草图点创建一个安装孔　孔直径为 11，深度方式为"贯通"，然后将创建的孔按照草图点进行点阵列得到底板安装孔。

Step4．创建如图 4-116 所示的底板销孔。底板销孔位置比较特殊，正好处在底板安装孔宽度方向的中间位置，从工程图中读取销孔直径为 8。

图 4-114　底板安装孔定位草图点

图 4-115　绘制底板安装孔定位草图点

图 4-116　底板销孔

（1）创建如图 4-117 所示底板销孔定位草图点　选择底板顶面为草绘平面，绘制如图 4-118 所示的草图（草图中两个草图点正好在底板安装孔宽度方向的中间位置）。

（2）选择以上创建的任一草图点创建一个销孔　孔直径为 8，深度方式为"贯通"，然后将创建的孔按照草图点进行点阵列得到底板销孔。

Step5．创建如图 4-119 所示的底板底面矩形凹槽结构。创建底板底面矩形凹槽需要从工程图中读取底板凹槽相关尺寸，包括前后方向的距离尺寸 12 和左右方向的距离尺寸 20，以及矩形凹槽四角圆角尺寸 3 和矩形凹槽底面圆角尺寸 3。

图 4-117　底板销孔定位草图点

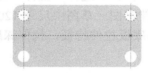

图 4-118　绘制底板销孔定位草图点

图 4-119　底板底面矩形凹槽

（1）创建如图 4-120 所示的矩形凹槽拉伸切除　选择底板底面为草图平面，绘制如图 4-121 所示的矩形凹槽拉伸草图（草图中的尺寸要根据工程图中给出的矩形凹槽相关尺寸进行标注，其中尺寸 12 表示矩形凹槽与底板前后方向的距离尺寸，尺寸 20 表示矩形凹槽与底板左右方向的距离尺寸），然后创建如图 4-122 所示矩形凹槽拉伸切除。

图 4-120　矩形凹槽拉伸切除

图 4-121　绘制矩形凹槽拉伸草图

图 4-122　矩形凹槽拉伸切除

（2）创建如图 4-123 所示的矩形凹槽四角圆角　圆角半径为 3（工程图中有说明）。

（3）创建如图 4-124 所示的矩形凹槽底面圆角　圆角半径为 3（工程图中有说明）。

图 4-123　矩形凹槽四角圆角

图 4-124　矩形凹槽底面圆角

此处 Step5 中介绍的底板矩形凹槽设计是按照图 4-101 所示的夹具支座零件工程图（A）进行设计的，如果按照图 4-102 所示的夹具支座零件工程图（B）进行设计，关键要读取如图 4-125 所示的矩形凹槽设计尺寸，设计方法也应做相应的调整：选择"拉伸"命令，选择 FRONT 基准面为草图平面，绘制如图 4-126 所示的矩形凹槽拉伸草图，创建如图 4-127 所示的矩形凹槽拉伸切除即可。

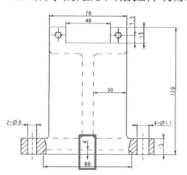 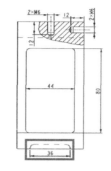

图 4-125　矩形凹槽设计尺寸

图 4-126　绘制矩形凹槽拉伸草图

图 4-127　创建矩形凹槽拉伸切除

3．夹具支座主体结构设计

夹具支座主体结构如图 4-128 所示。在具体设计时需要看懂图样中关于主体结构的尺寸标注。如图 4-129 所示，图中矩形框中的尺寸都是与主体结构有关的尺寸（此处以图 4-101 所示的夹具支座工程图（A）为例），一定要直接体现在设计中。需要特别注意的是主体中间的筋板结构设计，以上提供的两种工程图中的标注方式是不一样的，需要根据尺寸标注体现的设计思路进行具体操作。

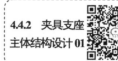

4.4.2　夹具支座
主体结构设计 01

图 4-129 中各尺寸含义说明如下。
- 主视图中尺寸"70"表示主体左右方向长度。
- 主视图中尺寸"40"表示主体顶部凹槽长度。
- 主视图中尺寸"15"表示主体顶部凹槽深度。
- 主视图中尺寸"7.5"表示主体正面螺纹孔与顶部凹槽底面定位尺寸。
- 主视图中尺寸"10"表示主体中间筋板厚度。
- 主视图中尺寸"120"表示夹具支座零件总高度尺寸。
- 左视图中两个"2×M6"尺寸表示夹具支座主体顶部及正面螺纹孔规格尺寸。
- 左视图中两个"12"尺寸表示夹具支座主体顶部及正面螺纹孔深度尺寸。
- 左视图中两个"8"尺寸表示主体两侧筋板厚度。
- 左视图中尺寸"80"表示筋板的高度尺寸。

● 俯视图中尺寸"54"表示主体顶部螺纹孔左右方向中心距（同时还是主体正面螺纹孔左右方向中心距）。

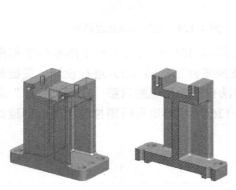

图 4-128　夹具支座主体结构

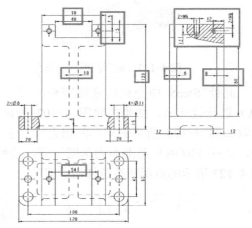

图 4-129　夹具支座主体设计尺寸

Step1. 设计如图 4-130 所示的支座主体基础结构。设计支座主体基础结构需要从工程图中读取夹具支座主体总高度尺寸 120 及主体长度尺寸 70，另外，还要注意支座主体前后宽度与支座底板前后宽度一致。

（1）创建如图 4-131 所示的支座主体高度基准面　选择"基准面"命令，选择 TOP 基准面为参考面，向上偏移 120 得到夹具支座主体基准面（此处基准面偏移距离即为主体总高度尺寸）。

（2）创建支座主体拉伸。选择拉伸命令，选择 FRONT 基准面为草图平面，绘制如图 4-132 所示的主体拉伸草图（草图中尺寸的标注要根据工程图中给出的主体相关尺寸进行标注，其中尺寸 70 表示主体左右长度尺寸，草图顶部与前面创建的支座主体高度基准面平齐），然后创建如图 4-133 所示的支座主体拉伸（注意设置拉伸深度与底板前后宽度一致）。

图 4-130　支座主体基础结构

图 4-131　支座主体高度基准面

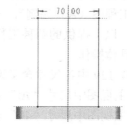

图 4-132　绘制主体拉伸草图

Step2. 设计如图 4-134 所示的筋板结构。筋板结构的设计需要从工程图中读取与筋板相关的尺寸，中间筋板厚度为 10，两侧筋板厚度为 8，筋板高度为 80，除此之外还需要设计相关倒圆角结构。

（1）创建如图 4-135 所示的主体中间筋板控制草图　选择"草绘"命令，选择 FRONT 基准面为草图平面，绘制如图 4-136 所示的主体中间筋板控制草图（草图中的尺寸要根据工程图中给出的中间筋板厚度尺寸进行标注，其中尺寸 10 表示中间筋板厚度尺寸，为了使草图全约束，约束草图顶部与前面创建的夹具支座主体高度基准面平齐）。

图 4-133 创建支座主体拉伸

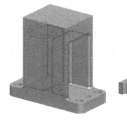
图 4-134 中间筋板结构

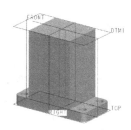
图 4-135 主体中间筋板控制草图

（2）创建如图 4-137 所示的筋板凹槽 选择"拉伸"命令，选择如图 4-138 所示的模型表面为草图平面，绘制如图 4-139 所示的拉伸草图（草图中的尺寸要根据工程图中给出的两侧筋板厚度及高度尺寸进行标注，其中尺寸 8 表示两侧筋板厚度尺寸，尺寸 80 表示筋板高度尺寸），创建如图 4-140 所示的拉伸切除（注意控制拉伸切除深度与前面创建的中间筋板控制草图平齐）。

（3）创建如图 4-141 所示的筋板凹槽四角圆角 圆角半径为 3（工程图中有说明）。

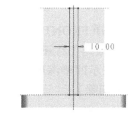
图 4-136 绘制主体中间筋板控制草图

图 4-137 筋板凹槽

图 4-138 选择草图平面

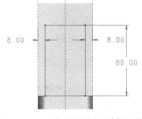
图 4-139 绘制筋板凹槽拉伸草图

图 4-140 创建筋板凹槽拉伸切除

图 4-141 筋板凹槽四角圆角

（4）创建如图 4-142 所示的筋板凹槽底部圆角 圆角半径为 3（工程图中有说明）。

（5）创建筋板凹槽镜像 将以上创建的筋板凹槽、筋板凹槽四角圆角及筋板凹槽底部圆角创建组特征，然后选中该组特征沿着 RIGHT 基准面进行镜像，得到另一侧筋板凹槽。

（6）创建如图 4-143 所示的筋板凹槽外侧圆角 圆角半径为 3（工程图中有说明）。

（7）创建如图 4-144 所示的筋板凹槽根部圆角 圆角半径为 3（工程图中有说明）。

图 4-142 筋板凹槽底部圆角

图 4-143 筋板凹槽外侧圆角

图 4-144 筋板凹槽根部圆角

Step2 中介绍的筋板凹槽是按照图 4-101 所示的夹具支座零件工程图（A）进行设计的，如果按照图 4-102 所示的夹具支座零件工程图（B）进行设计，关键要读取如图 4-145 所示的筋板凹槽设计尺寸，设计方法也应做相应的调整：选择

4.4.2 夹具支座主体结构设计 02

"拉伸"命令，选择如图 4-138 所示的模型表面为草图平面，绘制如图 4-146 所示的筋板凹槽拉伸草图，创建如图 4-147 所示的筋板凹槽拉伸切除即可。

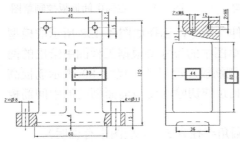

图 4-145　筋板凹槽设计尺寸　　　　图 4-146　创建拉伸草图　　图 4-147　创建拉伸切除

Step3．创建如图 4-148 所示的顶部凹槽。选择"拉伸"命令，选择 FRONT 基准面为草图平面，绘制如图 4-149 所示的顶部凹槽拉伸草图（草图中的尺寸要根据工程图中给出的顶部凹槽两尺寸进行标注，其中尺寸 40 表示凹槽长度尺寸，尺寸 15 表示凹槽深度尺寸），创建如图 4-150 所示顶部凹槽拉伸切除（注意设置拉伸深度为两侧完全切除）。

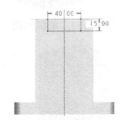

图 4-148　顶部凹槽　　图 4-149　绘制顶部凹槽拉伸草图　　图 4-150　创建顶部凹槽拉伸切除

Step4．设计如图 4-151 所示的主体正面螺纹孔。主体正面螺纹孔的设计需要从工程图中读取关于正面螺纹孔的相关尺寸，两孔间距为 54，与顶部凹槽底面的尺寸为 7.5，螺纹孔规格为 M6，深度为 12，而且两孔关于中间 RIGHT 基准面对称。

（1）创建如图 4-152 所示的主体正面螺纹孔定位草图点　选择如图 4-153 所示的模型表面为草图平面（打孔平面），绘制如图 4-154 所示的螺纹孔定位草图点。

图 4-151　主体正面螺纹孔　　图 4-152　创建正面螺纹孔定位草图点　　图 4-153　选择草图平面（一）

（2）创建主体正面螺纹孔　选择"孔"命令，选择以上创建的任一草图点为孔定位参

考，设置孔类型为螺纹孔，孔规格为 M6×0.5，孔深度为 12，然后将创建的孔按照草图点进行点阵列得到主体正面螺纹孔。

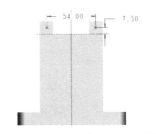 

图 4-154　绘制正面螺纹孔定位草图点　图 4-155　主体顶部螺纹孔

Step5．设计如图 4-155 所示的主体顶部螺纹孔。主体顶部螺纹孔的设计需要从工程图中读取关于顶部螺纹孔的相关尺寸，两孔间距为 54，螺纹孔规格为 M6，深度为 12，而且两孔关于中间 RIGHT 基准面对称。

（1）创建如图 4-156 所示的主体顶面螺纹孔定位草图点　选择如图 4-157 所示的模型表面为草图平面（打孔平面），绘制如图 4-158 所示的螺纹孔定位草图点。

（2）创建主体顶部螺纹孔　选择"孔"命令，选择创建的任一草图点为孔定位参考，设置孔类型为螺纹孔，孔规格为 M6×0.5，孔深度为 12，然后将创建的孔按照草图点进行点阵列得到主体顶部螺纹孔。

图 4-156　创建顶部螺纹孔　图 4-157　选择草图平面（二）　　图 4-158　绘制顶部螺纹孔
　　定位草图点　　　　　　　　　　　　　　　　　　　　　　　定位草图点

综上所述，根据图样进行零件设计的关键是首先看懂图样设计信息，具体设计思路及设计过程一定要符合图样设计信息，如果图样信息发生变化，设计思路及设计信息也应该做相应的调整。

4.5　零件设计案例

前面小节系统介绍了零件设计方法及设计要求与规范，为了加深读者对零件设计的理解并更好地应用于实践，下面通过两个具体案例详细介绍零件设计。

4.5.1　连接臂零件设计

设置工作目录：F:\proe_jxsj\ch04 part\05\，打开连接臂零件图样，如图 4-159 所示。根据图样设计信息设计连接臂零件，重点要注意设计要求及规范的实际考虑。详细的连接臂零件设计讲解请扫二维码观看视频讲解。

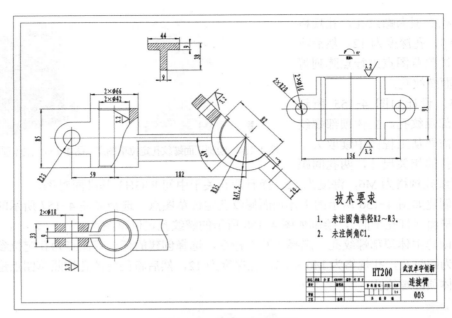

图 4-159　连接臂零件图样

4.5.2　壳体零件设计

设置工作目录：F:\proe_jxsj\ch04 part\05\，打开壳体零件图样，如图 4-160 所示。根据图样设计信息设计壳体零件，重点要注意设计要求及规范的实际考虑。详细的壳体零件设计请扫二维码观看视频讲解。

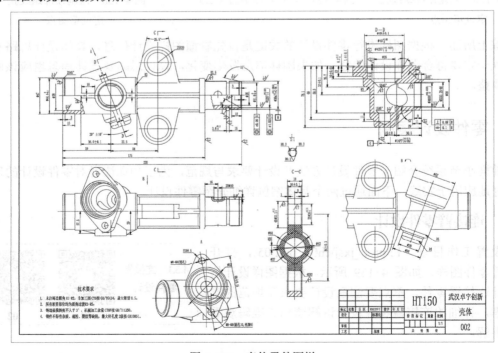

图 4-160　壳体零件图样

4.5.2　壳体零件设计

01　　　02　　　03　　　04　　　05

4.6　习题

4.6　选择题

一、选择题

1. 以下关于零件设计中特征与结构的理解不正确的是（　　）。

　　A．特征是零件中最小几何单元，不管是多么简单还是多么复杂的零件都可以划分为若干个几何特征，所有的零件都是由若干个几何特征构成的

　　B．结构是零件中相对比较独立、比较集中的那一部分几何单元的集合，所以结构是由若干个几何特征构成的

　　C．零件设计是由特征构成结构，然后由结构组成零件

　　D．分析简单的零件应该按照特征划分，分析复杂的零件应该按照结构划分

2. 以下关于零件设计中"垃圾尺寸"的说法不正确的是（　　）。

　　A．"垃圾尺寸"是零件设计中多余的尺寸、无用的尺寸

　　B．"垃圾尺寸"可以理解为不用在零件工程图中标注出来的尺寸

　　C．"垃圾尺寸"相当于图样中的"参考尺寸"

　　D．"垃圾尺寸"会严重影响零件结构的编辑与修改，甚至导致再生失败

3. 如下所示的零件模型，适合使用分割法进行零件设计的是哪两个（　　）。

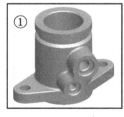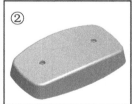

　　A．①②　　　　B．②③　　　　C．①③　　　　D．②④

4. 以下关于零件设计方法的说法中不正确的是（　　）。

　　A．分段法一般用于扫描结构的设计，特别是空间轨迹的扫描结构

　　B．分段法与分割法的主要区别是看零件结构是否是一个整体

　　C．切除法的关键是分析出零件中的各种"切除痕迹"

　　D．六种零件设计方法只能用于一般零件设计，对钣金零件设计无效

5. 以下关于零件设计要求及规范的说法中不正确的是（　　）。

　　A．零件设计不仅要注意设计效率，还要注意后期的修改效率

　　B．零件设计就是搭积木的过程，通过加材料、减材料把零件外形做出来就可以了

　　C．专业设计能力不仅体现在软件操作上，更重要的是设计要求与规范的考虑

D．根据图样进行零件设计，图样中的每个尺寸都要直接体现在零件设计中

二、判断题

1．零件设计中所有重要尺寸参数都必须直接体现在模型中，拒绝间接体现。（　　）

4.6　判断题

2．零件设计过程中应注意零件在软件中的放置方位，便于以后创建零件工程图。（　　）

3．零件设计中的倒圆角、倒斜角结构尽量不要在草图中绘制，主要考虑是简化草图，提高设计效率。（　　）

4．零件设计中要时刻注意"面向装配的设计"，这样设计出来的零件不仅便于以后的装配，而且便于以后修改。例如，在设计零件中的孔结构时，需要根据螺栓装配方向正确地选择打孔平面。（　　）

5．零件设计中的倒圆角包括两种倒圆角，分别是结构倒圆角和修饰倒圆角，其中结构倒圆角一般跟随结构一起设计，而修饰倒圆角一般放在最后设计。（　　）

三、零件设计题

1．根据如图4-161所示的泵体零件图，完成泵体零件设计。

参考步骤：

Step1．新建零件文件，零件文件名称为 pump_body。

Step2．创建零件结构（注意设计要求及规范的实际考虑）。

Step3．保存结果文件。

4.6　零件设计题 1

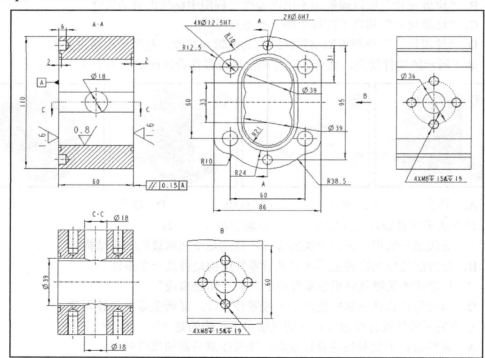

图 4-161　泵体零件图

146

2. 根据如图 4-162 所示的外壳零件图，完成外壳零件设计。

参考步骤：

Step1. 新建零件文件，零件文件名称为 outer_shell。

Step2. 创建零件结构（注意设计要求及规范的实际考虑）。

Step3. 保存结果文件。

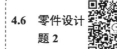

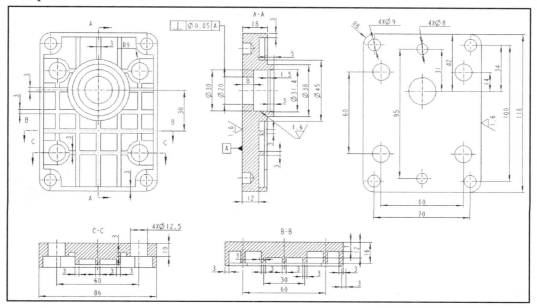

图 4-162 外壳零件图

第 5 章 装 配 设 计

本章提要

实际生产中绝大多数的产品，都是由若干个零部件装配而成的。如传送带用的减速器，主要由箱体、箱盖、各级传动轴与各级传动齿轮、螺栓、螺母等标准件装配而成，所以装配设计对于产品设计来讲是非常重要的，本章主要介绍装配设计的具体方法与技巧。

5.1 装配设计概述

5.1.1 装配设计作用

学习装配设计之前首先要理解装配设计的具体作用及用户环境，这对于坚定读者的学习目的及信心是非常有必要的。

5.1.1 装配设计作用

装配设计在实际产品设计中是一个非常重要的环节，直接关系到整个产品功能的实现及产品最终价值的体现。在软件学习及使用过程中，装配设计更是一个承上启下的过程，通过装配设计，可以检验前面零件设计是否合理，更重要的是，装配设计是后期很多工作展开的基础。完成装配设计后，可以在此基础上进行仿真动画设计，整体结构分析，整体效果渲染，如果没有前面的装配，要完成后面的这些内容，要么学习起来很费劲，要么严重影响使用效率。总的来说，装配设计的作用主要体现在以下两个方面。

1）从产品设计与制造来讲，装配设计几乎涉及产品设计中的各个环节。产品设计的整体思路、实验样机的设计与制造，还有生产线的布局管理等，都需要考虑装配设计因素。

2）从 Pro/E 软件学习与应用方面来讲，装配设计是一个基础应用模块，是学习其他高级模块的前提，如果装配设计学不好的话，会直接影响到其他高级模块的学习与应用。

下面具体介绍装配设计在产品设计及 Pro/E 软件学习与应用中的主要作用。

1. 装配设计在零件设计中的作用

一般的零件设计，主要在零件设计环境或钣金设计环境进行，但是在实际设计中，还涉及很多特殊且结构复杂的零件，考虑到设计与修改的方便，可以在装配设计环境中使用装配设计方法进行设计与修改。

2. 装配设计在工程图设计中的作用

产品设计中经常需要出产品总装图样，而且会在产品总装图中生成各零部件的材料明细表，并且在装配视图中标注零件序号。这就需要在出图之前，先做好产品的装配设计，然后将产品装配结果导入到工程图中出图，最终生成零部件材料明细表和零件序号。所以装配设计直接决定着产品总装出图。

3．装配设计在产品自顶向下设计中的作用

在各种三维设计软件中都没有专门的自顶向下设计模块，要进行产品自顶向下设计，必须在装配设计环境中进行。另外，自顶向下设计中框架搭建、骨架模型及控件等各种级别的建立都需要使用装配设计中的一些工具来完成，所以装配设计的掌握与运用直接关系到自顶向下设计的掌握与运用。

4．装配设计在运动仿真中的作用

产品运动仿真中，首先要设计运动仿真模型，这需要借助装配设计或自顶向下设计来完成；然后要根据机构仿真要求进行机构装配，也就是在产品装配连接位置添加合适的运动副关节，保证机构有合适的自由度，这也是机构运动仿真的必要条件，这项工作同样需要在装配设计环境中进行。另外，在 Pro/E 运动仿真中，必须从装配环境进入运动仿真环境。

5．装配设计在动画设计中的作用

产品动画设计中，首先需要根据动画设计思路及动画效果要求对装配产品进行必要的模型处理，有时还需要进行动画角色的重新装配与调整，这些工作都需要在装配设计环境中完成。另外，在 Pro/E 动画设计中，必须从装配环境进入动画设计环境。

6．装配设计在产品高级渲染中的作用

产品高级渲染经常需要对整个装配产品进行渲染，而且需要在装配环境中进行。另外，即使渲染对象不是装配产品，而是单个零件，也需要在装配环境中进行渲染构图的设计，即按照渲染视觉效果要求，将单个零件进行必要的摆放，也就是摆拍或摆姿势。很多时候，装配构图直接影响着最终渲染视觉效果。

7．装配设计在管道设计中的作用

在管道设计中，首先需要准备管道系统文件，管道系统文件的设计一般借助装配设计或自顶向下设计来完成，并且管道设计中很多管道线路的设计与管路元件的添加原理都与装配设计原理类似，学习并掌握装配设计有助于对管道设计的理解与掌握。另外，在 Pro/E 管道设计中，必须从装配环境进入管道设计环境。

8．装配设计在电缆设计中的作用

在电缆设计中，首先需要准备电气系统文件，电气系统文件的设计一般借助装配设计或自顶向下设计来完成，并且电气线束设计中很多电气线路的设计与电气元件的添加原理都与装配设计原理类似，学习并掌握装配设计有助于对电气线束设计的理解与掌握。另外，在 Pro/E 电气线束设计中，必须从装配环境进入电气线束设计环境。

9．装配设计在结构分析中的作用

结构分析中除了对零件结构分析外，还经常需要对整个产品装配结构进行分析。如果是对装配结构进行分析，首先需要考虑装配简化的问题，即将复杂的装配问题简化成简单的装配，这将有助于装配结构的分析，而这项工作主要是在装配设计中进行的。

综上所述，装配设计不仅涉及产品设计的各个环节，同时还关系到 Pro/E 软件的进一步学习与应用（基本上贯穿于整个 Pro/E 软件的学习与使用），是一个非常重要的基础应用模块，必须加以重视，否则一定会影响整个产品设计工作及对软件高级模块的学习与掌握。

5.1.2 装配设计环境

目前很多 CAD/CAE/CAM 软件中都提供了装配设计功能，在 Pro/E 中也提供了专门进行装配设计的模块及装配设计工具，下面首先介绍 Pro/E 装配设计用户界面，为后面进一步学习装配设计打好基础。

在 Pro/E 用户界面的顶部工具栏按钮区中单击"新建"按钮□，系统弹出"新建"对话框，在该对话框的"类型"选项组中选择"组件"选项（图 5-1），输入装配文件名称，单击"确定"按钮，系统弹出如图 5-2 所示的"新文件选项"对话框。在该对话框中选择需要的装配模板（一般使用 mmns_asm_design 装配模板），单击"确定"按钮，进入 Pro/E 装配设计环境，即可进行产品装配设计。

图 5-1 "新建"对话框　　　　　　　　图 5-2 "新文件选项"对话框

此处打开配套资源中的"素材\proe_jxsj\ch05 asm\5.1\pump_asm.asm"，直接进入 Pro/E 装配设计环境介绍装配设计用户界面。Pro/E 装配设计用户界面如图 5-3 所示，与零件设计界面非常相似，主要区别是装配模型树及右部工具栏按钮区。

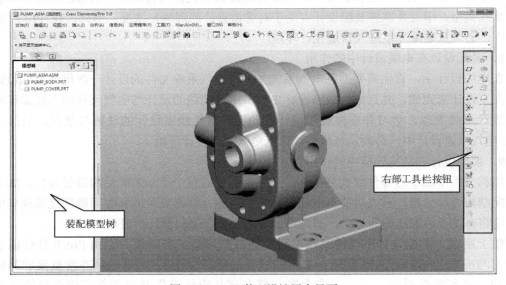

图 5-3 Pro/E 装配设计用户界面

1. 装配模型树

装配模型树体现了产品装配结构，如图 5-4 所示，模型树中最上面一级文件为产品总装配文件，其下文件为装配中的零部件，装配总文件是由装配中的零部件装配而成的（图 5-4 中的 PUMP_ASM 是由 PUMP_BODY 和 PUMP_COVER 两个零件装配而成的）；另外，装配模型树还体现了产品装配设计顺序。装配产品按照从上到下的顺序依次装配（图 5-4 中装配顺序是先装配 PUMP_BODY 零件，然后装配 PUMP_COVER 零件）。

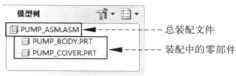

图 5-4　装配模型树

在装配模型树上部单击 按钮，选择"树过滤器"命令，系统弹出如图 5-5 所示的"模型树项目"对话框。在该对话框的"显示"选项组中选择"特征"选项，系统将在模型树中显示装配文件中各个零部件的特征信息，如图 5-6 所示。

图 5-5　"模型树项目"对话框

2. 右部工具栏按钮

在 Pro/E 装配设计环境中的右部工具栏按钮区中单击"装配"按钮 ，系统弹出"打开"对话框，用于向装配环境中添加零部件进行装配；单击"创建"按钮 ，系统弹出如图 5-7 所示的"元件创建"对话框，用于在装配环境中新建零部件。

图 5-6　装配模型树（显示特征）

图 5-7　"元件创建"对话框

5.2　装配约束类型

在 Por/E 中进行装配设计主要是靠在零部件之间添加合适的装配约束完成的，所谓装配约束是指装配零部件之间的几何关系，如重合约束、距离约束等。在 Por/E 装配设计环境中单击"装配"按钮 ，然后选择需要装配的零部件文件，系统弹出如图 5-8 所示的"装配"

操控板，在约束下拉列表中设置装配约束类型。

图 5-8 "装配"操控板

5.2.1 缺省约束

缺省约束（默认约束）是指将零件中的坐标系与装配环境中的坐标系完全重合，这种约束一般用于装配产品中的第一个零件，但前提是零件中的坐标系要符合整个装配产品设计基准的要求，否则不能直接使用缺省约束。在"装配"操控板中的约束下拉列表中选择"缺省"选项，用于添加缺省约束。

如图 5-9 所示的轴承座装配产品，在装配过程中应该首先装配其中的底座零件（图 5-10），底座零件装配完成后，以此作为基础再去装配其余零件。底座零件中的坐标系如图 5-11 所示，装配环境中的坐标系如图 5-12 所示，正好满足装配设计基准要求，像这种情况第一个零件的装配就可以直接使用缺省约束进行装配。

图 5-9 轴承座

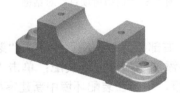

图 5-10 底座零件

图 5-11 底座零件中的坐标系

Step1．打开练习文件。打开配套资源中的"素材\proe_jxsj\ch05 asm\5.2\01\default_asm_ex"。

Step2．导入装配文件。单击"装配"按钮，选择文件夹中的 bearing_base 文件为装配文件，导入底座零件，此时底座零件相对于装配坐标系的位置关系如图 5-13 所示。

Step3．定义缺省约束。在"装配"操控板中的约束下拉列表中选择"缺省"选项，底座零件中的坐标系与装配环境中的坐标系完全重合，如图 5-14 所示。此时"装配"操控板中的约束状态显示为"完全约束"，如图 5-15 所示，完成缺省约束装配定义。

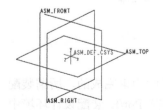

图 5-12 装配环境中的坐标系

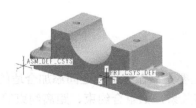

图 5-13 导入装配中的初始位置

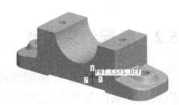

图 5-14 使用缺省约束

图 5-15 "装配"操控板

5.2.2 固定约束

固定约束是指将零件直接固定在当前位置，在具体使用时，可以先使用各种移动方法将零件调整到合适的位置，然后使用固定约束将零件固定下来。在"装配"操控板中的约束下拉列表中选择"固定"选项，用于添加固定约束。

5.2.2 固定约束

以如图 5-16 所示的轴承座装配产品为例，在完成底座零件装配后，接下来要装配轴瓦零件，下面具体介绍固定约束的操作过程。

Step1．打开练习文件。打开配套资源中的"素材\proe_jxsj\ch05 asm\ 5.2\02\fix_asm_ex"。

Step2．导入装配文件。单击"装配"按钮，选择文件夹中的 bush 文件为装配文件，导入轴瓦零件，此时轴瓦零件与底座零件的位置由系统随意决定。

图 5-16 使用固定约束

Step3．定义固定约束。在"装配"操控板中的约束下拉列表中选择"固定"选项，直接将轴瓦零件固定在当前位置，如图 5-16 所示。此时"装配"操控板中的约束状态显示为"完全约束"，完成固定约束装配定义。

5.2.3 配对与对齐约束

5.2.3 配对与对齐约束

配对与对齐约束用于约束两个对象反向或同向重合、平行或具有一定的距离，在 Pro/E 装配设计中这种约束的使用频率是最高的，下面具体介绍配对与对齐约束。

1. 配对约束及其特点

使用配对约束使零件中的两个平面反向重合、平行或具有一定的距离。在"装配"操控板的约束下拉列表中选择"配对"选项，用于添加配对约束，在下拉列表中定义两个平面的重合、平行或距离特性。

选择如图 5-17 所示的两个模型平面为约束对象，添加配对约束后的结果如图 5-18 所示，此时选择的两个面重合平齐，但是两个零件的朝向相反，如图 5-19 所示；在下拉列表中选择"距离"选项，定义两个面之间的配对距离，如图 5-20 所示；在下拉列表中选择"平行"选项，定义两个面之间平行（不需要设置两个面之间的特定距离值），如图 5-21 所示。

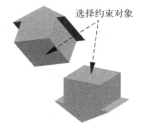

图 5-17 选择约束对象

图 5-18 配对约束效果

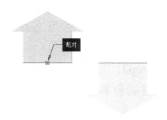

图 5-19 配对约束（重合）

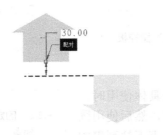

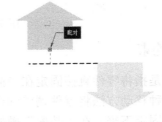

图 5-20　配对约束（距离）　　　　　　图 5-21　配对约束（平行）

2．对齐约束及其特点

使用对齐约束使零件中的两个平面同向重合、平行或具有一定的距离。在"装配"操控板的约束下拉列表中选择"对齐"选项，用于添加对齐约束，在[工]下拉列表中定义两个平面的重合、平行或距离特性。

选择如图 5-22 所示的两个模型平面为约束对象，添加对齐约束后的结果如图 5-23 所示，此时选择的两个面重合平齐，同时两个零件的朝向相同；在[工]下拉列表中选择"距离"选项[工]，定义两个面之间的对齐距离，如图 5-24 所示；在[工]下拉列表中选择"平行"选项[工]，定义两个面之间平行（不需要设置两个面之间的特定距离值），如图 5-25 所示。

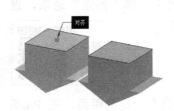

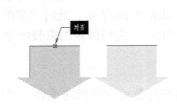

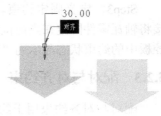

图 5-22　选择约束对象　　　　图 5-23　对齐约束（重合）　　　　图 5-24　对齐约束（距离）

需要注意的是，在实际装配设计中为了提高装配效率，添加配对约束与对齐约束时不用特定在"装配"操控板中设置约束类型是"配对"还是"对齐"，用户只需要选择约束对象，系统会自动根据两个对象之间的位置关系自动设置约束类型，非常智能。如果系统设置的约束类型不对，用户只需要在"装配"操控板中使用"反向"按钮调整约束方向即可。

3．配对与对齐约束实例

5.2.3　配对与对齐约束实例

如图 5-26 所示的滑动底座与滑动台装配，已经完成了底座的装配，需要在此基础上继续装配滑动台，此时使用配对与对齐约束进行装配为宜，具体介绍如下。

Step1．打开练习文件。打开配套资源中的"素材\proe_jxsj\ch05 asm\5.2\03\coincide_asm_ex"。

Step2．导入装配文件。单击"装配"按钮[图]，选择文件夹中的 slide 文件为装配文件，导入滑动台零件。

Step3．定义第一个约束（配对约束）。选择如图 5-27 所示的约束对象，系统自动定义为配对约束，结果如图 5-28 所示。

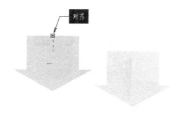
图 5-25 对齐约束（平行）

图 5-26 滑动底座与滑动台装配

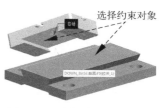
图 5-27 选择第一对约束对象

Step4. 定义第二个约束（配对约束）。选择如图 5-29 所示的约束对象，系统自动定义为配对约束，结果如图 5-30 所示。

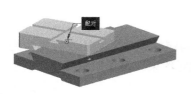
图 5-28 配对装配结果（一）

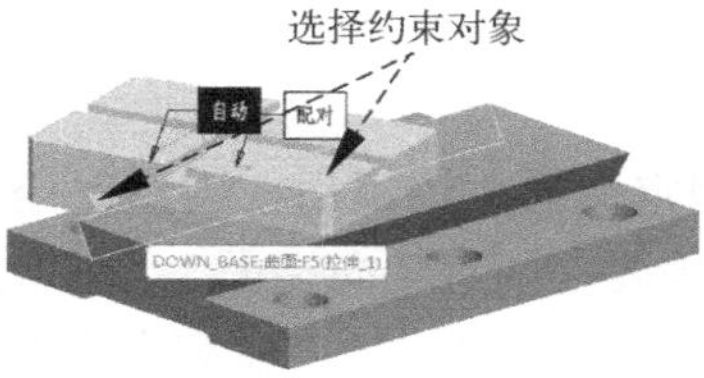

图 5-29 选择第二对约束对象

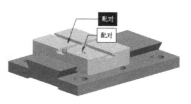
图 5-30 配对约束结果（二）

Step5. 定义第三个约束（对齐约束）。选择如图 5-31 所示的约束对象，系统自动定义为对齐约束，此时装配结果为重合对齐，结果如图 5-32 所示；在 下拉列表中选择"距离"选项 ，在其后的文本框中定义对齐距离为 30，结果如图 5-33 所示。

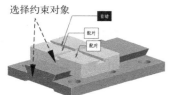
图 5-31 选择第三对约束对象

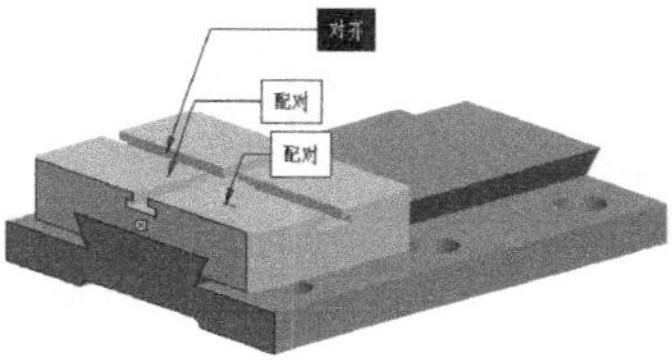

图 5-32 对齐约束（重合）

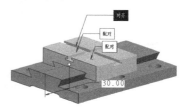
图 5-33 对齐约束（距离）

5.2.4 插入约束

5.2.4 插入约束

使用插入约束可以将零件中的两个圆柱面（圆弧面）或基准轴同轴，这种约束主要用于轴孔装配，如轴与轴上零件的装配，还有螺栓、螺母与孔的装配等。在"装配"操控板的约束下拉列表中选择"插入"选项，用于添加插入约束。

如图 5-34 所示的固定底座与螺栓零件装配，已经完成了固定底座的装配，需要在此基础上继续装配螺栓零件。如图 5-35 所示，其中固定底座中间的回转腔体与螺栓零件同轴，像这种装配需要使用插入约束进行装配，具体介绍如下。

Step1. 打开练习文件。打开配套资源中的"素材\proe_jxsj\ch05 asm\5.2\04\insert_asm_ex"。

Step2. 导入装配文件。单击"装配"按钮 ，选择文件夹中的 bolt_part 文件为装配文件，导入螺栓零件。

Step3. 定义插入约束。选择如图 5-36 所示的约束对象，系统自动定义为插入约束，结果如图 5-37 所示。

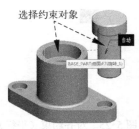

图 5-34　固定底座与螺栓装配　　　图 5-35　需要装配的对象　　　图 5-36　选择插入约束对象（一）

📖 说明：此处在定义插入约束时，除了选择同轴的圆柱面外，还可以选择如图 5-38 所示的同轴基准轴作为插入约束参考对象，同样可以定义插入约束。但总的来讲，建议读者在定义插入约束时，最好选择圆柱面或圆弧面，这样更方便用户选择。

Step4．定义配对约束。本例定义插入约束后，固定底座与螺栓零件之间还没有完全约束，若要两者实现完全约束，还需要在两者轴向端面上添加配对约束。选择如图 5-39 所示的约束对象，系统自动定义为配对约束，在 下拉列表中选择"重合"选项，定义配对重合约束，结果如图 5-40 所示。

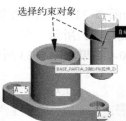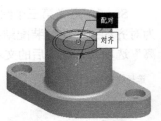

图 5-37　插入约束　　　图 5-38　选择插入　　　图 5-39　选择配对　　　图 5-40　配对重合约束
　　　结果　　　　　　　约束对象（二）　　　约束对象　　　　　结果

5.2.5　坐标系约束

坐标系约束是指选择两个零件中的坐标系使其完全重合，使用坐标系约束的前提条件是两个零件中必须要有合适的坐标系，否则无法使用这种约束类型。在"装配"操控板的约束下拉列表中选择"坐标系"选项，用于添加坐标系约束。

如图 5-41 所示的支座飞轮装配，已经完成了底部支座的装配，需要在此基础上继续装配轴与飞轮。本例中支座零件、轴零件及飞轮零件中都有合适的坐标系，如图 5-42 所示，像这种情况就可以使用坐标系约束。具体介绍如下。

图 5-41　支座飞轮装配　　　　　图 5-42　支座、轴及飞轮中的坐标系

Step1．打开练习文件。打开配套资源中的"素材\proe_jxsj\ch05 asm\5.2\05\coordinate_asm_ex"。

Step2．导入装配文件。单击"装配"按钮，选择文件夹中的 shaft 文件为装配文件，导入轴零件。

Step3．定义第一个坐标系约束。在"装配"操控板的约束下拉列表中选择"坐标系"选项，选择如图 5-43 所示的坐标系约束对象，结果如图 5-44 所示。

Step4．导入装配文件。单击"装配"按钮，选择文件夹中的 flywheel 文件为装配文件，导入飞轮零件。

Step5．定义第二个坐标系约束。在"装配"操控板的约束下拉列表中选择"坐标系"选项，选择如图 5-45 所示的坐标系约束对象，结果如图 5-46 所示。

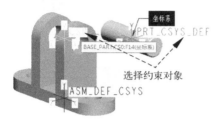

图 5-43　选择坐标系约束对象（一）

图 5-44　坐标系约束结果（一）

图 5-45　选择坐标系约束对象（二）

图 5-46　坐标系约束结果（二）

5.2.6　相切约束

相切约束用于将两个圆弧面或圆弧面与平面进行相切约束，使其处于相切位置，使用条件是必须要有一圆弧面，同时还要注意相切方向的设置。在"装配"操控板的约束下拉列表中选择"相切"选项，用于添加相切约束。

如图 5-47 所示的 V 形块与圆柱装配，已经完成了 V 形块的装配，需要在此基础上继续装配圆柱，此时适合使用相切约束进行装配，具体介绍如下。

Step1．打开练习文件。打开配套资源中的"素材\proe_jxsj\ch05 asm\5.2\06\tangent_asm_ex"。

Step2．导入装配文件。单击"装配"按钮，选择文件夹中的 cylinder 文件为装配文件，导入圆柱零件。

Step3．定义第一个约束（相切约束）。选择如图 5-48 所示的约束对象，系统自动定义为相切约束，结果如图 5-49 所示。

Step4．定义第二个约束（相切约束）。选择如图 5-50 所示的约束对象，系统自动定义为相切约束，结果如图 5-51 所示。

图 5-47 V 形块与圆柱装配

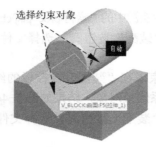
图 5-48 选择第一对约束对象

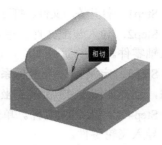
图 5-49 相切约束结果（一）

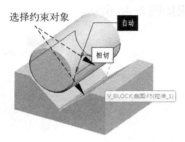
图 5-50 选择第二对约束对象

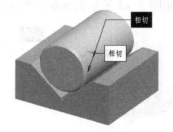
图 5-51 相切约束结果（二）

5.2.7　角度约束

5.2.7　角度约束

所谓角度约束就是定义两个面对象之间的夹角关系，一般情况下不使用角度约束，只有在两个对象之间存在一定夹角关系时才能使用角度约束。在"装配"操控板的约束下拉列表中选择"配对"或"对齐"选项，然后在 下拉列表中选择"角度"选项 ，定义角度约束，如图 5-52 所示。

图 5-52　在"装配"操控板中定义"角度约束"

如图 5-53 所示的角度装配模型，已经完成了底板的装配，需要在此基础上继续装配角度板零件，而且需要保证两个板内侧表面之间的夹角为 60°，像这种装配需要使用角度约束进行装配，具体介绍如下。

Step1．打开练习文件。打开配套资源中的"素材\proe_jxsj\ch05 asm\5.2\07\angle_asm_ex"。

Step2．导入装配文件。单击"装配"按钮 ，选择文件夹中的 angle_board 文件为装配文件，导入角度板零件。

Step3．定义第一个约束（插入约束）。选择如图 5-54 所示的约束对象，系统自动定义为插入约束，结果如图 5-55 所示。

Step4．定义第二个约束（对齐约束）。选择如图 5-56 所示的约束对象，系统自动定义为对齐约束，结果如图 5-57 所示。

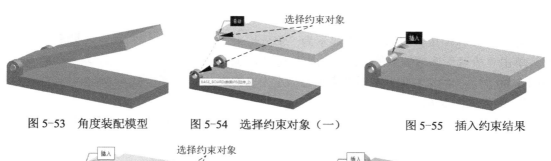

图 5-53 角度装配模型   图 5-54 选择约束对象（一）   图 5-55 插入约束结果

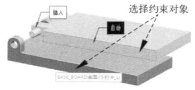

图 5-56 选择约束对象（二）   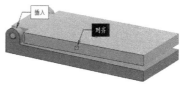 图 5-57 对齐约束结果

完成以上插入约束及对齐约束定义后，此时"装配"操控板中的约束状态显示为"完全约束"，如图 5-58 所示。这就意味着后面无须再添加其他的约束，也就无法添加角度约束。在此分析一下之前添加的约束，一个插入约束使角度板能够绕着底板轴转动，一个对齐约束使角度板边缘与底板边缘平齐。实际上，依靠这两个约束是无法使角度板与底板完全约束的，此时的角度板在旋转轴轴向方向依然没有完全约束，在"装配"操控板中的约束状态之所以显示为"完全约束"，是因为在"装配"操控板的"放置"选项卡中默认选中了"允许假设"选项，如图 5-58 所示。此处的"允许假设"选项主要用于同时使用"插入约束"及"对齐约束（或配对约束）"的场合，系统约定，只要定义了这两种约束就认为是完全约束的，无须添加第三个约束。

图 5-58 约束状态及允许假设问题

如果确实需要添加第三个约束，就必须取消选择"允许假设"选项。在"装配"操控板的"放置"选项卡中取消选择"允许假设"选项，此时约束状态显示为"部分约束"，如图 5-59 所示。

图 5-59 取消选择"允许假设"及约束状态

Step5. 新建约束。当约束状态显示为"部分约束"时，单击"放置"选项卡中的"新建约束"选项，选择如图 5-60 所示的约束对象，此时约束状态显示为"约束无效"，结果如图 5-61 所示。

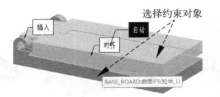

图 5-60　选择约束对象（三）

图 5-61　约束无效问题

约束状态显示为"约束无效"，表示当前定义的约束与前面已有的约束冲突或者选择的约束对象不满足约束要求，在这种情况下需要重新定义约束方式。因为本例需要定义角度板与底板之间的角度约束，所以需要重新定义约束选项。

Step6. 定义第三个约束。在 下拉列表中选择 选项，定义角度约束。在角度约束文本框中设置约束角度为 30°，角度约束最终结果如图 5-62 所示。如果结果如图 5-63 所示，可以单击"装配"操控板中的"反向"按钮调整角度。

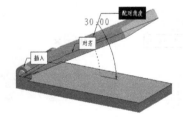

图 5-62　角度约束结果

图 5-63　反向角度约束

5.3　高效装配操作

通过前面的几节了解了如何在 Pro/E 中进行产品装配，但是仅仅知道怎么装配在实际工作中是远远不够的，还需要掌握各种高效装配操作，以便提高产品装配效率及工作效率。本书介绍一些常用高效装配操作。

5.3.1　装配调整

装配设计中导入的零件位置是由系统随意决定的，当零件位置比较随意时，如果直接添加装配约束，即使选择的装配对象及装配约束是正确的，装配结果也有可能是错误的。所以在添加装配约束之前，一定要先调整零部件的初始位置，将其调整到与

5.3.1　装配调整

最终结果差不多的位置，再添加合适的装配约束，这样才能够达到事半功倍的效果，从而在一定程度上提高装配效率。

1. 旋转操作

在装配中导入零部件后，如果零部件位置与最终需要装配的位置不是很对应，可以使用〈Ctrl+Alt〉+中键旋转零部件到合适的方位，再进行装配。

如图 5-9 所示的轴承座装配，已经完成了底座零件的装配，接下来要装配轴瓦零件到如图 5-64 所示的位置，下面具体介绍其装配调整过程。

Step1．打开练习文件。打开配套资源中的"素材\proe_jxsj\ch05 asm\5.3\01\adjust_asm_ex"。

Step2．导入装配文件。单击"装配"按钮 ，选择文件夹中的 bush 文件为装配文件，导入轴瓦零件，此时轴瓦零件与底座零件的位置由系统随意决定。

Step3．旋转调整轴瓦零件。按住〈Ctrl+Alt〉+中键旋转轴瓦零件到如图 5-65 所示的位置，这样轴瓦零件的方位与最终要装配的位置就比较接近了。

 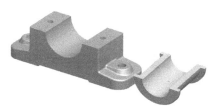

图 5-64　底座与轴瓦装配　　　　　　　　　图 5-65　旋转轴瓦零件

通过以上旋转操作，零件姿态与最终装配目标姿态比较接近，但是零件位置离目标位置还是比较远，还不便于添加装配约束，需要继续对装配零件进行调整。

2. 平移操作

在装配中导入零部件后，如果零部件位置与最终需要装配的位置相距比较远，可以使用平移操作将零部件平移到比较近的位置再进行装配。

继续使用 bush 装配文件介绍平移操作。在"装配"操控板中展开"移动"选项卡，如图 5-66 所示，在"移动"选项卡的"运动类型"下拉列表中选择"平移"选项，然后使用鼠标按住轴瓦零件移动到如图 5-67 所示的位置，完成平移操作。

图 5-66　"移动"选项卡　　　　　　　　　图 5-67　平移轴瓦零件

3. 添加装配约束

完成以上的零件旋转及平移调整后，轴瓦零件方位与最终要装配的位置就比较接近了，这样再进行装配就比较方便了。继续使用 bush 装配文件介绍装配操作。

Step1．添加插入约束。选择如图 5-68 所示的约束对象，系统自动定义为插入约束，结果如图 5-69 所示。

Step2．添加对齐约束。选择如图 5-70 所示的约束对象，系统自动定义为对齐约束，结果如图 5-71 所示。

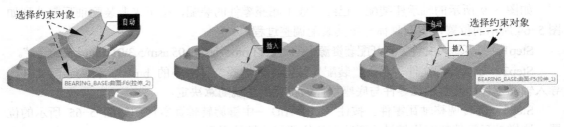

图 5-68　选择插入约束对象　　　图 5-69　插入约束结果　　　图 5-70　选择对齐约束对象

Step3．添加配对约束。选择如图 5-72 所示的约束对象，系统自动定义为配对约束，结果如图 5-73 所示。

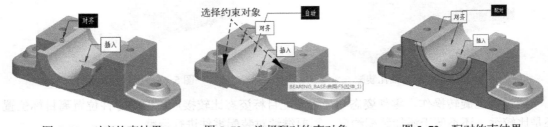

图 5-71　对齐约束结果　　　图 5-72　选择配对约束对象　　　图 5-73　配对约束结果

📖 注意：此处在选择如图 5-72 所示的约束对象时，需要选择轴瓦零件法兰面的内侧表面，但是当前的方位是轴瓦零件法兰面外侧表面在外，不方便直接选择内侧表面（被外侧表面遮挡住了），这种情况下可以使用瞬时右击的方法切换进行选择，这是选择对象时非常重要且方便的方法，具体操作请读者扫二维码查看视频讲解。

5.3.2　阵列装配

阵列装配是指按照一定的规律将零部件进行复制装配，其具体操作类似于零件设计中的阵列特征。阵特征列的操作对象是零

件特征，阵列装配的操作对象是装配产品中的零部件，下面主要介绍几种常用的阵列装配操作，其他的阵列方式读者可以参考第 3 章中有关特征阵列小节的内容。

1．线性阵列（方向阵列）

线性阵列是指将零部件沿着线性方向按照一定方式进行快速复制。在 Pro/E 阵列操作中提供了多种方式用于进行线性阵列，像尺寸、方向等都可以进行零部件线性阵列。

如图 5-74 所示的称重磅上的砝码托盘与砝码的装配，已经装配了砝码托盘与第一个砝码，如图 5-75 所示，要继续叠加装配 5 个砝码，具体操作如下。

Step1．打开练习文件。打开配套资源中的"素材\proe_jxsj\ch05 asm\5.3\02\01\linear_pattern_ex"。

Step2．选择阵列对象。在模型树中选择已经装配的第一个砝码为阵列对象。

Step3．选择"阵列"命令。在右部工具栏按钮区中单击"阵列"按钮▦，打开"阵列"操控板。

Step4．定义阵列参数。在"阵列"操控板的阵列方式下拉列表中选择"方向"阵列类型，选择如图 5-76 所示的模型表面为阵列方向参考，表示沿着该表面法向（垂直）方向进行线性阵列。在如图 5-77 所示的"阵列"操控板中定义阵列个数为 6，阵列间距为 15（砝码零件的厚度为 15），单击"完成"按钮☑，完成方向阵列操作。

图 5-74　砝码托盘与砝码装配

图 5-75　已经完成的装配（一）

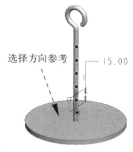

图 5-76　选择阵列参考（一）

图 5-77　"阵列"操控板（一）

2．圆形阵列（轴阵列）

圆形阵列是指将零部件沿着环形方向按照一定方式进行快速复制。Pro/E 提供了多种圆形阵列方式，如尺寸、轴等都可以进行零部件的圆形阵列。

5.3.2　圆形阵列

如图 5-78 所示的碗碟装配，已经装配了碟与第一个碗，如图 5-79 所示，现在要继续在圆周方向上装配四个碗，具体操作如下。

Step1．打开练习文件。打开配套资源中的"素材\proe_jxsj\ch05 asm\5.3\02\02\circle_pattern_ex"。

Step2．选择阵列对象。在模型树中选择已经装配的第一个碗为阵列对象。

Step3．选择"阵列"命令。在右部工具栏按钮区中单击"阵列"按钮▦，打开"阵列"操控板。

Step4．定义阵列参数。在"阵列"操控板的阵列方式下拉列表中选择"轴"阵列类型，选择如图 5-80 所示的轴 A_1 为阵列参考，表示绕着该轴进行环形阵列。在如图 5-81 所示的"阵列"操控板中定义阵列个数为 5，单击"角度"按钮◭，表示在圆周方向上均匀分布阵列，单击"完成"按钮☑，完成圆形阵列操作。

图 5-78　碗碟装配

图 5-79　已经完成的装配（二）

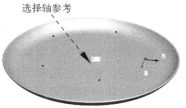

图 5-80　选择阵列参考（二）

图 5-81 "阵列"操控板（二）

3．参照阵列

参照阵列是指将零部件按照装配中已有的阵列信息，如某一个零件中的阵列信息，进行自动参照阵列，这是所有阵列方式中最快捷的一种，在装配中灵活使用该阵列方式能够极大地提高装配效率。

5.3.2　参照阵列

如图 5-82 所示的螺母座端盖装配，已经完成了如图 5-83 所示的装配，要继续在该装配中完成其余孔位螺栓装配。装配之前注意到螺母座与端盖零件中的孔均是使用阵列方式设计的，如图 5-84、图 5-85 所示，即具有阵列信息，此时要在孔位置装配螺栓就可以使用参照阵列方式将螺栓按照孔阵列信息进行自动装配。

图 5-82　螺母座端盖装配　　　　图 5-83　已经完成的装配　　　　图 5-84　螺母座中的孔阵列

Step1．打开练习文件。打开配套资源中的"素材\proe_jxsj\ch05 asm\5.3\02\03\ref_pattern_ex"。

Step2．选择阵列对象。在模型树中选择底座中装配的螺栓为阵列对象。

Step3．选择"阵列"命令。在右部工具栏按钮区中单击"阵列"按钮▦，打开"阵列"操控板。

Step4．定义螺母座螺栓阵列。在螺母座的四个孔位上生成阵列预览，如图 5-86 所示，系统自动设置阵列方式为参照阵列，单击"完成"按钮✓，完成参照阵列操作。

Step5．定义端盖螺栓阵列。参照以上步骤阵列端盖上的五个螺栓阵列，此处不再赘述。

5.3.3　重复装配

5.3.3　重复装配

重复装配是指将完全相同的零部件重复装配到不同位置，这种情况在装配设计中经常会遇到。在 Pro/E 中重复装配主要是使用〈Ctrl+C〉（复制）与〈Ctrl+V〉（粘贴）进行操作，下面通过一个实例具体介绍。

如图 5-87 所示的滑块支架装配，需要首先在滑块顶面及侧面对应位置装配支架，然后在支架与滑块对应孔位置装配螺栓，其中支架都是相同的支架，且支架上的孔均是使用阵列方式设计的，螺栓也是相同的螺栓，在装配支架时可以使用重复装配方法，在阵列支架安装螺栓时可以使用参照阵列，下面具体介绍其操作过程。

图 5-85　端盖中的孔阵列　　　图 5-86　定义参照阵列　　　图 5-87　滑块支架装配

1. 使用重复装配进行支架装配

Step1．打开练习文件。打开配套资源中的"素材\proe_jxsj\ch05 asm\5.3\03\repeat_asm_ex"。

Step2．装配如图 5-88 所示的第一个支架。

（1）导入支架零件　单击"装配"按钮，选择 bracket 文件，导入支架零件。

（2）添加配对约束　选择如图 5-89 所示的约束对象，系统定义配对约束。

（3）添加第一个插入约束　选择如图 5-90 所示的约束对象，系统定义插入约束。

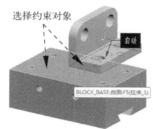

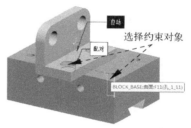

图 5-88　装配第一个支架　　图 5-89　选择配对约束对象（一）　　图 5-90　选择插入约束对象（一）

（4）添加第二个插入约束　取消选择"允许假设"选项，选择"新建约束"，选择如图 5-91 所示的约束对象，系统定义插入约束。

Step3．装配如图 5-92 所示的第二个支架。因为本例中要装配的支架都是一样的，而且每个支架的装配方法也都是一样的，第一个支架在装配过程中使用了一个平面配对和两个孔圆柱面同轴，所以第二个支架的装配可以使用第一个支架进行重复装配得到。

（1）复制对象　在装配模型树中选择已经装配好的第一个支架作为复制对象，按〈Ctrl+C〉快捷键对其进行复制。

（2）粘贴对象　按〈Ctrl+V〉快捷键粘贴支架零件，在粘贴的时候需要按照第一个支架装配顺序选择对应的与之配对的约束对象。本例依次选择如图 5-93～图 5-95 所示的约束对象，单击"完成"按钮，完成第二个支架的粘贴装配。

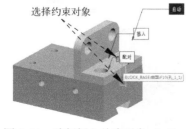

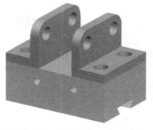

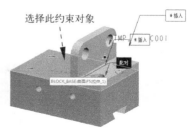

图 5-91　选择插入约束对象（二）　　图 5-92　装配第二个支架　　图 5-93　选择配对约束对象（二）

Step4．装配如图 5-99 所示的第三个支架。在 Step3 中已经复制了第一个支架零件，此步骤不需要重新复制，直接粘贴就可以了。按〈Ctrl+V〉快捷键粘贴支架零件，在粘贴的时候需要按照第一个支架装配顺序选择对应的与之配对的约束对象，依次选择如图 5-97～图 5-99 所示的约束对象，单击"完成"按钮☑，完成第三个支架的粘贴装配。

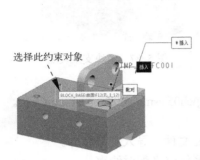

图 5-94　选择插入约束对象（三）

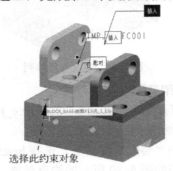

图 5-95　选择插入约束对象（四）

图 5-96　装配第三个支架

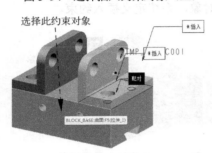

图 5-97　选择配对约束对象（三）

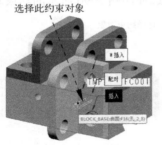

图 5-98　选择插入约束对象（五）

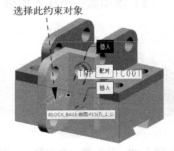

图 5-99　选择插入约束对象（六）

2．使用重复装配及参照阵列装配进行螺栓装配

Step1．装配如图 5-100 所示的第一个螺栓。

（1）导入螺栓零件　单击"装配"按钮，选择 bolt 文件，导入螺栓零件。

（2）添加插入约束　选择如图 5-101 所示的约束对象，系统自动定义插入约束。

（3）添加配对约束　选择如图 5-102 所示的约束对象，系统自动定义配对约束，确认选中"允许假设"选项，完成约束定义。

Step2．装配如图 5-103 所示的螺栓。此步骤要装配的螺栓与 Step1 中装配的螺栓是一样的，只是装配的位置不同，可以使用重复装配方法完成装配。选择 Step1 中装配的螺栓，按〈Ctrl+C〉键复制螺栓，然后按〈Ctrl+V〉键粘贴到如图 5-103 所示的位置。

图 5-100　装配第一个螺栓

图 5-101　选择插入约束对象

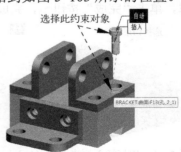

图 5-102　选择配对约束对象

Step3. 装配如图 5-104 所示的螺栓。因为此步骤中要装配的螺栓都是装配在支架中的孔上面，而支架上的孔都是使用阵列方式设计的，如图 5-105 所示，所以对于与之装配的螺栓来说，可以利用此阵列信息进行参照阵列，快速完成螺栓的装配。

图 5-103　重复装配螺栓　　　　图 5-104　参照阵列螺栓　　　　图 5-105　支架零件中的孔阵列

5.4　装配设计方法

实际上，装配设计从方法与思路上来讲主要包括两种：一种是顺序装配，另一种是模块装配。所谓顺序装配就是装配中的零件依次进行装配，如图 5-106 所示，顺序装配中各个零件之间有明确的时间先后顺序；模块装配是指先根据装配结构特点划分装配中的子模块（也称子装配），在装配时先进行子模块装配（各个模块可以同时进行装配，提高了装配效率），最后进行总装配，如图 5-107 所示。

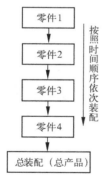

图 5-106　顺序装配示意图

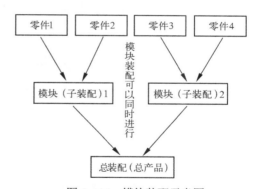

图 5-107　模块装配示意图

在具体装配设计之前，首先要分析整个装配产品结构特点。如果装配结构比较简单，而且在装配产品中没有相对独立、集中的装配子结构，即可使用顺序方法进行装配；如果装配产品中有相对独立、集中的装配子结构，就需要划分装配子模块（子装配），使用模块方法进行装配。本节通过两个具体实例介绍这两种装配设计方法。

5.4.1　顺序装配实例

如图 5-9 所示的轴承座装配，主要由底座、上盖、轴瓦、螺栓及垫圈装配而成，如图 5-108 所示，装配结构简单，不存在相对比较独立、集中的装配子结构，直接使用顺序装配方法依次装配即可。在装配过程中要灵活使用各种高效装配操作以提高装配设计效率，下面具体介绍其装配过程。

1．新建装配文件

Step1．设置工作目录：F:\proe_jxsj\ch05 asm\5.4\01。

Step2．新建装配文件，文件名称为 Bearing_asm。

2．创建轴承座装配

Step1．装配底座零件。导入底座零件（bearing_base），使用缺省约束装配底座零件，如图 5-109 所示。

图 5-108　轴承座结构组成

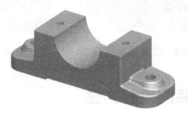

图 5-109　装配底座

Step2．装配下部轴瓦零件。导入轴瓦零件（bush），使用插入约束、对齐约束及配对约束（注意取消选择"允许假设"选项）进行装配，如图 5-110 所示。

Step3．装配上部轴瓦零件。参照 Step2 装配上部轴瓦，结果如图 5-111 所示。

Step4．装配上盖零件。导入上盖零件（bearing_cover），使用插入约束、对齐约束（注意选中"允许假设"选项）进行装配，结果如图 5-112 所示。

图 5-110　装配下部轴瓦

图 5-111　装配上部轴瓦

图 5-112　装配上盖

Step5．装配垫圈零件。导入垫圈零件（washer），第一个垫圈使用插入约束、对齐约束（注意选中"允许假设"选项）进行装配，第二个垫圈使用重复装配方法进行装配，结果如图 5-113 所示。

Step6．装配螺栓零件。导入螺栓零件（bolt），第一个螺栓使用插入约束、对齐约束（注意取消选中"允许假设"选项）进行装配，第二个螺栓使用重复装配方法进行装配，结果如图 5-9 所示。

图 5-113　装配垫圈

5.4.2　模块装配实例

如图 5-114 所示的传动系统装配，主要由安装板、电动机支

5.4.2　模块装配实例

架、电动机、电动机带轮、设备、设备带轮、键及传动带装配而成。其中如图 5-115 所示的电动机模块（电动机子装配）在整个装配中属于相对比较独立、集中的装配子结构，包括电动机支架、电动机、电动机带轮，如图 5-116 所示；如图 5-117 所示的设备模块（设备子装配）同样属于比较独立、集中的装配子结构，包括设备、设备带轮、键，如图 5-118 所示。像这种装配产品即可使用模块装配方法进行装配，下面具体介绍其装配过程。

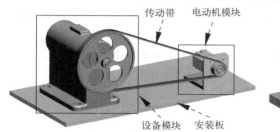

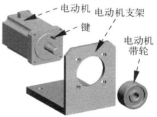

图 5-114　传动系统装配　　　　图 5-115　电动机子装配　　图 5-116　电动机子装配组成

1. 创建电动机模块子装配

Step1. 设置工作目录：F:\proe_jxsj\ch05 asm\5.4\02。

Step2. 新建装配文件，文件名称为 motor_asm。

Step3. 装配电动机支架零件。导入电动机支架零件（bracket），使用缺省约束装配电动机支架零件，如图 5-119 所示。

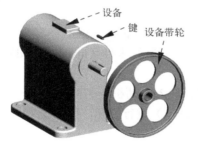

图 5-117　设备子装配　　　　图 5-118　设备子装配组成　　　图 5-119　装配电动机支架

Step4. 装配电动机零件。导入电动机零件（motor），使用插入约束、配对约束（注意取消选中"允许假设"选项）进行装配，如图 5-120 所示。

Step5. 装配电动机键零件。导入电动机键零件（motor_key），使用配对约束、插入约束进行装配，如图 5-121 所示。

Step6. 装配电动机带轮零件。导入电动机带轮零件（motor_wheel），使用插入约束、配对约束进行装配，结果如图 5-122 所示。

图 5-120　装配电动机　　　　图 5-121　装配电动机键　　　图 5-122　装配电动机带轮

Step7．保存并关闭电动机子装配。

2．创建设备模块子装配

Step1．新建装配文件，文件名称为 equipment_asm。

Step2．装配设备零件。导入设备零件（equipment），使用缺省约束装配设备零件，如图 5-123 所示。

Step3．装配设备键零件。导入设备键零件（equipment_key），使用配对约束、插入约束进行装配，如图 5-124 所示。

Step4．装配设备带轮零件。导入设备带轮零件（equipment_wheel），使用插入约束、配对约束进行装配，结果如图 5-125 所示。

图 5-123　装配设备　　　　　图 5-124　装配设备键　　　　　图 5-125　装配设备带轮

Step5．保存并关闭设备子装配。

3．创建传动系统总装配

Step1．新建装配文件，文件名称为 drive_system。

Step2．装配安装板零件。导入安装板零件（install_board），使用缺省约束装配安装板零件，如图 5-126 示。

Step3．装配电动机子装配。导入电动机子装配（motor_asm），使用配对约束、插入约束（注意取消选中"允许假设"选项）进行装配，如图 5-127 所示。

图 5-126　装配安装板　　　　　　　　　图 5-127　装配电动机子装配

Step4．装配设备子装配。导入设备子装配（equipment_asm），使用配对约束、插入约束进行装配，结果如图 5-128 所示。

Step5．装配传动带。导入传动带零件（belt），使用对齐约束、插入约束进行装配，结果如图 5-129 所示。

图 5-128　装配设备子装配　　　　　　　图 5-129　装配传动带

Step6．保存并关闭传动系统总装配。

5.5　装配设计编辑

装配设计完成一部分或全部完成后，有时需要根据实际情况对装配中的某些零部件对象进行编辑与修改，在 Pro/E 中提供了多种装配设计编辑操作，本节具体介绍。

5.5.1　编辑元件

当装配产品中的零部件结构或尺寸不正确时，可以对其进行编辑与修改。如图 5-9 所示的轴承座装配，需要编辑轴瓦零件尺寸，主要有以下两种编辑方法。

1．直接打开零部件进行编辑

直接打开零部件进行编辑就是先打开要编辑的零部件，可以在文件夹中打开，也可以在装配环境中打开，打开后再编辑零部件即可。

Step1．打开练习文件。打开配套资源中的"素材\proe_jxsj\ch05 asm\5.5\01\bearing_asm"。

Step2．打开轴瓦零件。在装配模型树中选中轴瓦零件（bush）并右击，在弹出的快捷菜单中选择"打开"命令，如图 5-130 所示，即可从装配模型树中打开轴瓦零件。

Step3．编辑零件。在零件模型树中选择要编辑的旋转特征并右击，在弹出的快捷菜单中选择"编辑定义"命令，如图 5-131 所示，编辑旋转特征草图（此时编辑草图尺寸没有外部参照），如图 5-132 所示，完成草图编辑后的预览效果如图 5-134 所示。

图 5-130　选择"打开"命令

图 5-131　选择"编辑定义"命令

Step4．查看装配结果。完成零件编辑后切换到装配环境，零件编辑结果自动更新到装配中，查看装配结果如图 5-134 所示。

2．直接在装配环境进行编辑

直接在装配环境中编辑零部件就是首先在装配中激活要编辑的对象，激活后对零部件进行编辑，在编辑过程中可以参考装配中的其他非激活零部件。

Step1．设置模型树特征显示。在树过滤器中设置特征显示状态。

Step2．激活零部件。在装配模型树中选中要编辑的轴瓦（bush）零件并右击，在弹出的快捷菜单中选择"激活"命令，如图 5-135 所示，激活后只有轴瓦零件是着色显示，其他零部件均显示为透明，如图 5-136 所示。

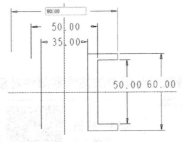

图 5-132 编辑草图尺寸（一）

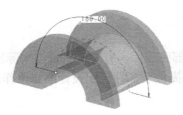

图 5-133 编辑预览（一）

图 5-134 编辑结果

Step3. 编辑零部件。在装配模型树中展开激活的轴瓦零件，在其下的特征树中选中旋转特征并右击，在弹出的快捷菜单中选择"编辑定义"命令，如图 5-137 所示，编辑旋转特征草图（此时编辑草图尺寸可以参照非激活零部件），如图 5-138 所示。完成草图编辑后的预览效果如图 5-139 所示（可以看到编辑后的零件与整个装配的相对效果）。

图 5-135 选择"激活"命令

图 5-136 激活预览

图 5-137 选择"编辑定义"命令（一）

📖 说明：在装配模型树中显示特征后，不用先激活零部件对象，直接展开要编辑的零件特征树，在特征树中选中特征右击，在弹出的快捷菜单中选择"编辑定义"命令即可直接编辑，如图 5-140 所示。

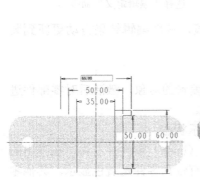

图 5-138 编辑草图尺寸（二）

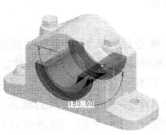

图 5-139 编辑预览（二）

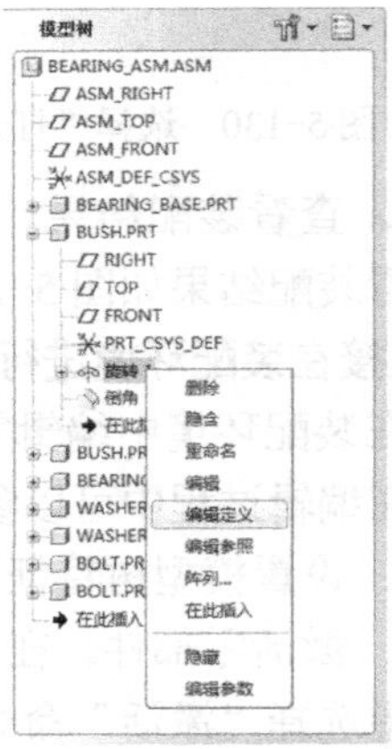

图 5-140 选择"编辑定义"命令（二）

3．编辑元件方法总结

直接打开零部件进行编辑这种方法可以在独立的零件环境中进行编辑，但是在独立的环境中无法参考其他对象，编辑方法具有一定的盲目性，不够准确、高效。

直接在装配环境中进行编辑这种方法在编辑时可以参考装配中其他非激活对象，编辑方法比较准确、高效。

综上所述，在实际装配设计过程中，应尽量使用第二种方法编辑元件。

5.5.2　创建元件

创建元件是指直接在装配环境中创建零部件。通常情况下，创建零部件是通过"新建"命令来创建的，创建完零部件后再通过装配方法将零部件装配到合适的位置，与此相比较，使用创建元件方法更准确、高效。

如图 5-141 所示的螺母座装配，需要在此基础上创建螺母座垫圈，如图 5-142 所示，要求螺母座垫圈尺寸与螺母座端面尺寸一致，厚度为 1mm，设计过程如下。

图 5-141　螺母座装配

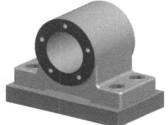

图 5-142　在螺母座装配中设计垫圈

Step1．打开练习文件。 打开配套资源中的"素材\proe_jxsj\ch05 asm\5.5\02\ref_pattern_ex"。

Step2．创建元件文件。 在右部工具栏按钮区中单击"创建"按钮，系统弹出如图 5-143 所示的"元件创建"对话框。在该对话框中采用默认设置，输入文件名称"washer"，单击"确定"按钮，系统弹出如图 5-144 所示的"创建选项"对话框。在该对话框中选中"创建特征"选项，在装配模型树中得到如图 5-145 所示的激活状态的垫圈文件。

图 5-143　"元件创建"对话框　　　　图 5-144　"创建选项"对话框　　　图 5-145　元件创建结果

📖　注意：Step2 中如果创建的元件没有激活，读者可以自行激活，在模型树中选中创建的元件并右击，在弹出的快捷菜单中选择"激活"命令即可将其激活。

Step3．创建元件特征。在右部工具栏按钮区中选择"拉伸"命令，选择如图 5-146 所示的模型表面为草绘平面，绘制如图 5-147 所示的垫圈截面草图，创建如图 5-148 所示的拉伸特征，拉伸厚度为 1mm。

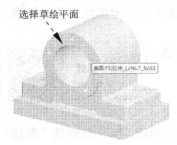
选择草绘平面
曲面:F5(拉伸_1):NUT_BASE

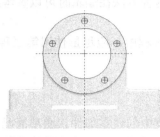

1.00

图 5-146　选择草图平面　　　　图 5-147　绘制垫圈草图　　　　图 5-148　创建垫圈拉伸特征

Step4．完成元件创建。完成垫圈创建后，只有垫圈零件是激活状态，其他零件是非激活状态，在装配模型树中选择如图 5-149 所示的总装配文件并右击，在弹出的快捷菜单中选择"激活"命令，激活总文件，结果如图 5-150 所示。

图 5-149　激活总装配文件　　　　　　　　　图 5-150　创建垫圈结果

5.5.3　镜像元件

5.5.3　镜像元件

镜像元件是指在装配环境中按照镜像方式创建已知零部件的对称副本，镜像元件完成后，得到的元件与源文件是完全对称的。

如图 5-151 所示的基座装配，已经装配了右侧垫块，需要在此基础上创建左侧垫块，左侧垫块与右侧垫块完全对称，如图 5-152 所示，设计过程如下。

Step1．打开练习文件。打开配套资源中的"素材\proe_jxsj\ch05 asm\5.5\03\mirror_asm_ex"。

Step2．创建元件。在右部工具栏按钮区中单击"创建"按钮，系统弹出如图 5-153 所示的"元件创建"对话框。在

图 5-151　基座装配

"类型"选项组中选择"零件"选项，在"子类型"选项组中选择"镜像"选项，输入文件名称"right_pad"，单击"确定"按钮。

Step3．创建镜像零件。完成元件创建后，系统弹出如图 5-154 所示的"镜像零件"对话框。在对话框中单击"零件参照"下的列表框，可以选择镜像零部件对象，然后选择已经装配好的右侧垫块零件为镜像对象；单击"平面参照"下的列表框，可以选择镜像平面，然后选择

装配环境中的 ASM_FRONT 基准平面为镜像平面，单击"确定"按钮，完成镜像零件创建。

图 5-152　镜像元件

图 5-153　"元件创建"对话框

图 5-154　"镜像零件"对话框

5.5.4　替换元件

5.5.4　替换元件

　　替换元件是指在不改变已有装配结构的前提下使用新的零件替换装配产品中旧的零件，使用替换元件操作不用推翻以前的装配文件重新设计，从而提高了整个产品的设计效率。在 Pro/E 中替换元件不仅要替换零件结构，更重要的是替换零件涉及的装配约束，因此需要使用装配互换功能来处理。

　　如图 5-155 所示的轴承座装配，其中底座零件为旧版本零件，现在需要使用新底座零件替换原来的旧底座零件，包括零件中的装配约束关系。

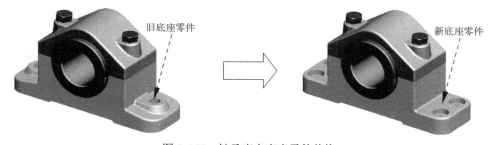

图 5-155　轴承座中底座零件替换

　　替换元件之前必须要分析一下将要替换的零件与其他零件之间涉及的装配约束及参照，在替换元件时，要完整替换这些装配约束参照，否则将直接导致元件替换失败。本例要替换的零件是轴承座中的底座零件，该零件与其他零件在装配中涉及以下装配约束参照，如图 5-156 所示。

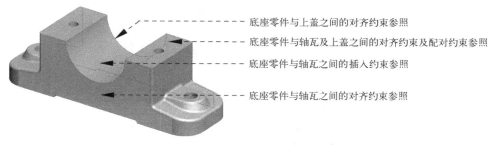

图 5-156　底座零件与其他零件装配中涉及的约束参照

通过以上装配约束参照的分析，要完成底座零件的替换，需要重新定义新旧两个底座零件中的这些装配约束参照，要保证完成底座零件替换后，替换后的新底座零件周边的装配零件能够准确找到新底座零件上的装配约束参照，这就需要使用 Pro/E 中的组件互换功能来实现，下面具体介绍替换元件的过程。

Step1．新建"组件-互换"文件。在顶部工具栏按钮区中单击"新建"按钮，系统弹出如图 5-157 所示的"新建"对话框。在该对话框的"类型"选项组中选中"组件"选项，然后在"子类型"选项组中选中"互换"选项，输入文件名称"bearing_base_exchange"，单击"确定"按钮，完成文件新建。

5.5.4 替换元件过程

Step2．导入互换零件。在右部工具栏按钮区中单击"功能"按钮，在弹出的"打开"对话框中选择旧版本的底座零件（bearing_base），继续单击"功能"按钮，然后在弹出的"打开"对话框中选择新版本的底座零件（bearing_base_ok），将其调整到如图 5-158 所示的大概位置（不要添加任何装配约束），便于后面选择参照对象。

图 5-157 "新建"对话框

图 5-158 导入互换零件

Step3．定义参照配对表。在右部工具栏按钮区中单击"参照配对表"按钮，系统弹出"参照配对表"对话框。在该对话框中定义新旧替换零件中的参照配对关系，根据前面的分析，本例中需要定义四对参照配对关系。

（1）定义第一对参照配对关系 在"参照配对表"对话框中单击左下角的按钮添加参照配对关系，然后按住〈Ctrl〉键依次在旧零件与新零件上选择如图 5-159 所示的配对参照，在"参照配对表"对话框列表框中得到第一对参照配对关系，如图 5-160 所示。

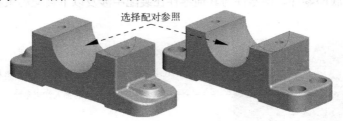

选择配对参照

图 5-159 选择第一对配对参照

（2）定义第二对参照配对关系 在"参照配对表"对话框中单击左下角的按钮添加参照配对关系，然后按住〈Ctrl〉键依次在旧零件与新零件上选择如图 5-161 所示的配对参照，在"参照配对表"对话框列表区框得到第二对参照配对关系。

图 5-160　定义第一对参照配对关系

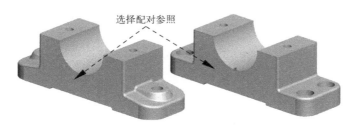

图 5-161　选择第二对配对参照

（3）定义第三对参照配对关系　在"参照配对表"对话框中单击左下角的⊞按钮添加参照配对关系，然后按住〈Ctrl〉键依次在旧零件与新零件上选择如图 5-162 所示的配对参照，在"参照配对表"对话框列表框中得到第三对参照配对关系。

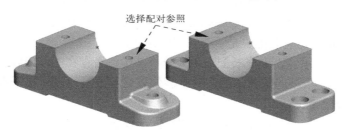

图 5-162　选择第三对配对参照

（4）定义第四对参照配对关系　在"参照配对表"对话框中单击左下角的⊞按钮添加参照配对关系，然后按住〈Ctrl〉键依次在旧零件与新零件上选择如图 5-163 所示的配对参照，在"参照配对表"对话框列表框中得到第四对参照配对关系。

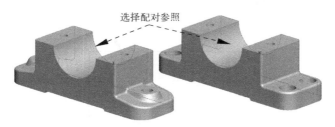

图 5-163　选择第四对配对参照

（5）完成参照配对定义　完成以上参照配对定义后，单击对话框中的"确定"按钮，退出参照配对定义，然后保存并关闭互换文件，为后面替换元件所用。

Step4．创建替换元件。选择"编辑"→"替换"命令，系统弹出如图 5-164 所示的"替换"对话框。在该对话框中单击"打开"按钮 ，在弹出的"打开"对话框中选择已创建好的互换文件 bearing_base_exchange，系统弹出如图 5-165 所示的"族树"对话框。在对话框中展开族树节点，选择族树中的新版本底座零件（bearing_base_ok），单击"确定"按钮，完成替换元件操作。

图 5-164 "替换"对话框   图 5-165 "族树"对话框

5.6 装配干涉分析

装配设计完成后，设计人员往往比较关心装配中是否存在干涉，如果存在干涉问题，必要时需要编辑装配产品以解决干涉问题，在 Pro/E 中可以使用"全局干涉"命令分析、查看装配中是否存在干涉问题。

如图 5-9 所示的轴承座，完成装配后需要分析其中是否存在干涉问题。首先应进行干涉分析，找出装配中存在干涉的位置，然后对干涉位置进行改进，以解决干涉问题。下面具体介绍干涉分析及改进过程。

Step1．打开练习文件。打开配套资源中的"素材\proe_jxsj\ch05 asm\5.6\interference_asm_ex"。

Step2．全局干涉分析。选择"分析"→"模型"→"全局干涉"命令，系统弹出"全局干涉"对话框。在该对话框中单击 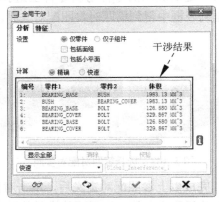 按钮，完成干涉分析。此时在对话框的列表框中显示干涉结果，如图 5-166 所示。

图 5-166 "全局干涉"对话框

Step3．查看干涉结果。在"全局干涉"对话框的干涉结果列表框中选中第一行列表，以查看第一处干涉结果。此处干涉结果显示轴承底座与下轴瓦之间存在干涉，如图 5-167 所示，红色线框部位表示具体干涉位置，干涉体积为 1983.13mm^3。

Step4．处理第一处、第二处干涉。根据以上干涉分析结果显示，第一处干涉是轴承底座与轴瓦之间的干涉，第二处干涉是轴瓦与轴承座上盖之间的干涉。进一步查看轴承底座、轴瓦及轴承座上盖零件相关尺寸，轴承底座中间圆柱槽直径为 50，轴瓦中间圆柱外侧直径为 51，轴承座上盖中间圆柱槽直径为 50，所以产生干涉。要解决此处干涉，可以将轴瓦中间圆柱外侧直径修改为 50，如图 5-168 所示。

图 5-167　查看第一处干涉结果

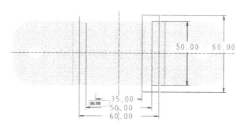

图 5-168　编辑轴瓦尺寸

Step5．处理第三处、第五处干涉。根据对话框中干涉分析结果显示，这两处干涉是底座与螺栓之间的干涉。进一步查看底座与螺栓零件相关尺寸，螺纹孔尺寸为 M8，螺栓直径为 8，干涉部位为底座螺纹孔与螺栓部位的干涉，这种干涉是正常的，不需要处理。

Step6．处理第四处、第六处干涉。根据对话框中干涉分析结果显示，这两处干涉是轴承座上盖与螺栓之间的干涉。进一步查看轴承座上盖与螺栓零件相关尺寸，轴承座上盖孔尺寸为 7，螺栓直径为 8，所以产生干涉，要解决此处干涉，可以将轴承座上盖孔直径修改为 9，如图 5-169 所示。

Step7．检验干涉分析。选择"分析"→"模型"→"全局干涉"命令，系统弹出"全局干涉"对话框。在该对话框中单击 ∞ 按钮，完成干涉分析，此时在对话框的列表框中只显示底座与螺栓之间的干涉，如图 5-170 所示。

图 5-169　编辑上盖孔尺寸

图 5-170　重新干涉分析

5.7　装配分解视图

装配设计完成后，为了更清晰地表达产品装配结构及装配零

5.7　装配
分解视图

部件之间的关系,可以创建装配分解视图,也就是将装配中各个零部件按照一定的装配位置关系拆解开。在 Pro/E 中使用"视图管理器"命令创建装配分解视图。

如图 5-9 所示的轴承座装配产品,需要创建如图 5-171 所示的装配分解视图,用于表达轴承座中各零部件之间的装配位置关系,下面具体介绍创建过程。

Step1. 打开练习文件。打开配套资源中的"素材\proe_jxsj\ch05 asm\5.7\exp_asm_ex"。

Step2. 选择"视图管理器"命令。在装配环境的顶部工具栏按钮区单击"视图管理器"按钮 ,系统弹出如图 5-172 所示的"视图管理器"对话框。在该对话框中单击"分解"选项卡,用来创建并管理分解视图。

图 5-171　轴承座分解视图　　　　　　　　图 5-172　"视图管理器"对话框

Step3. 缺省分解视图。在"视图管理器"对话框的"分解"选项卡列表框中默认只有"缺省分解"视图,也就是系统自动创建的分解视图,双击"缺省分解"查看系统默认分解视图,如图 5-173 所示。

Step4. 新建分解视图。在"视图管理器"对话框的"分解"选项卡中单击"新建"按钮,接受系统默认的分解视图名称(Exp001)并按〈Enter〉键,如图 5-174 所示。

Step5. 编辑分解视图位置。在"视图管理器"对话框的"分解"选项卡中选中 Step4 新建的分解视图 Exp001,然后选择"编辑"下拉菜单中的"编辑位置"命令,如图 5-175 所示,系统弹出如图 5-176 所示的"编辑位置"操控板,用于定义分解位置。

图 5-173　缺省分解视图　　　　图 5-174　新建分解视图　　　　图 5-175　编辑分解视图位置

图 5-176　"编辑位置"操控板

（1）分解螺栓位置　按住〈Ctrl〉键选择螺栓零件，此时在螺栓零件上显示一坐标轴，如图 5-177 所示，按住坐标轴的轴向方向可以将选中的零件沿着不同方向移动并分解。本例将螺栓零件沿着坐标轴 X 方向（竖直方向）移动到如图 5-178 所示的位置。

（2）分解垫圈位置　按住〈Ctrl〉键选择垫圈零件，将垫圈零件沿着坐标轴 X 方向（竖直方向）移动到如图 5-179 所示的位置。

图 5-177　选择分解零件　　　　图 5-178　分解螺栓位置　　　　图 5-179　分解垫圈位置

（3）分解上盖位置　选择上盖零件，将上盖零件沿着坐标轴 X 方向（竖直方向）移动到如图 5-180 所示的位置。

（4）分解轴瓦位置　按住〈Ctrl〉键选择轴瓦零件，首先将轴瓦零件沿着坐标轴 X 方向（竖直方向）移动到如图 5-181 所示的位置，然后将轴瓦零件沿着 Z 轴负向移动一定的距离，最后分别将两个轴瓦零件沿着 X 方向移动到如图 5-182 所示的位置。

图 5-180　分解上盖位置　　　　图 5-181　分解轴瓦位置　　　　图 5-182　进一步分解轴瓦

Step6. 保存分解视图。为了将创建好的分解视图保存下来便于以后随时查看，在"视图管理器"对话框的"分解"选项卡中选中创建的分解视图 Exp001，然后选择"编辑"下拉菜单中的"保存"命令，如图 5-183 所示，系统弹出如图 5-184 所示的"保存显示元素"对话框，单击对话框中的"确定"按钮，完成分解视图保存。

Step7. 设置分解状态。创建的分解视图只是装配产品的一种显示状态，可以根据需要切换并查看。在"视图管理器"对话框的"分解"选项卡中选中创建的分解视图 Exp001，然后选择"编辑"下拉菜单中的"分解状态"命令（取消选择"分解状态"前面的 √），如

图 5-185 所示，表示退出分解状态，此时装配产品恢复到未分解状态。

图 5-183　保存分解视图　　　图 5-184　"保存显示元素"对话框　　　图 5-185　设置分解状态

5.8　装配设计案例

前面已系统介绍了装配设计操作及知识内容，为了加深读者对装配设计的理解并更好地应用于实践，本节通过两个具体案例详细介绍装配设计。

5.8.1　齿轮泵装配设计

如图 5-186 所示的齿轮泵装配，首先根据提供的齿轮泵相关零件完成齿轮泵装配设计，然后创建如图 5-187 所示的齿轮泵分解视图。

图 5-186　齿轮泵装配

图 5-187　齿轮泵分解视图

齿轮泵装配设计说明如下。

1）设置工作目录：F:\proe_jxsj\ch05 asm\5.8\01。

2）选择装配方法：齿轮泵结构比较简单，其中不涉及比较集中、独立的子结构，所以采用顺序装配方法进行齿轮泵装配。

3）具体装配过程：请扫二维码查看视频讲解。

5.8.2　减速器装配设计

如图 5-188 所示的减速器装配，首先根据提供的减速器相关零件完成减速器装配设计，然后创建如图 5-189 所示的减速器分解视图。

减速器装配设计说明如下。

1）设置工作目录：F:\proe_jxsj\ch05 asm\5.8\02。

2）选择装配方法：减速器结构较为复杂，其中涉及多个比较集中、独立的装配子结构，包括箱体子装配（图 5-190），箱盖子装配（图 5-191），高速轴系子装配（图 5-192）及低速轴系子装配（图 5-193）。

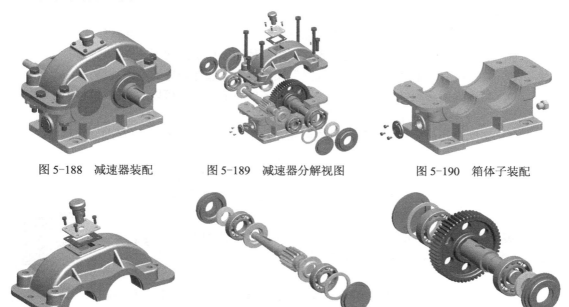

图 5-188　减速器装配　　　　图 5-189　减速器分解视图　　　　图 5-190　箱体子装配

图 5-191　箱盖子装配　　　　图 5-192　高速轴系子装配　　　　图 5-193　低速轴系子装配

3）具体装配过程：请扫二维码查看视频讲解。

5.8.2　减速器装配设计

01　　02　　03

5.9　习题

一、选择题

1．Pro/E 中装配文件的后缀名是（　　　）。

5.9　选择题

    A．.prt　　　　B．.asm　　　　C．.drw　　　　D．.frm

2．以下关于装配设计的说法中不正确的是（　　　）。

    A．装配设计要按照实际的装配顺序及位置进行准确规范的装配

    B．装配元件的替换不仅仅是几何体的替换，还要进行装配约束的替换，一般使用装配互换进行元件替换

    C．在装配设计中合理使用"允许假设"选项能够有效减少装配约束数量，提高效率

    D．简单的装配产品采用顺序装配方法，复杂的装配产品采用模块装配方法

3．以下关于模块装配方法的叙述中不正确的是（　　）。

    A．装配中的模块也称为子装配，属于总装配中的一个子项

    B．装配中的子模块是基于装配中相对比较独立、集中的局部结构进行划分的

    C．模块装配能够有效节省等待时间，实现各模块的并行装配，提高装配效率

    D．模块装配中的子装配一旦装配完成就不能再向其中添加其他的零部件

4．以下关于装配约束的说法中不正确的是（　　）。

    A．配对与对齐约束既可以约束平面重合还可以约束圆柱面或轴线同轴

    B．配对约束经过反向后就是对齐约束，两种约束只是方向不一样

    C．添加所有约束之前必须在"放置"操控板中先选择合适的约束类型

    D．角度约束必须是在添加配对约束或对齐约束的同时才可以添加的一种约束类型

5．以下关于装配文件管理的说法中不正确的是（　　）。

    A．装配设计前先将工作目录设置到保存装配零件的文件夹中，以便装配

    B．装配文件与装配中的零部件要保存在同一个文件夹中，以便复制

    C．装配文件与装配中的零部件不能保存在不同的文件夹中，否则下次无法打开

    D．装配文件中如果有零部件丢失会造成装配文件打开失败

二、判断题

1．装配设计中对于第一个零件的装配必须使用默认约束类型进行装配，以保证零件坐标系与装配坐标系的一一对应关系。（　　）

5.9　判断题

2．在装配设计中只要是处于对称位置的零部件都应该使用镜像方式装配。（　　）

3．在装配环境中激活零部件才可以直接在装配环境中修改零部件。（　　）

4．添加角度约束时，最好预先调整零部件使约束对象之间存在一定的角度。（　　）

5．装配模型树反映整个装配产品的装配先后顺序，这个顺序不能手动调整。（　　）

三、装配题

1．设置工作目录：F:\proe_jxsj\ch05 asm\5.9\01，使用文件夹中提供的零件模型完成截止阀装配，结果如图 5-194 所示，然后创建装配分解视图，如图 5-195 所示。

5.9　装配题 1

图 5-194　截止阀装配

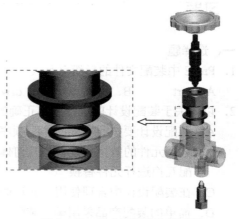

图 5-195　截止阀装配分解视图

参考步骤：

Step1. 新建一个装配文件，文件名称为asm01。

Step2. 装配第一个零件并添加合适装配约束。

Step3. 装配其余零件并添加合适装配约束。

Step4. 创建装配分解视图。

Step5. 保存装配结果文件。

2. 设置工作目录：F:\proe_jxsj\ch05 asm\5.9\02，使用文件夹中提供的零件模型完成夹具装配，结果如图 5-196 所示，然后创建装配分解视图，如图 5-197 所示。

参考步骤：

Step1. 新建一个装配文件，文件名称为asm02。

Step2. 装配第一个零件并添加合适装配约束。

Step3. 装配其余零件并添加合适装配约束。

Step4. 创建装配分解视图。

Step5. 保存装配结果文件。

5.9　装配题 2

图 5-196　夹具装配

图 5-197　夹具装配分解视图

第6章 工 程 图

本章提要

工程图是实际产品设计及制造过程中非常重要的工程技术文件，其专业性及标准化要求非常高。Pro/E 提供了专门的工程图设计环境，在工程图环境中可以创建工程图视图、工程图标注等内容，本章主要介绍工程图设计方法与技巧。

6.1 工程图概述

学习工程图之前首先要理解工程图的具体作用及用户环境，以尽快建立工程图学习目标，为后面具体学习工程图打好基础。

6.1.1 工程图作用

工程图主要有以下几个方面的作用。

1. 定制工程图标准模板

工程图是一种非常重要的工程技术文件，在工程图设计过程中，首先必须要注意不同行业、不同企业的标准与规范。不同行业、不同企业对设计的工程图中的标准与规范都有细致的要求，包括图纸幅面、图框样式、标题栏格式、材料明细表格式、各种视图样式及标注样式等，这些要求整合到一块就是工程图模板。在模板中将这些要求都设置好，然后在出图时直接调用即可，这样不但方便了工程图设计也提高了工程图设计效率。Pro/E 工程图环境中提供了定制工程图模板的方法及各种工具，可以方便定制各种要求的工程图模板。

2. 根据三维模型快速生成各种工程图视图

在工程图中为了清晰表达各种结构，需要创建各种工程图视图，对于各种视图的创建，在二维 CAD 软件中一般比较麻烦，效率也比较低。Pro/E 工程图设计中提供了各种工程图视图创建工具，包括基础视图、投影视图、各种剖视图、断面图等，另外，还可以使用工程图中的草绘工具设计各种特殊的工程图视图，极大地提高了创建工程图视图的效率。

3. 添加各种工程图标注

工程图设计中需要根据产品设计要求进行各种技术标注，Pro/E 提供了两种标注方法，即自动标注和手动标注。自动标注是指根据设计好的三维模型自动显示设计中的各种标注信息；手动标注则非常灵活方便，可以作为自动标注的补充。另外，Pro/E 提供了各种工程图标注工具，如尺寸标注、公差标注、基准标注、几何公差标注、表面粗糙度标注、焊接符号标注及注释标注等。

4. 创建工程图表格文件及编辑

工程图中包括的各种表格，如孔表、零件族表（系列化零件设计表），还有各种属性表都可以使用 Pro/E 工程图中提供的表格工具进行设计与编辑，另外 Pro/E 还提供了管理表格的工具，方便表格的存储和调用。

5．根据装配模型属性信息快速生成材料明细表

对于装配工程图的设计，需要根据零部件信息生成材料明细表，这在二维 CAD 软件中是很麻烦的，需要用户逐一填写，极不方便，而且效率也低。在 Pro/E 工程图设计中，可以自动根据各零部件属性信息自动生成材料明细表，而且材料明细表的样式与格式都可以提前定制好，方便生成材料明细表。

6．创建各种类型工程图

工程图根据不同行业、不同企业甚至不同产品可以分为很多类型，如零件工程图、装配工程图、钣金工程图、焊接工程图、管道工程图、电气线束工程图等，在 Pro/E 工程图设计中，根据用户需要，可以方便地设计以上各种类型的工程图。需要注意的是，要设计不同类型的工程图，必须先设计好相应的三维模型，例如，要设计钣金工程图，需要先在钣金设计环境中进行钣金件的设计；要设计管道工程图，需要先在管道设计环境中完成管道系统的设计。其他类型的工程图同理。

7．工程图的其他作用

学习和掌握工程图设计，能够为以后设计其他类似的工程图文件打好基础。例如，在装配设计和自顶向下结构设计中，为了方便对整个装配产品的有效管理及后期的修改，可以针对设计的产品设计相应的布局文件，而这种布局文件就是一种类似于工程图的技术文件，其设计环境、设计思路和方法与工程图极为相似，所以学好工程图有助于快速理解与掌握布局文件的设计。另外，在 Pro/E 电气线束设计环境中提供了逻辑布线的方法，在逻辑布线方法中需要设计逻辑布线图，而逻辑布线图也是一种类似于工程图的技术文件，其设计环境、设计思路和方法也与工程图极为相似。从这两个方面来看，学好工程图是非常重要的。

6.1.2　新建工程图文件

6.1.2　新建
工程图文件

在 Pro/E 中要创建工程图，首先必须要进入工程图环境，选择"新建"命令，系统弹出如图 6-1 所示的"新建"对话框。在"新建"对话框的"类型"选项组中选择"绘图"选项，输入工程图名称"drawing"，然后取消选中"使用缺省模板"选项，单击"确定"按钮，系统继续弹出如图 6-2 所示的"新建绘图"对话框。在"新建绘图"对话框中设置工程图模板文件。

新建工程图文件需要注意以下几点。

（1）工程图文件类型　在"新建"对话框中与工程图相关的文件类型一共有三种："绘图"类型用于创建工程图模板、工程图视图及工程图标注等；"格式"类型用于创建工程图格式文件，如工程图图框、标题栏格式、材料明细表格式等；"报告"类型专门用于工程图材料报表的创建与编辑。

（2）绘图模型　在 Pro/E 中进行工程图设计都是根据三维模型出图的（其他同类三维 CAD 软件都是如此），也就是在创建工程图之前一定要选择出图的绘图模型。如果已经在软件中打开了绘图模型，系统默认用打开的绘图模型出图；如果没有打开绘图模型，需要在如图 6-2 所示的"新建绘图"对话框中单击"缺省模型"选项组的"浏览"按钮，然后从文件夹中打开绘图模型进行出图。

图 6-1 "新建"对话框   图 6-2 "新建绘图"对话框

（3）指定模板　指定模板相当于指定出图用的图样标准环境、图样格式及图纸幅面等信息，包括以下三个选项。

1）选择"指定模板"选项，用于调用现有工程图模板出图。每一种模板中对工程图的各项标准与规定均做了详细的设置，在工程图中要根据自己的需求正确选择工程图模板，选择工程图模板后就不用再做具体设置了，极大地提高了出图的效率。在 Pro/E 中，可以使用系统自带的模板，也可以根据自身需要自定义模板，然后进行调用。

2）选择"格式为空"选项，可以快速调用工程图格式。工程图格式是指工程图图框、标题栏及材料明细表等，一旦调用了工程图格式，就不需要另外去绘制格式，提高了工程图设计效率。调用格式文件也有两种方式：一种是调用系统自带的格式，另一种就是调用自定义的格式。

3）选择"空"选项，就是不使用任何格式和模板，只定义图纸幅面大小，进入到工程图环境后，就一个矩形边框，其中的各项设置都是系统默认设置。

6.1.3　工程图用户界面

6.1.3　工程图用户界面

首先打开配套资源中的"素材\proe_jxsj\ch06 drawing\6.1\part_drawing.drw"，进入 Pro/E 工程图环境，如图 6-3 所示，下面详细介绍工程图用户界面。

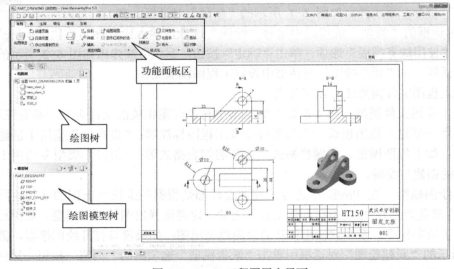

图 6-3　Pro/E 工程图用户界面

1．功能面板区

功能面板区中都是工程图常用的功能命令按钮，是工程图环境中最重要的区域，下面具体介绍常用功能面板的主要功能。

在功能面板区中单击"布局"选项卡进入"布局"功能面板，该面板主要用来管理工程图页面、创建工程图视图、格式化管理等，如图6-4所示。

图6-4 "布局"功能面板

在功能面板区中单击"表"选项卡进入"表"功能面板，该面板主要用来创建表格、编辑表格、球标创建与管理、格式化管理等，如图6-5所示。

图6-5 "表"功能面板

在功能面板区中单击"注释"选项卡进入"注释"功能面板，该面板主要用来创建并管理各种工程图标注，如图6-6所示。

图6-6 "注释"功能面板

在功能面板区中单击"草绘"选项卡进入"草绘"功能面板，该面板主要用来在工程图中创建必要的草绘，如图6-7所示。

图6-7 "草绘"功能面板

在功能面板区中单击"审阅"选项卡进入"审阅"功能面板，该面板主要用来管理工程图文件并对工程图进行必要的处理，如图6-8所示。

图6-8 "审阅"功能面板

在功能面板区中单击"发布"选项卡进入"发布"功能面板，该面板主要用来转换工程图、打印工程图等，如图6-9所示。

2．绘图树与模型树

绘图树与模型树如图 6-10 所示，绘图树区域用来显示和管理工程图中的视图对象及标注对象。模型树区域用来管理绘图模型，在模型树中选中总模型文件并右击，在弹出的快捷菜单中选择"打开"命令，可以单独打开绘图模型。

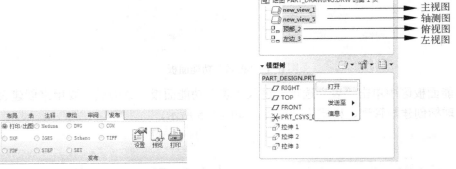

图 6-9 "发布"功能面板

图 6-10 绘图树与模型树

6.1.4 工程图设置

6.1.4 工程图设置

工程图是一种非常重要的工程技术文件，涉及大量的工程图标准化及规范化设置，其中最重要的是工程图页面设置与绘图选项设置，具体介绍如下。

1．页面设置

在工程图环境中选择"文件"→"页面设置"命令，系统弹出如图 6-11 所示的"页面设置"对话框，在该对话框中可以设置工程图页面属性。

图 6-11 "页面设置"对话框

2．绘图选项设置

工程图出图中最重要的设置就是绘图选项设置，在工程图环境中选择"文件"→"绘图选项"命令，系统弹出如图 6-12 所示的"选项"对话框。在该对话框中可以设置工程图各项细节属性，如字高、投影视角、绘图比例、绘图单位、标注样式、箭头样式、公差标注样式等。

图 6-12 "选项"对话框

6.2 工程图视图

工程图中的一项重要内容就是工程图视图，工程图视图的主要作用就是从各个方位表达零部件结构。Pro/E 中提供了多种工程图视图工具，具体介绍如下。

6.2.1 基本视图

基本视图包括主视图、投影视图（俯视图及左视图等）及轴测图等，这是工程图中最常见也是最基本的一种视图。在 Pro/E 中创建基本视图需要首先按照出图要求准备视图定向，视图定向是指绘图模型的摆放，有了合适的定向，在工程图环境中可以直接使用这些定向创建基本视图。视图定向与工程图视图之间的关系如图 6-13 所示。

创建视图

a) b)

图 6-13　视图定向与工程图视图之间的关系

a) 零件环境中的视图定向　b) 工程图中的视图

如图 6-13a 所示的视图定向称为平面定向。这种平面定向主要用来创建基本视图中的主视图、俯视图或左视图等，如果要创建轴测图就需要提前做好三维视图定向，有了三维视图定向，就可以在工程图环境中直接创建轴测图了，如图 6-14 所示。

由此可见，绘图模型的视图定向对于工程图视图创建是非常重要的，同时也是创建工程图视图的关键。在 Pro/E 中得到视图定向主要有两种方法。

（1）直接使用系统自带的视图定向　如果绘图模型是在 Pro/E 软件中创建的，系统会默认使用自带的视图定向。在顶部工具栏按钮区中单击 按钮可以查看系统自带的视图定向，如图 6-15 所示，其中包含六个平面定向（BACK，BOTTOM，FRONT，LEFT，RIGHT 和 TOP），两个轴测定向[标准方向和缺省方向（这两个轴测其实是一样的）]，用户可直接使用这些视图定向来创建工程图基本视图。

图 6-14　三维视图定向与轴测图之间的关系

a) 零件环境中的三维视图定向　b) 工程图中的轴测图

（2）用户自定义视图定向　如果绘图模型是从外部文件导入的模型，或者系统自带的视图定向不符合出图要求时，就需要自定义视图定向。在顶部工具栏按钮区中单击"视图管理器"按钮 ，系统弹出如图 6-16 所示的"视图管理器"对话框，在该对话框中单击"定向"选项卡，用来创建自定义视图定向。

为了让读者熟练掌握基本视图的创建，下面以如图 6-17 所示的零件模型为例，详细介绍如图 6-18 所示基本视图（主视图、俯视图、左视图及轴测图）的创建。

图 6-15　默认视图定向

图 6-16　"视图管理器"对话框

图 6-17　零件模型

1. 准备视图定向

本例创建基本视图需要准备四个视图：主视图、俯视图、左视图和轴测图，其中主视图与俯视图及左视图存在投影关系，所以只需要准备主视图，然后使用主视图做正交投影即可得到俯视图与左视图。轴测图一般情况下是没有的，需要使用"视图管理器"命令创建三维视图定向，具体介绍如下。

Step1．打开练习文件。打开配套资源中的"素材\proe_jxsj\ch06 drawing\6.2\01\base_part"。

Step2．创建主视图视图定向。创建如图 6-18 所示的主视图，需要准备如图 6-19 所示的视图定向。在顶部工具栏按钮区中单击 按钮查看系统自带的视图定向，发现 FRONT 视图正好符合主视图定向要求，所以在工程图中创建主视图时，直接使用系统自带的 FRONT 视图即可，不需要单独创建主视图视图定向。

Step3．创建轴测图视图定向。创建如图 6-18 所示的轴测图，需要准备如图 6-20 所示的视图定向。在顶部工具栏按钮区中单击"视图管理器"按钮 ，系统弹出"视图管理器"对话框，在该对话框中单击"定向"选项卡，然后单击"新建"按钮，新建一个视图定向，命名为 V1，如图 6-21 所示。选中新建的 V1 视图，在对话框中选择"编辑"→"重定义"命令，如图 6-22 所示，系统弹出如图 6-23 所示的"方向"对话框，使用鼠标将零件模型摆放到如图 6-20 所示的方位，单击"方向"对话框中的"确定"按钮，将摆放好的视图方位保存为视图定向，关闭"视图管理器"对话框。

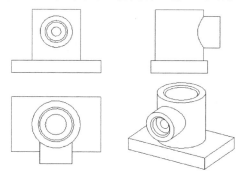

图 6-18　基本视图

图 6-19　主视图视图定向

图 6-20　轴测图视图定向

图 6-21　新建视图定向

图 6-22　重定义视图定向

2．创建基本视图

完成视图准备后，接下来在工程图环境中创建基本视图。

Step1．打开配套资源中的"素材\proe_jxsj\ch06 drawing\6.2\01\base_view_ex"。

6.2.1　基本视图 02

Step2．创建主视图。在图纸任意位置右击，在弹出的快捷菜单中选择"插入普通视图"命令，然后在放置主视图的位置单击，系统弹出如图 6-24 所示的"绘图视图"对话框，在该对话框中定义视图属性。

（1）定义视图类型　即定义视图摆放方位。在"绘图视图"对话框的"类别"列表框中选择"视图类型"选项，然后在"模型视图名"下拉列表框中双击 FRONT，表示使用 FRONT 视图定向创建主视图，单击"应用"按钮，得到初步的主视图如图 6-25 所示。

（2）定义视图显示　即定义视图显示样式。得到初步的主视图显示为着色样式，这不符合工程图视图一般要求，在"绘图视图"对话框的"类别"列表框中选择"视图显示"选项，然后在"显示样式"下拉列表中选择"消隐"选项（Pro/E 中工程图视图显示样式一般都设置为"消隐"样式），如图 6-26 所示，单击"确定"按钮，得到如图 6-27 所示的主视图。

图 6-23 "方向"对话框

图 6-24 "绘图视图"对话框

图 6-25 初步的主视图

图 6-26 定义视图显示

Step3. 创建俯视图与左视图。俯视图与左视图使用投影视图来创建。

（1）创建初步的俯视图与左视图　选中创建的主视图并右击，在弹出的快捷菜单中选择"插入投影视图"命令，如图 6-28 所示，移动鼠标指针在主视图下方单击生成俯视图，继续移动鼠标指针在主视图右侧单击生成左视图，如图 6-29 所示。

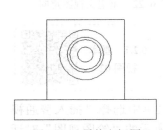

图 6-27 最终主视图

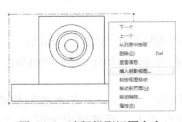

图 6-28 选择投影视图命令

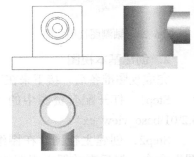

图 6-29 初步的俯视图与左视图

（2）设置俯视图显示样式　双击创建的俯视图，在弹出的"绘图视图"对话框的"类别"列表框中选择"视图显示"选项，在"显示样式"下拉列表中选择"消隐"选项，单击"确定"按钮，完成俯视图显示样式设置。

（3）设置左视图显示样式　参照以上设置俯视图显示样式的方法设置左视图显示样式，结果如图 6-30 所示。

Step4. 创建轴测图。轴测图的创建与主视图的创建是一样的。在图纸任意位置右击，在弹出的快捷菜单中选择"插入普通视图"命令，在放置轴测图的位置单击，在"绘图视图"对话框中使用 V1 视图定向创建轴测图，如图 6-31 所示。然后设置轴测图显示样式为"消隐"，单击"确定"按钮完成轴测图创建。

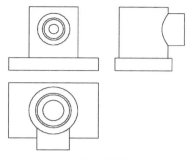

图 6-30　设置视图显示样式

图 6-31　创建轴测图

完成视图创建后，如果视图位置不合适，可以移动视图进行调整，但是正常情况下视图是不能被移动的，因为默认情况下创建的视图是锁定的。选择任一视图并右击，在弹出的快捷菜单中选择"锁定视图移动"命令，取消命令前面的 √，表示解除视图锁定，即可对视图进行移动操作，读者可自行练习视图移动操作。将各视图移动到合适的位置后最好重新锁定视图移动，在任一视图右击，在弹出的快捷菜单中选择"锁定视图移动"命令，重新锁定视图移动。

6.2.2　全剖视图

在工程图视图中，对于非对称的视图，如果外形结构简单而内部结构比较复杂，在这种情况下，为了清楚表达零件结构，需要创建全剖视图。在 Pro/E 中创建全剖视图需要提前准备横截面，下面具体介绍全剖视图的创建。

如图 6-32 所示的底座零件，已经完成了基本视图的创建，需要创建全剖视图以表达主视图内部结构，创建全剖视图结果如图 6-33 所示。

图 6-32　底座零件

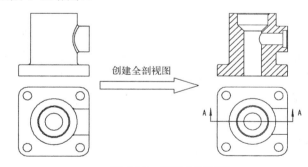

创建全剖视图

图 6-33　创建全剖视图

Step1．打开配套资源中的"素材\proe_jxsj\ch06 drawing\6.2\02\full_section_view_ex"。

Step2．准备横截面。创建全剖视图，需要首先准备横截面，所谓横截面就是用来剖切绘图模型的剖切面，有了横截面，在工程图中直接使用横截面创建全剖视图即可。

（1）打开绘图模型　在工程图模型树中打开绘图模型，在零件环境创建横截面。

（2）新建横截面　在顶部按钮区中单击"视图管理器"按钮 🔲，系统弹出"视图管理器"对话框，在该对话框中单击"横截面"选项卡，然后单击"新建"按钮，输入横截面名称"A"并按〈Enter〉键，如图 6-34 所示。系统弹出如图 6-35 所示的"剖截面创建"菜单管理器，依次选择"平面"→"单一"→"完成"命令（表示创建单一平面类型的横截面），系统弹出如图 6-36 所示的"设置平面"菜单管理器及"选取"对话框，选择如图 6-37 所示的 FRONT 基准平面作为剖切面，完成横截面的创建。

图 6-34　新建横截面

图 6-35　菜单管理器

图 6-36　设置平面

（3）查看横截面　在"视图管理器"对话框中双击新建的横截面，此时在绘图模型上显示横截面剖切状态，如图 6-38 所示。

（4）显示横截面剖面线　在"视图管理器"对话框中选择新建的横截面并右击，在弹出的快捷菜单中选择"可见性"命令，在绘图模型剖切面上显示剖面线，如图 6-39 所示（该剖面线将来可以直接显示在剖视图中）。

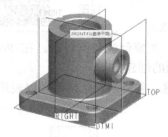

图 6-37　选择剖切平面

图 6-38　查看横截面

图 6-39　显示横截面剖面线

Step3．创建全剖视图。在工程图中使用 Step2 创建的平面横截面 A 创建全剖视图。

（1）创建初步的全剖视图　在工程图中双击主视图，系统弹出"绘图视图"对话框。在对话框的"类别"列表框中选择"截面"选项，然后在"剖面选项"选项组选中"2D 剖面"选项，单击 + 按钮添加横截面。在横截面列表的"名称"列中选择已创建的 A 横截面，在"剖切区域"列中选择"完全"，表示创建全剖视图，如图 6-40 所示。单击"确定"按钮，得到初步的全剖视图，如图 6-41 所示。

（2）添加全剖视图箭头　选中创建的全剖

图 6-40　定义全剖视图横截面属性

视图并右击，在弹出的快捷菜单中选择"添加箭头"命令，如图 6-42 所示。然后选择俯视图，表示要在俯视图中添加箭头，俯视图是全剖视图的父视图，全剖视图是从俯视图中间位置完整剖切得到的。

（3）设置剖面线属性　双击全剖视图剖面线，系统弹出如图 6-43 所示的"修改剖面线"菜单管理器，使用该菜单管理器修改剖面线属性参数，此处设置的剖面线将来会显示在创建的剖视图中。关于剖面线设置的操作此处不做具体介绍，读者可扫二维码参看视频讲解，了解剖面线属性设置。

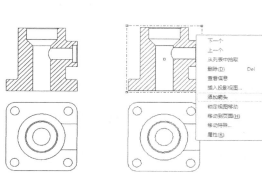

图 6-41　初步全剖视图　　　图 6-42　添加箭头　　　　图 6-43　修改剖面线

6.2.3　半视图与半剖视图

6.2.3　半视图与半剖视图

在工程图视图中，对于对称的视图，经常使用半视图或半剖视图来表达视图结构，本节具体介绍半视图与半剖视图的创建。

1．半视图

在工程图视图中，对于对称的视图，如果结构简单且不用做剖切的视图可以考虑做半视图。所谓半视图就是沿着视图对称线位置只显示原来视图的一半，这样既不影响视图可读性又能够极大节省图纸篇幅，下面具体介绍半视图的创建。

如图 6-44 所示的带轮零件，已经完成了主视图的创建，因为视图结构比较简单，且主视图关于中心线是完全对称的，可以用半视图表达，如图 6-45 所示。

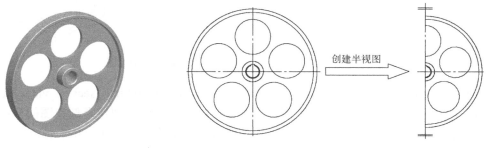

图 6-44　带轮零件　　　　　　　　　图 6-45　创建半视图

Step1．打开配套资源中的"素材\proe_jxsj\ch06 drawing\6.2\03\half_view_ex"。

Step2．创建半视图。双击主视图，系统弹出"绘图视图"对话框，在对话框的"类别"列表框中选择"可见区域"，然后在右侧的"可见区域选项"选择组中设置半视图属性，如图 6-46 所示。

（1）设置半视图类型　在"视图可见性"下拉列表中选择"半视图"选项。

（2）定义半视图参照平面　也就是定义半视图的对称平面。在"半视图参照平面"的列表框中单击，然后选择 FRONT 基准面为半视图参照平面，如图 6-47 所示。

图 6-46　定义半视图属性

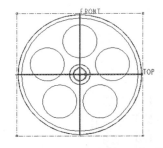

图 6-47　选择半视图参照平面

（3）定义保持侧　就是定义半视图中哪一侧是保留的。单击"保持侧"后的"反向"按钮进行调整，本例中调整保持侧箭头（中心位置的红色箭头）指向右侧。

（4）设置对称线标准　即设置半视图中对称线的显示样式。在"对称线标准"下拉列表中选择"对称线"选项，单击"确定"按钮，完成半视图的创建。

2．半剖视图

在工程图视图中，对于对称的视图，如果外形结构简单，内部结构复杂，可以考虑创建半剖视图来表达视图结构。在 Pro/E 中创建半剖视图需要提前准备横截面，下面具体介绍半剖视图的创建。

如图 6-48 所示的支座零件，已经完成了如图 6-49 所示的基本视图创建，需要继续在主视图中创建半剖视图，结果如图 6-49 所示。

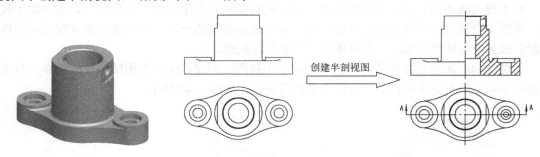

图 6-48　支座零件　　　　　　　　　　　图 6-49　创建半剖视图

Step1．打开配套资源中的"素材\proe_jxsj\ch06 drawing\6.2\03\half_section_view_ex"。

Step2．准备横截面。创建半剖视图，需要首先准备横截面，创建半剖视图的横截面与创建全剖视图的横截面是一样的。选择"视图管理器"命令，使用 FRONT 基准面创建如图 6-50 所示的平面横截面（命名为 A），为创建半剖视图做准备。

Step3．创建半剖视图。在工程图中使用 Step2 创建的平面横截面 A 创建半剖视图。

（1）创建初步的半剖视图　在工程图中双击主视图，系统弹出"绘图视图"对话框，在对话框的"类别"列表框中选择"截面",然后在"剖面选项"选项组选中"2D 剖面"选项,单击 ➕ 按钮添加横截面。在横截面列表的"名称"列中选择已创建的 A 横截面,在"剖切区域"列中选择"一半",表示创建半剖视图。创建半剖视图需要选择半剖视图参照面,也就是半剖视图的中间对称面,本例选择主视图中的 RIGHT 基准面为对称面,然后在对称面右侧空白位置单击,使视图中的红色箭头指向右侧,表示在对称面的右侧做半剖视图,如图 6-51 所示,单击"确定"按钮。

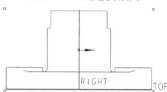

图 6-50　创建横截面

图 6-51　定义半剖视图参照

（2）添加半剖视图箭头　选中创建的半剖视图并右击,在弹出的快捷菜单中选择"添加箭头"命令,然后选择俯视图,表示要在俯视图中添加箭头,俯视图是半剖视图的父视图,半剖视图是从俯视图中间位置进行剖切得到的。

6.2.4　局部视图与局部剖视图

在工程图视图中,对于结构复杂的视图,经常使用局部视图或局部剖视图来表达视图的局部结构,本节具体介绍局部视图与局部剖视图的创建。

1.局部视图

在工程图视图中,如果只需要表达视图的局部外形结构,可以创建局部视图,这样既增强视图可读性又能够节省图纸篇幅,下面具体介绍局部视图的创建。

如图 6-52 所示的基座零件,已经完成了主视图创建,需要在此基础上创建局部视图,只显示零件的局部结构,如图 6-53 所示。

图 6-52　基座零件

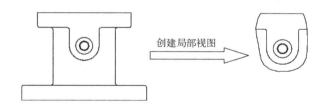

图 6-53　创建局部视图

Step1. 打开配套资源中的"素材\proe_jxsj\ch06 drawing\6.2\04\partial_view_ex"。

Step2. 创建局部视图。双击主视图,系统弹出"绘图视图"对话框,在对话框的"类别"列表框中选择"可见区域",然后在右侧的"可见区域选项"选项组中设置局部视图属性,如图 6-54 所示。

（1）设置局部视图类型　在"视图可见性"下拉列表中选择"局部视图"选项。

（2）定义几何上的参照点　该参照点用来定义局部视图的大概位置参照,必须要在视图轮廓边上定义,在如图 6-55 所示的视图轮廓边上单击定义参照点。

（3）定义样条边界　该样条边界用来确定局部视图范围。在主视图上绘制如图 6-56 所示的封闭样条边界,单击"确定"按钮,完成局部视图的创建。

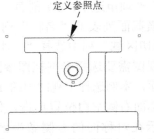

定义参照点

图 6-54　定义局部视图属性　　　　　　　　图 6-55　定义几何参照点（一）

📖 注意：在绘制样条边界时必须要封闭，否则无法创建局部视图；另外，在绘制样条边界时，不要让起始点在视图内部（图 6-57），否则会得到不规范的局部视图，如图 6-58 所示，这一点在创建局部视图时一定要特别注意。

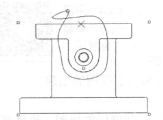　　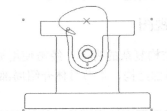　　

图 6-56　定义样条边界（一）　　图 6-57　样条边界闭合点在视图内部　　图 6-58　不规范局部视图

2. 局部剖视图

在工程图视图中，如果需要表达零件的局部内部结构，可以创建局部剖视图，这样既增强视图可读性又能够减少视图数量，下面具体介绍局部剖视图的创建。

如图 6-59 所示的连接支架，已经完成了主视图的创建，需要表达斜凸台局部结构，这种情况下可以创建如图 6-60 所示的局部剖视图，下面具体介绍操作过程。

Step1．打开配套资源中的"素材\proe_jxsj\ch06 drawing\6.2\04\partial_section_view_ex"。

Step2．准备横截面。创建局部剖视图，需要首先准备横截面，创建局部剖视图的横截面与创建全剖视图的横截面是一样的。选择"视图管理器"命令，使用 FRONT 基准面创建如图 6-61 所示的平面横截面（命名为 A），为创建局部剖视图做准备。

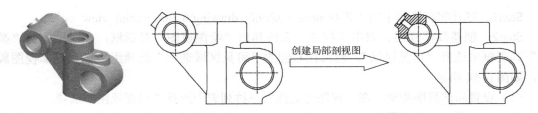

创建局部剖视图

图 6-59　连接支架　　　　　　　　图 6-60　创建局部剖视图

Step3．创建局部剖视图。在工程图中使用 Step2 创建的平面横截面创建局部剖视图。

（1）定义局部剖视图类型　在工程图中双击主视图，系统弹出"绘图视图"对话框，在对话框的"类别"列表框中选择"截面"，然后在"剖面选项"选项组选中"2D 剖面"选项，单击 ➕ 按钮添加横截面，在横截面列表的"名称"列中选择 Step2 创建的横截面 A，在"剖切区域"列中选择"局部"，表示创建局部剖视图。

（2）定义几何参照　创建局部剖视图与创建局部视图类似，需要定义几何参照点，也就是确定局部剖视图的大概位置。本例在如图 6-62 所示的位置单击确定几何参照点，同样必须要在视图轮廓边上定义。

（3）定义样条边界　该样条边界用来确定局部剖视图范围，绘制方法和要求与创建局部视图是一样的。在主视图上绘制如图 6-63 所示的封闭样条边界，单击"确定"按钮，完成局部剖视图的创建。

图 6-61　创建横截面

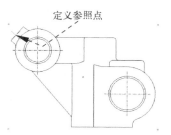

图 6-62　定义几何参照点（二）

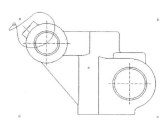

图 6-63　定义样条边界（二）

6.2.5　旋转视图与旋转剖视图

在工程图视图中，经常需要表达结构的剖切面形状或盘盖零件的完整剖切面形状，这种情况下需要使用旋转视图或旋转剖视图，本节具体介绍这两种视图的创建。

> 6.2.5　旋转视图与旋转剖视图

1. 旋转视图

旋转视图又称旋转截面视图，因为在创建旋转视图时经常用到剖切面，旋转视图是从现有视图引出的，主要用于表达剖切面的剖面形状，此剖切面必须和它所引出的视图相垂直，旋转视图经常用在需要表达结构剖面结构的场合。在 Pro/E 中创建旋转视图需要提前准备横截面，下面具体介绍旋转视图的创建。

如图 6-64a 所示的透盖零件工程图，已经完成了主视图创建，需要在主视图右侧创建旋转视图，如图 6-64b 所示，下面具体介绍创建过程。

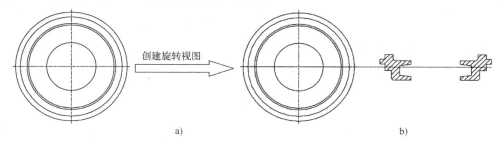

创建旋转视图

a)　　　　　　　　　　　　　　　　b)

图 6-64　创建旋转视图

Step1．打开配套资源中的"素材\proe_jxsj\ch06 drawing\6.2\05\revolved_view_ex"。
Step2．准备横截面。创建旋转视图，首先要准备横截面，创建旋转视图的横截面与创建全剖视图的横截面是一样的。选择"视图管理器"命令，使用如图 6-65 所示的 TOP 基准面创建平面横截面（命名为 A），为创建旋转视图做准备。

Step3．创建旋转视图。在"布局"功能面板的"模型视图"区域的扩展菜单中单击"旋转"按钮 旋转...，表示创建旋转视图，然后选择主视图作为旋转视图的父视图，最后在主视图右侧位置单击放置旋转视图，单击"确定"按钮，完成旋转视图的创建。

2．旋转剖视图

对于盘盖类型的零件，为了将盘盖零件上不同角度位置的孔放在同一个剖切面上进行表达，需要创建旋转剖视图。在 Pro/E 中创建旋转剖视图需要提前创建横截面，然后在工程图中使用横截面创建旋转剖视图，下面具体介绍旋转剖视图的创建。

如图 6-66 所示的法兰盘零件，已经完成了基本视图创建，需要在左视图上创建旋转剖视图，将法兰盘上不同角度上的孔使用同一个剖切面进行表达，如图 6-67 所示。

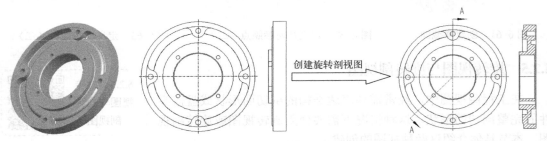

图 6-66　法兰盘零件　　　　　　　　　　图 6-67　创建旋转剖视图

Step1．打开配套资源中的"素材\proe_jxsj\ch06 drawing\6.2\05\revolved_section_view_ex"。

Step2．准备横截面。创建旋转剖视图，需要首先准备横截面，需要注意的是，创建旋转剖视图所需的横截面不同于全剖、半剖视图的横截面，创建旋转剖视图需要创建一个偏移横截面，也称"折叠横截面"，下面介绍这种横截面的创建。

（1）打开绘图模型　在工程图模型树中打开绘图模型，在零件环境创建横截面。

（2）新建横截面　在顶部工具栏按钮区中单击"视图管理器"按钮 ，系统弹出"视图管理器"对话框。在该对话框中单击"横截面"选项卡，然后单击"新建"按钮，输入横截面名称"A"并按〈Enter〉键。此时系统弹出如图 6-68 所示的"剖截面创建"菜单管理器，依次选择"偏移"→"双侧"→"单一"→"完成"命令（表示创建双侧偏移类型的横截面），系统弹出如

图 6-68　菜单管理器　　图 6-69　设置草绘平面

图 6-69 所示的"设置草绘平面"菜单管理器及"选取"对话框。选择如图 6-70 所示的模型表面作为草绘平面，绘制如图 6-71 所示横截面草图，完成偏移横截面的创建。

（3）查看横截面　在"视图管理器"对话框中双击新建的横截面，此时在绘图模型上显示横截面剖切状态，如图 6-72 所示。

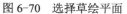

图 6-70　选择草绘平面

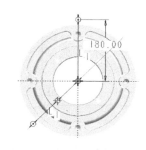

图 6-71　绘制横截面草图

图 6-72　偏移横截面

Step3. 创建旋转剖视图。在工程图中使用 Step2 创建的偏移横截面创建旋转剖视图。

（1）创建初步的旋转剖视图　在工程图中双击左视图，系统弹出"绘图视图"对话框，在对话框的"类别"列表框中选择"截面"，然后在"剖面选项"选项组选中"2D 剖面"选项，单击 按钮添加横截面，在横截面列表的"名称"列中选择 Step2 创建的偏移横截面，在"剖切区域"列中选择"全部对齐"，表示创建旋转剖视图，然后选择如图 6-73 所示的左视图基准轴作为旋转剖视图旋转中心参考，单击"确定"按钮，得到初步的旋转剖视图，如图 6-74 所示。

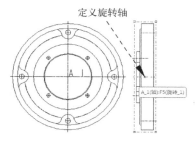

图 6-73　选择旋转剖旋转轴

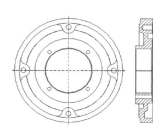

图 6-74　初步的旋转剖视图

（2）添加旋转剖视图箭头　选中创建的旋转剖视图并右击，在弹出的快捷菜单中选择"添加箭头"命令，然后选择主视图，表示要在主视图中添加箭头，主视图是旋转剖视图的父视图，旋转剖视图是从主视图中经过两孔中心位置旋转剖切得到的。

（3）设置剖面线属性　设置符合视图要求的剖面线属性，此处不再赘述。

6.2.6　阶梯剖视图

　　阶梯剖视图将不在同一平面上的结构放在同一个剖切面上表达，这样可增强视图可读性，同时能够有效减少视图数量。在 Pro/E 中创建阶梯剖视图需要提前创建横截面，然后在工程图中使用横截面创建阶梯剖视图，本节具体介绍阶梯剖视图的创建。

6.2.6　阶梯剖视图

　　如图 6-75 所示的模板零件，已经完成了如图 6-76 所示的基本视图，需要在主视图上创建阶梯剖视图，以将模板零件上不同位置上的孔在同一个剖切面表达出来，如图 6-76 所示，下面具体介绍创建过程。

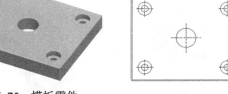
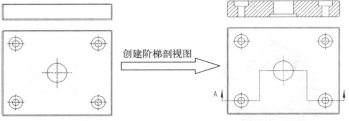

图 6-75 模板零件   图 6-76 创建阶梯剖视图

Step1. 打开配套资源中的"素材\proe_jxsj\ch06 drawing\6.2\06\step_section_view_ex"。

Step2. 准备横截面。创建阶梯剖视图，需要首先准备横截面，创建阶梯剖视图所需的横截面与创建旋转剖视图所需的横截面是一样的，下面介绍这种横截面的创建。

（1）打开绘图模型   在工程图模型树中打开绘图模型，在零件环境创建横截面。

（2）新建横截面   在顶部工具栏按钮区中单击"视图管理器"按钮，系统弹出"视图管理器"对话框。在该对话框中单击"横截面"选项卡，然后单击"新建"按钮，输入横截面名称 A 并按〈Enter〉键。在弹出的菜单管理器中依次选择"偏移"→"双侧"→"单一"→"完成"命令，选择如图 6-77 所示的模型表面作为草绘平面，绘制如图 6-78 所示的横截面草图，完成偏移横截面的创建。

（3）查看横截面   在"视图管理器"对话框中双击新建的横截面，此时在绘图模型上显示横截面剖切状态，如图 6-79 所示。

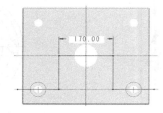

图 6-77 选择草绘平面   图 6-78 绘制横截面草图   图 6-79 创建偏移横截面

Step3. 创建阶梯剖视图。创建阶梯剖视图的操作与创建全剖视图的操作是完全一样的，只是使用的横截面不一样，下面使用 Step2 创建的偏移横截面创建阶梯剖视图。

（1）创建初步的阶梯剖视图   在工程图中双击主视图，系统弹出"绘图视图"对话框，在对话框的"类别"列表框中选择"截面"，然后在"剖面选项"选项组中选中"2D 剖面"选项，单击 按钮添加横截面，在横截面列表的"名称"列中选择 Step2创建的偏移横截面 A，在"剖切区域"列中选择"完全"，表示创建全剖视图，单击"确定"按钮，得到初步的阶梯剖视图，如图 6-80 所示。

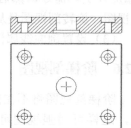

图 6-80 初步的阶梯剖视图

（2）添加阶梯剖视图箭头   选中创建的阶梯剖视图并右击，在弹出的快捷菜单中选择"添加箭头"命令，然后选择俯视图，表示要在俯视图中添加箭头，俯视图是阶梯剖视图的父视图，阶梯剖视图是从俯视图中经过三个孔中心位置阶梯剖切得到的。

（3）设置剖面线属性　设置符合视图要求的剖面线属性，此处不再赘述。

6.2.7　破断视图

6.2.7　破断视图

对于工程图中细长结构的视图，如果要反映整个零件的结构，往往需要使用大幅面的图纸来绘制，为了既节省图纸幅面，又可以反映整个零件结构，一般使用破断视图来表达。破断视图是指删除视图中选定的两个位置之间的部分，将余下的两部分合并成一个破断视图。本节具体介绍破断视图的创建。

如图 6-81 所示的传动轴套零件，已经完成了基本视图，需要在此基础上创建破断视图，如图 6-82 所示，下面具体介绍创建过程。

图 6-81　传动轴套零件

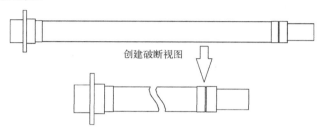

图 6-82　创建破断视图

Step1．打开配套资源中的"素材\proe_jxsj\ch06 drawing\6.2\07\broken_view_ex"。

Step2．创建破断视图。双击主视图，系统弹出"绘图视图"对话框。在对话框的"类别"列表框中选择"可见区域"，然后在右侧的"可见区域选项"选项组中设置破断视图属性，如图6-83所示。

（1）设置破断视图类型　在"视图可见性"下拉列表中选择"破断视图"选项。

（2）定义破断位置　在主视图中如图 6-84 所示的位置单击以确定第一处破断位置，然后在如图 6-85 所示的位置单击以确定第二处破断位置。

图 6-83　定义破断视图类型及属性

图 6-84　定义第一处破断位置　　　　图 6-85　定义第二处破断位置

（3）定义破断线样式　在"绘图视图"对话框中"破断线造型"下拉列表中选择"草绘"选项，表示通过草绘方式绘制破断线样式。然后在主视图上第一处破断线位置绘制如图 6-86 所示的破断线样式（图中的样条曲线），注意只需要绘制一处即可。

图 6-86　草绘破断线样式

205

在创建破断视图时，如果想调整破断视图的破断间隙，可以选择"文件"→"绘图选项"命令，在弹出的"选项"对话框中设置"broken_view_offset"参数值（该参数默认值为 1，本例设置为 0.25），即可调整破断间隙参数。

6.2.8 辅助视图

6.2.8 辅助视图

辅助视图也称向视图，是指从某一指定方向做投影，从而得到特定方向的视图效果，本节具体介绍辅助视图的创建。

如图 6-87 所示的安装座零件，已经完成了主视图创建，需要在主视图右侧创建如图 6-88 所示的辅助视图（向视图），下面具体介绍创建过程。

图 6-87 安装座零件

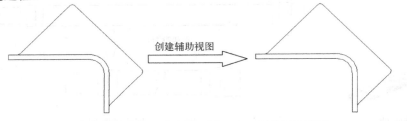

图 6-88 创建辅助视图

Step1. 打开配套资源中的"素材\proe_jxsj\ch06 drawing\6.2\08\auxiliary_view_ex"。

Step2. 创建辅助视图。包括辅助视图的创建以及辅助视图的调整。

（1）创建初步的辅助视图 在"布局"功能面板的"模型视图"区域中单击"辅助"按钮 辅助... ，表示创建辅助视图。然后在主视图如图 6-89 所示的斜边上单击以确定辅助视图投影参照，表示创建的辅助视图是沿着与该边垂直的方向创建投影视图，在主视图左下角位置单击，得到如图 6-90 所示的初步辅助视图。

（2）设置辅助视图显示样式 双击创建的辅助视图，在"绘图视图"对话框中设置视图样式为"消隐"，同时设置相切边不可见，结果如图 6-91 所示。

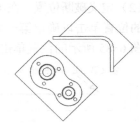

图 6-89 定义辅助视图参照　　图 6-90 创建初步辅助视图　　图 6-91 设置视图显示

（3）移动辅助视图 此时创建的辅助视图与主视图之间存在斜投影关系，所以辅助视图只能在与辅助参照边垂直的方向移动，无法移动到其他的位置。如果要想移动辅助视图到其他的位置，必须先解除辅助视图与主视图之间的投影关系。双击辅助视图，系统弹出"绘图视图"对话框，在对话框的"类别"列表框中选择"视图类型"，在右侧的"类型"列表中选择"一般"选项，表示把辅助视图类型设置成一般视图，然后将辅助视图移动到如图 6-92 所示的位置（主视图右侧合适位置）。

（4）旋转辅助视图　此时得到的辅助视图还是一种倾斜状态，不便于标注尺寸，所以需要将辅助视图旋转一定角度，将其摆正。因为此时辅助视图与水平方向夹角为 45°，如图 6-93 所示，所以需要将辅助视图旋转 45°才能将其摆正。双击辅助视图，在"绘图视图"对话框的"视图方向"选项组选择"角度"选项，在"旋转参照"列表中选择"法向"，在其下的"角度值"文本框中输入角度值"45"，表示将视图沿着法向方向旋转 45°，得到最终的辅助视图。单击"确定"按钮，完成辅助视图旋转。

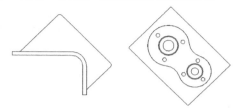

图 6-92　移动辅助视图

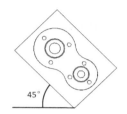

图 6-93　辅助视图角度

6.2.9　详细视图

6.2.9　详细
视图

详细视图也称局部放大视图，用于将视图中相对尺寸较小且较复杂的局部结构进行放大，从而增强视图可读性。创建详细视图时需要首先在视图上选取一点作为参照中心点并草绘样条边界以确定放大区域，本节具体介绍辅助视图的创建。

如图 6-94 所示的齿轮轴零件，已经完成了主视图的创建，需要在主视图下方创建详细视图（局部放大视图），如图 6-95 所示。

图 6-94　齿轮轴零件

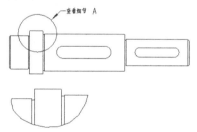

图 6-95　创建详细视图

Step1．打开配套资源中的"素材\proe_jxsj\ch06 drawing\6.2\09\detailed_view_ex"。

Step2．创建详细视图。创建详细视图需要定义参照点及详细视图区域。

（1）创建初步的详细视图　在"布局"功能面板的"模型视图"区域中单击"详细"按钮　详细，表示创建详细视图，然后在主视图如图 6-96 所示的位置单击以确定详细视图参照点。绘制如图 6-97 所示的样条边界，然后在放置详细视图的位置单击以放置详细视图，得到初步的详细视图。

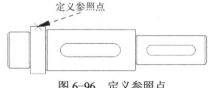

图 6-96　定义参照点

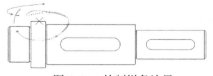

图 6-97　绘制样条边界

（2）设置详细视图属性　双击创建的详细视图，系统弹出"绘图视图"对话框，在该对话框中设置详细视图属性，包括视图名称及边界类型等。

（3）设置详细视图比例　详细视图显示大小与图样比例有关，如果图样比例为1:2，则详细视图显示大小为父视图的两倍，但可以根据实际需要调整比例。双击创建的详细视图，在弹出的"绘图视图"对话框中设置详细视图放大比例（也就是设置放大视图的显示比例，与设置工程图视图比例的操作是一样的，此处不再赘述）。

6.2.10　移出剖视图

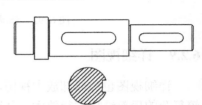

移出剖视图也称为断面图，主要用于表达零件断面的结构，这样既可以简化视图，又能清晰表达视图断面结构。在 Pro/E 中创建移出剖视图需要首先准备横截面，其创建过程与全剖视图类似，本节具体介绍移出剖视图的创建。

如图 6-94 所示的齿轮轴零件，已经完成了主视图的创建，需要在主视图下方创建如图 6-98 所示的移出剖视图（断面图）。

Step1. 打开配套资源中的"素材\proe_jxsj\ch06 drawing\6.2\10\section_view_ex"。

Step2. 准备横截面。创建移出剖视图需要准备横截面。

图 6-98　创建移出剖视图

（1）创建横截面基准面　创建横截面需要选择合适的基准面，如果没有合适的基准面，需要用户自定义基准面。选择"基准面"命令，系统弹出如图 6-99 所示的"基准平面"对话框，按住〈Ctrl〉键，选择如图 6-100 所示的顶点和模型表面，表示创建经过该顶点且平行于模型表面的基准面，该基准面用来创建横截面。

（2）创建横截面　选择"视图管理器"命令，选择第（1）步创建的基准平面，创建如图 6-101 所示的平面横截面，横截面名称为 A。

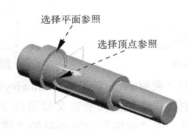

图 6-99　"基准平面"对话框　　　图 6-100　选择基准平面参照　　　图 6-101　创建横截面

Step3. 创建左视图。创建移出剖视图一般需要在已有的基本视图上创建，本例先创建左视图，然后在左视图上创建移出剖视图。选择主视图并右击，在弹出的快捷菜单中选择"插入投影视图"命令，在主视图右侧放置左视图并设置显示样式，结果如图 6-102 所示。

Step4. 创建移出剖视图。创建移出剖视图的操作与创建全剖视图的操作是完全一样的，只是截面属性不一样，下面在左视图上使用 Step2 创建的横截面创建移出剖视图。

（1）创建初步的移出剖视图　在工程图中双击左视图，系统弹出"绘图视图"对话框，在对话框的"类别"列表框中选择"截面"，然后在"剖面选项"选项组选中"2D 剖面"选项，单击  按钮添加横截面，在横截面列表的"名称"列中选择 Step2 创建的平面横截面 A，在"剖切区域"列中选择"完全"，在"模型边可见性"选项组选中"区域"选项（此选项非常关键），表示创建断面图，单击"确定"按钮，得到初步的移出剖视图，如图 6-103 所示。

图 6-102　创建左视图　　　　　　　　图 6-103　创建初步移出剖视图

（2）移动断面视图　因为创建的断面图是在左视图基础上创建的，所以断面图与主视图之间存在投影关系，只能在投射方向上移动断面图，无法移动到其他的位置。如果要想移动断面图到其他的位置，必须先解除断面图与主视图之间的投影关系。双击断面图，系统弹出"绘图视图"对话框，在对话框的"类别"列表框中选择"视图类型"，在右侧的"类型"列表中选择"一般"选项，把断面图类型设置成一般视图，然后将断面图移动到合适位置得到最终移出剖视图。

6.2.11　装配体视图

6.2.11　装配剖切视图

对于装配产品的出图，首先需要创建装配体视图。其实，装配体视图的创建与前面介绍的零件视图的创建是类似的，但是有两点需要特别注意，一点是装配体剖切视图，另一点是装配体分解视图，这两种视图与零件视图有很大的区别，本节主要介绍装配体剖切视图及装配体分解视图的创建。

1. 装配剖切视图

装配体中经常需要创建装配体剖切视图，其创建方法与零件中的剖切视图创建方法是类似的，但是有一点需要特别注意，在创建装配体剖切视图时，需要处理装配体中不用剖切的对象，如装配体中的轴、标准件（螺栓、螺母、垫圈等）等都不用剖切，否则不符合工程图出图要求，下面具体介绍装配剖切视图的创建。

如图 5-9 所示的轴承座装配，需要创建如图 6-104 所示的装配体视图，包括主视图、俯视图、左视图，并且需要在主视图上创建轴承座半剖视图。

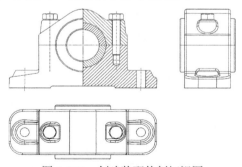

图 6-104　创建装配体剖切视图

Step1. 设置工作目录 F:\proe_jxsj\ch06 drawing\6.2\11\01。

Step2. 新建装配工程图。选择工作目录中的 bearing_asm 装配模型及 a3_template 模板文件新建工程图文件（此步骤与新建零件工程图操作是一样的）。

Step3. 创建装配体基本视图。在工程图环境右击，在弹出的快捷菜单中选择"插入普通视图"命令，系统弹出如图 6-105 所示的"选取组合状态"对话框。采用默认设置，直接单击"确定"按钮，参照零件基本视图的创建方法创建如图 6-106 所示的装配体基本视图 [此步骤与创建零件基本视图操作大致是一样的，唯一不同的是需要在弹出的"选取组合状态"对话框中设置组合状态（一般使用默认值）]。

Step4．创建装配体半剖视图。与零件半剖视图的创建方法是一样的。

（1）准备横截面　在工程图环境中打开绘图模型，选择"视图管理器"命令，系统弹出如图 6-107 所示的"剖截面选项"菜单管理器，依次选择"模型"→"平面"→"单一"→"完成"命令，表示创建平面横截面；系统弹出如图 6-108 所示的"设置平面"菜单管理器及"选取"对话框，选择装配环境中的 FRONT 基准面创建如图 6-109 所示的平面横截面。

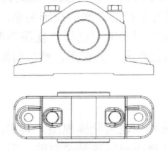

图 6-105　"选取组合状态"　　　　图 6-106　基本视图　　　　图 6-107　"剖切面选项"
　　　　对话框　　　　　　　　　　　　　　　　　　　　　　　　　　菜单管理器

（2）创建半剖视图　在工程图中使用创建的平面横截面在主视图中创建如图 6-110 所示的装配体半剖视图（此步骤与零件半剖视图操作是一样的）。

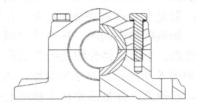

图 6-108　设置平面　　　　图 6-109　创建横截面　　　　图 6-110　创建半剖视图

📖　注意：此时得到的装配半剖视图存在一些不规范的问题，装配体中的螺栓及垫圈属于标准件，在工程图中是不能剖切的，但是此处创建半剖视图时都做了剖切，这是不对的；另外，装配体中各零件剖面线的角度、间距都不是很规范，需要重新设置。

Step5．整理半剖视图剖面线。需要处理螺栓、垫圈不剖切问题及其他各零件剖面线不规范的问题。双击半剖视图中任意位置的剖面线，系统弹出如图 6-111 所示的"修改剖面线"菜单管理器，在该菜单管理器中整理半剖视图的剖面线。

（1）处理螺栓、垫圈不剖切问题　对于装配中不能剖切的零件，需要排除其剖面线。使用"修改剖面线"菜单管理器中的"拾取"→"下一个"或"上一个"命令选择螺栓零件剖面线，然后单击"修改剖面线"菜单管理器中的"排除"命令，排除螺栓零件上的剖面线，表示不剖切螺栓零件，用相同的方法排除垫圈零件上的剖面线，结果如图 6-112 所示。

（2）重新创建底座零件剖面线　排除螺栓、垫圈零件的剖面线后，底座中螺纹孔与螺栓零件装配位置的剖面线不对，需要重新创建剖面线。

1）拭除底座剖面线。使用"修改剖面线"菜单管理器中的"拾取"→"下一个"或"上一个"命令选择底座零件剖面线，然后单击该菜单管理器中的"拭除"命令，拭除底座零件上的剖面线，如图 6-113 所示。

2）绘制底座剖切区域。首先使用工程图草绘中的"使用边"命令绘制如图 6-114 所示的草图，然后使用草绘中的"直线"命令绘制如图 6-115 所示的底座剖面线封闭区域（特别注意底座螺纹孔附近剖切区域的绘制要符合螺纹工程图规范要求）。

图 6-111　"修改剖面线"
菜单管理器

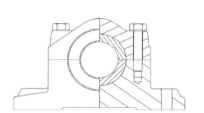

图 6-112　排除螺栓、垫圈剖面线

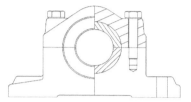

图 6-113　拭除底座剖面线

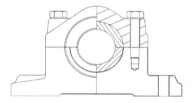

图 6-114　绘制轮廓边线草图

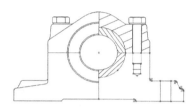

图 6-115　草绘剖切区域

3）填充剖面线。选择"剖面线/填充"命令，在以上绘制的底座剖切区域填充剖面线并设置剖面线属性，如图 6-116 所示。

4）设置剖面线与主视图相关性。选择绘制的底座剖切区域及填充剖面线，设置与主视图相关性，保证剖切区域及填充剖面线与主视图是一个整体。

（3）整理半剖视图剖面线　因为装配视图中涉及不同大小的零件，需要整理剖面线，增强视图可读性。整理原则是尽量设置相连两零件剖面线角度相反或间距疏密区分明显，如图 6-117 所示。

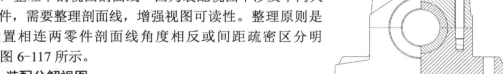

图 6-116　填充剖面线

图 6-117　编辑剖面线

2．装配分解视图

装配体视图与零件视图最大的区别就是装配体需要创建分解视图以表达装配体中零部件装配组成关系，增强可读性，而零件视图因为是单个零件，所以不用创建分解视图，下面具体介绍如图 6-118 所示轴承座装配分解视图的创建。

6.2.11　装配
分解视图

Step1．设置工作目录 F:\proe_jxsj\ch06 drawing\6.2\11\02。

Step2．新建装配工程图。选择工作目录中的 bearing_asm 装配模型及 a3_template 模板文件新建工程图文件（此步骤与新建零件工程图操作是一样的）。

Step3．创建装配定向视图。在工程图中创建装配分解视图一般是在轴测图上创建的，使用"视图管理器"命令创建如图 6-119 所示的定向视图，为创建轴测视图做准备。

Step4．在装配环境创建装配体分解视图。在工程图中创建装配分解视图是基于装配模型分解视图创建的，在装配环境中使用"视图管理器"命令创建如图 6-120 所示的分解视图并保存，为后面在工程图环境中创建分解视图做准备。

图 6-118　创建分解视图（一）　　　图 6-119　创建定向视图　　　图 6-120　创建分解视图（二）

Step5．在工程图环境创建装配体分解视图。

（1）创建装配体轴测图　在工程图环境中使用 Step3 创建的定向视图创建如图 6-121 所示的装配体轴测图。

（2）创建装配体分解视图　双击装配体轴测图，系统弹出"绘图视图"对话框，在对话框的"类别"列表框中选择"视图状态"，在右侧的"分解视图"选项组中选中"视图中的分解元件"选项，然后在"组件分解状态"下拉列表中选择 Step4 创建的装配分解视图（EXP0001），单击"确定"按钮即可完成装配体的分解视图创建。

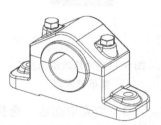

图 6-121　创建轴测图

6.3　工程图标注

工程图标注属于工程图中非常重要的技术信息，实际产品的设计与制造都要严格按照工程图标注信息来完成，工程图标注主要包括中心线、尺寸、公差、基准、几何公差、表面粗糙度、焊接符号、文本注释等，下面具体介绍。

6.3.1　中心线标注

工程图标注中首先要创建中心线标注，以便为其他各项工程图标注做准备。

1．显示中心线

在 Pro/E 中创建的模型，如孔特征、圆柱特征系统都会自动创建一根轴线，在工程图中，这些轴线可以直接作为中心线参考完成中心线标注。

如图 6-122 所示的基座零件，该零件是在 Pro/E 软件环境中创建的，其中孔及圆柱结构

212

都自带轴线，此时系统可以自动显示中心线，如图6-123所示，具体介绍如下。

图 6-122　基座零件

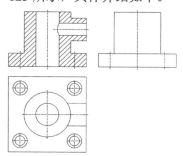

图 6-123　创建中心线标注

Step1. 打开配套资源中的"素材\proe_jxsj\ch06 drawing\6.3\01\centerline01_ex"。

Step2. 自动显示中心线。在"注释"功能面板中单击"插入"区域的"显示模型注释"按钮，系统弹出如图6-124所示的"显示模型注释"对话框，用来自动显示模型中的注释信息，在对话框中单击 按钮，表示自动显示（标注）中心线。

（1）标注主视图中心线　选择主视图，表示要在主视图中自动显示中心线，此时"显示模型注释"对话框如图6-125所示。在对话框中显示了所有包含的轴线，根据出图要求，选择需要显示的轴线，结果如图6-126所示。然后使用鼠标拖动中心线端点，调整中心线长度，完成主视图中心线标注，结果如图6-127所示。

图 6-124　"显示模型注释"对话框

图 6-125　选择显示中心线

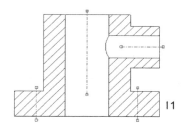

图 6-126　显示初步的中心线

（2）标注俯视图、左视图中心线　参照以上步骤完成俯视图及左视图中心线的自动标注，结果如图6-125所示，具体操作此处不再赘述，读者可扫二维码根据视频讲解自行练习。

> 6.3.1　自定义中心线

2. 自定义中心线

如果绘图模型不是在 Pro/E 软件中创建的，而是从其他外部文件导入的，此时模型中不会自带轴线，在这种情况下需要用户自定义中心线。

如图6-128所示的安装板零件，该零件模型是从STP导入到Pro/E软件中的，在这种情况下需要使用自定义中心线方法标注中心线，如图6-129所示。

Step1. 打开配套资源中的"素材\proe_jxsj\ch06 drawing\6.3\01\centerline02_ex"。

Step2. 创建基准轴。在工程图环境中打开绘图模型，选择"基准轴"命令，在每个孔位置创建基准轴，为中心线标注做准备，如图6-130所示。

Step3. 自动显示中心线。选择"显示模型注释"命令，然后选择需要显示中心线的工程图视图，显示模型中的所有中心线，结果如图6-131所示。

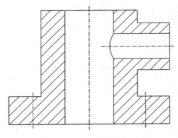

图 6-127 标注中心线

图 6-128 安装板零件

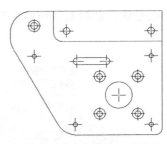

图 6-129 自定义中心线标注

图 6-130 创建基准轴

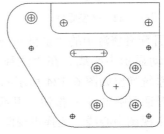

图 6-131 自动显示中心线

此时标注的中心线长度都偏小，不符合工程图标注规范，选择"文件"→"绘图选项"命令，系统弹出"选项"对话框，在该对话框中设置 axis_line_offset 和 circle_axis_offset 选项值（默认为 0.1，本例修改为 0.25）。

6.3.2 尺寸标注

6.3.2 自动
尺寸标注

尺寸标注方法主要包括两种：一种是自动尺寸标注，另一种是手动尺寸标注。在标注尺寸过程中一定要注意尺寸关联性问题。

1. 自动尺寸标注

如果绘图模型是在 Pro/E 中创建的，模型中会自带各种尺寸数据，在这种情况下在工程图中可以直接使用"显示模型注释"命令自动显示（标注）尺寸，具体介绍如下。

如图 6-132 所示的固定座零件，该零件是在 Pro/E 中创建的，可以直接使用"显示模型注释"命令自动显示（标注）尺寸，如图 6-133 所示。

图 6-132 固定座零件

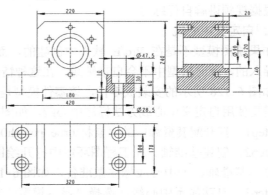

图 6-133 自动尺寸标注

Step1．打开配套资源中的"素材\proe_jxsj\ch06 drawing\6.3\02\01\auto_dim_ex"。

Step2．自动显示（标注）尺寸。在"注释"功能面板中单击"插入"区域的"显示模型注释"按钮，系统弹出"显示模型注释"对话框，在对话框中单击按钮，表示自动显示（标注）尺寸。

（1）选择需要标注的尺寸 在工程图中单击主视图，表示要在主视图中标注尺寸，此时在主视图上显示与该视图相关的所有尺寸，如图 6-134 所示。在"显示模型注释"对话框中选择需要标注的尺寸，如图 6-135 所示，单击"确定"按钮，完成主视图尺寸标注，结果如图 6-136 所示。

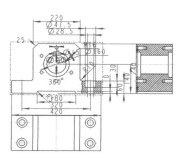
图 6-134 显示所有尺寸

图 6-135 选择需要标注的尺寸

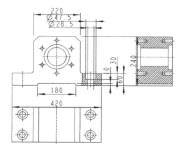
图 6-136 完成主视图尺寸自动标注

（2）整理尺寸 完成尺寸自动标注后，尺寸放置杂乱无章且不符合工程图规范要求，需要对标注的尺寸进行整理，选择"文件"→"绘图选项"命令，系统弹出"选项"对话框，在该对话框中设置绘图选项参数。

1）设置文本字高。设置 drawing_text_eight 为 0.15。

2）设置箭头长度。设置 draw_arrow_length 为 0.3。

3）设置箭头宽度。设置 draw_arrow_width 为 0.08。

4）整理尺寸。移动各尺寸到合适的位置，结果如图 6-137 所示。

Step3．自动标注其他视图尺寸。参照 Step2 在其他视图中完成自动尺寸标注。

图 6-137 整理尺寸结果

通过以上介绍不难看出，自动标注非常高效，能够根据模型中已有的尺寸信息快速完成尺寸标注，但是一定要满足以下两个必要条件。

1）模型必须是在 Pro/E 软件中创建的，从其他软件导入到 Pro/E 的模型都是无参数模型，没有尺寸信息便无法使用这种自动标注方法。

2）工程图中需要标注的尺寸必须存在于模型中，模型中没有的尺寸参数无法通过自动标注显示在工程图中。这其实对前期的模型设计提出了更高的要求，就是在模型设计过程中必须要考虑将来出图的问题，模型设计不规范将会影响到后期的工程出图。

2．手动尺寸标注

如果绘图模型不是在 Pro/E 软件中创建的，而是从其他外部文件导入的，此时模型中没有尺寸参数；另外，模型即使是在 Pro/E 中创建的，但是如果模型设计不规范，没有包含工程图标注所需的尺寸参数，在这些情况下都需要手动标注尺寸。手动标注最大的特点就是非常灵活，用户想标注哪里的尺寸都可以，所以掌握手动尺寸标注是非常重要的，下面具体介绍手动尺寸标注。

6.3.2　手动尺寸标注 01

（1）一般尺寸标注

一般尺寸标注包括线性尺寸、角度尺寸、圆弧半径及直径尺寸、圆弧间距尺寸，在"注释"功能面板中单击"插入"区域的按钮，可以创建一般尺寸标注。

如图 6-138 所示的安装支架零件，已经完成了工程图视图的创建，需要继续创建如图 6-139 所示的尺寸标注，因为模型为 STP 导入模型，需要使用手动方式创建这些尺寸，下面具体介绍一般尺寸标注。

图 6-138　安装支架零件

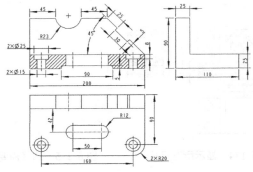

图 6-139　一般尺寸标注

Step1．打开配套资源中的"素材\proe_jxsj\ch06 drawing\6.3\02\02\dim_01_ex"。

Step2．选择命令。在"注释"功能面板中单击"插入"区域的按钮，系统弹出如图 6-140 所示的"依附类型"菜单管理器及"选取"对话框，在该菜单管理器中设置标注对象类型，其中默认类型是"图元上"，表示直接选择视图中的轮廓对象标注尺寸，这也是最常用的类型，本例主要介绍这种类型的尺寸标注。

Step3．创建如图 6-141 所示的线性尺寸标注。单击按钮，选择线性边或两个线性对象，然后在放置尺寸的位置单击鼠标中键即可标注线性尺寸。

图 6-140　菜单管理器及"选取"对话框

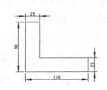

图 6-141　创建线性尺寸标注

Step4．创建如图 6-142 所示的角度尺寸标注。单击按钮，选择成夹角的两个轮廓边线对象，然后在放置尺寸的位置单击鼠标中键即可标注角度尺寸。

Step5．创建如图 6-143 所示的半径尺寸标注（注意半径尺寸标注样式）。标注圆弧（非整圆）或倒圆角尺寸一般需要标注半径尺寸。

1）创建初步的半径尺寸标注。单击按钮，选择圆弧（非整圆）或倒圆角对象，在需要放置尺寸的位置单击鼠标中键，完成初步的半径尺寸标注，如图 6-144 所示。

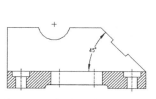
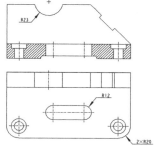
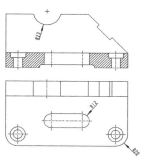

图 6-142　创建角度尺寸标注　　图 6-143　创建半径尺寸标注　　图 6-144　创建初步半径尺寸标注

2）设置半径尺寸标注样式。实际工程图中标注半径尺寸一般需要标注成如图 6-143 所示的样式，双击半径尺寸，系统弹出如图 6-145 所示的"尺寸属性"对话框。在对话框中单击"显示"选项卡，在"文本方向"下拉列表中选择"位于延伸弯头上方"选项，可以将半径尺寸样式设置成如图 6-143 所示的效果，在"前缀"文本框中输入前缀信息，可以在尺寸前面添加前缀，选中尺寸，然后拖动尺寸文本两侧的圆点可以调整尺寸延伸弯头在左侧还是右侧，如图 6-146 所示。

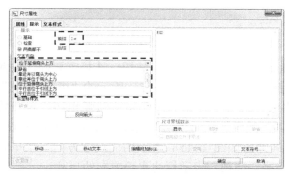
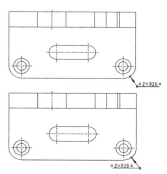

图 6-145　设置尺寸前缀及文本方向　　　　　图 6-146　调整尺寸延伸弯头

Step6. 创建如图 6-147 所示的直径尺寸标注。直径尺寸标注有两种方式：一种是圆形直径标注，另一种是圆柱直径标注。

1）创建如图 6-148 所示的圆形直径标注。单击 按钮，直接双击圆弧，在放置尺寸位置单击鼠标中键，完成直径标注。选中标注的直径尺寸并右击，在弹出的快捷菜单中选择"反向箭头"命令，如图 6-149 所示，调整尺寸标注的箭头方向，多次选择该命令可以调整尺寸箭头三个方向，如图 6-148，图 6-150 和图 6-151 所示。

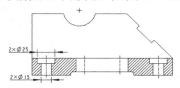
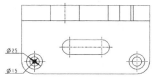
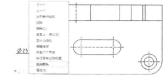

图 6-147　创建直径尺寸标注　　图 6-148　创建圆形直径标注　　图 6-149　选择"反向箭头"命令

2）创建如图 6-147 所示的圆柱直径标注。首先创建如图 6-152 所示的线性尺寸标注，双击尺寸，系统弹出"尺寸属性"对话框。在对话框中单击"显示"选项卡，在"前缀"文本框中输入前缀信息，如图 6-153 所示。如果需要输入直径符号"φ"，单击对话框中的

"文本符号"按钮，系统弹出如图 6-154 所示的"文本符号"对话框，用于添加各种文本符号，单击 ⌀ 按钮，在前缀中添加直径符号"φ"，如图 6-147 所示。

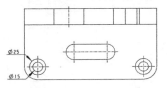

图 6-150　反向箭头方向一

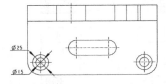

图 6-151　反向箭头方向二

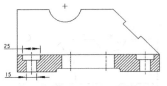

图 6-152　光标注线性尺寸

图 6-153　"尺寸属性"对话框

图 6-154　"文本符号"对话框

Step7．创建如图 6-155 所示的圆弧间距尺寸标注。单击 按钮，选择需要标注的两个圆弧对象，在放置尺寸的位置单击鼠标中键，系统弹出如图 6-156 所示的"弧/点类型"菜单管理器，用于设置圆弧标注是从圆弧中心（圆心）开始标注还是从圆弧相切位置开始标注。本例两个圆弧类型均选择"中心"选项，如果选择"相切"选项，标注结果如图 6-157 所示。确定圆弧间距标注类型后，系统继续弹出如图 6-158 所示的"尺寸方向"菜单管理器，用于设置尺寸标注方向，本例选择"水平"选项，表示标注水平方向的尺寸。

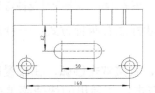

图 6-155　创建圆弧间距尺寸标注

图 6-156　定义弧/点类型

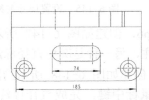

图 6-157　相切类型圆弧间距

（2）公共尺寸标注

公共尺寸标注如图 6-159 所示。在"注释"功能面板中单击"插入"区域的 按钮，可以创建公共尺寸标注，下面具体介绍公共尺寸标注。

6.3.2　手动尺寸标注 02

Step1．打开配套资源中的"素材\proe_jxsj\ch06 drawing\6.3\02\02\dim_02_ex"。

Step2．选择命令。在"注释"功能面板中单击"插入"区域的 按钮，在系统弹出的菜单管理器及"选取"对话框中，采用默认类型进行标注。

Step3．创建公共尺寸标注。首先选择视图底边为公共边，然后依次从下到上选择标注对象，每选择一个标注对象时都需要在放置尺寸的位置单击鼠标中键，依次完成各尺寸的标注。当选择圆弧对象时，需要在"弧/点类型"菜单管理器中选择"中心"选项。

（3）纵坐标尺寸标注

纵坐标尺寸标注如图 6-160 所示，在"注释"功能面板中单击"插入"区域的 按钮，可以创建纵坐标尺寸标注，下面具体介绍纵坐标尺寸标注。

图 6-158　定义尺寸方向

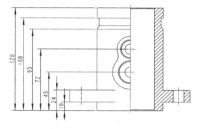

图 6-159　公共尺寸标注

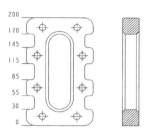

图 6-160　纵坐标尺寸标注

Step1．打开配套资源中的"素材\proe_jxsj\ch06 drawing\6.3\02\02\dim_03_ex"。

Step2．选择命令。在"注释"功能面板中单击"插入"区域的 按钮，在系统弹出的菜单管理器及"选取"对话框中，采用默认类型进行标注。

Step3．创建纵坐标尺寸标注。首先选择视图底边为 0 基准边，然后依次从下到上选择标注对象，每选择一个标注对象时都需要在放置尺寸的位置单击鼠标中键，依次完成各尺寸的标注，结果如图 6-161 所示。

Step4．整理纵坐标尺寸标注。此时得到的纵坐标尺寸摆放没有对齐，需要将纵坐标尺寸摆放对齐。

1）选择命令。在"注释"功能面板中单击"排列"区域的"捕捉线"按钮，即可创建捕捉线对齐尺寸，系统弹出如图 6-162 所示的"创建捕捉线"菜单管理器及"选取"对话框。

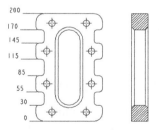

图 6-161　创建初步的纵坐标尺寸

图 6-162　菜单管理器及"选取"对话框

2）创建偏移捕捉线。在菜单管理器中选择"偏移对象"选项，再选择如图 6-163 所示的偏移对象，然后设置捕捉线偏移参数。

3）设置捕捉线参数。在如图 6-164 所示的"输入捕捉线与参照点的距离"文本框中输入捕捉线偏移距离为"0.3"，在"输入要创建的捕捉线的数据"文本框中输入捕捉线数量为"1"，完成捕捉线的创建，结果如图 6-165 所示。

4）对齐纵坐标尺寸。将所有的纵坐标尺寸拖动到捕捉线上使其对齐在捕捉线上。

（4）Z 半径尺寸标注

Z 半径尺寸标注如图 6-166 所示。在"注释"功能面板中单击"插入"区域的 按钮，可以创建大半径尺寸标注，下面具体介绍 Z 半径尺寸标注。

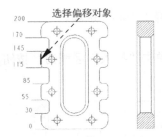

选择偏移对象

图 6-163　选择偏移对象

图 6-164　设置捕捉线参数

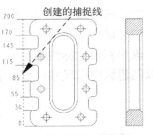

创建的捕捉线

图 6-165　创建的捕捉线

Step1．打开配套资源中的"素材\proe_jxsj\ch06 drawing\6.3\02\02\dim_04_ex"。

Step2．选择命令。在"注释"功能面板中单击"插入"区域的 按钮，在系统弹出的菜单管理器及"选取"对话框中，采用默认类型进行标注。

Step3．创建 Z 半径尺寸标注。选择需要标注的圆弧边线，在圆弧假想的圆心位置单击鼠标左键，完成初步的 Z 半径尺寸标注。然后拖动尺寸标注到合适的位置，得到最终的 Z 半径尺寸标注，结果如图 6-166 所示。

6.3.2　工程图关联性

3．工程图关联性

在 Pro/E 中创建工程图是根据已有的三维模型得到的工程图，一旦模型发生变化，工程图文件也会发生相应的变化，即工程图与绘图模型存在关联性。如图 6-167 所示的滑块零件及其工程图，下面具体介绍三维模型与工程图之间的关联问题。

图 6-166　创建 Z 半径尺寸标注

图 6-167　工程图关联性

Step1．打开配套资源中的"素材\proe_jxsj\ch06 drawing\6.3\02\03\dim_correlation_ex"。

Step2．自动尺寸标注与三维模型的关联性。在 Pro/E 中创建的自动尺寸标注可以直接在工程图中修改尺寸值，同时驱动三维模型发生相应的变化。

1）创建自动尺寸标注。在工程图中使用"显示模型注释"命令创建如图 6-168 所示的自动尺寸标注。

2）修改自动尺寸标注。双击自动尺寸标注，系统弹出"尺寸属性"对话框，在对话框的"值和显示"选项组的"公称值"文本框中输入"40"，如图 6-169 所示，单击"确定"按钮，完成尺寸标注的修改，结果如图 6-170 所示。

3）查看三维模型变化。在工程图中打开绘图模型，此时的三维模型已经发生了相应的变化，如图 6-171 所示。打开特征草图，模型中尺寸的变化与工程图中尺寸的变化一致，如图 6-172 所示。

220

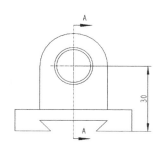

图 6-168 创建自动尺寸标注

图 6-169 修改尺寸值

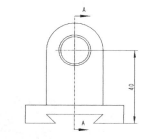

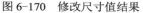

图 6-170 修改尺寸值结果

图 6-171 查看三维模型

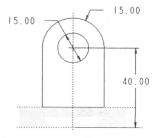

图 6-172 三维模型尺寸变化

Step3. 三维模型与工程图的关联性。在三维模型中修改尺寸值，如图 6-173 所示，切换至工程图环境，此时工程图中的视图尺寸发生相应的变化，如图 6-174 所示。

Step4. 手动尺寸标注与三维模型的关联性。在 Pro/E 中创建的手动尺寸标注是根据三维模型中的实际尺寸得到的，不能直接在工程图中修改尺寸值，也无法驱动三维模型发生相应的变化。

1）创建手动尺寸标注。在工程图中单击 📐 命令，手动创建如图 6-175 所示的左侧"25"尺寸。

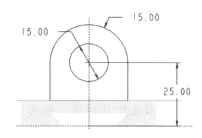

图 6-173 修改三维模型尺寸

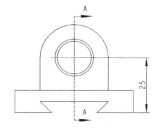

图 6-174 工程图尺寸变化

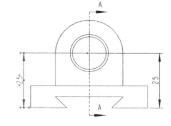

图 6-175 创建手动尺寸标注

2）修改手动尺寸标注。双击手动尺寸标注，系统弹出"尺寸属性"对话框，此时对话框的"值和显示"选项组的"公称值"文本框是灰色的，无法修改尺寸值。

3）修改尺寸覆盖值。如果一定要在工程图中修改手动尺寸标注，可以在"尺寸属性"对话框的"值和显示"选项组选中"覆盖值"选项，在其后的文本框中输入尺寸覆盖值"45"，如图 6-176 所示，单击"确定"按钮，结果如图 6-177 所示，覆盖值不能驱动三维模型发生相应变化。

图 6-176 修改覆盖值

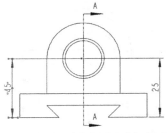

图 6-177 覆盖值不改变视图

📖 注意：此处修改的覆盖值可以理解为"假值"，并不是真实值，也不能驱动三维模型发生相应的变化，修改覆盖值主要是在一些需要近似标注尺寸的场合使用。

综上所述，在工程图中标注尺寸时，尽量使用自动标注，这样便于以后随时修改尺寸参数，不用频繁在工程图与三维模型中切换，提高工程图工作效率。

6.3.3 尺寸公差

在工程图中涉及加工及配合的位置都需要标注尺寸公差，在 Pro/E 中标注尺寸公差需要在已有的尺寸标注上进行公差标注。

如图 6-178 所示的端盖零件，需要在其工程图中标注如图 6-179 所示的尺寸公差（包括线性公差与轴孔配合公差），下面具体介绍尺寸公差的标注。

图 6-178 端盖零件

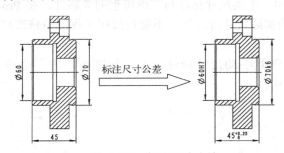

图 6-179 标注尺寸公差

Step1．打开配套资源中的"素材\proe_jxsj\ch06 drawing\6.3\03\tolerance_ex"。

Step2．设置公差显示选项。在工程图中标注尺寸公差需要双击尺寸标注，在弹出的"尺寸属性"对话框的"公差"选项组使用"公差模式"下拉列表来标注公差，但是默认情况下该区域是灰色的，表示无法标注尺寸公差。如果要标注尺寸公差，需要在绘图选项中设置公差显示选项，在"选项"对话框中设置公差显示选项 tol_display 的值为 yes（默认值为 no），表示允许标注尺寸公差。

Step3．标注线性尺寸公差。设置公差显示选项后，双击线性尺寸"45"，在"尺寸属性"对话框的"公差"选项组的"公差模式"下拉列表中选择"加-减"选项，表示标注"加-减"公差。然后在"上公差"文本框中输入"+0.25"，在"下公差"文本框中输入"0"，如图 6-180 所示，单击"确定"按钮，完成线性尺寸公差的标注，如图 6-181 所示。

图 6-180　标注线性公差

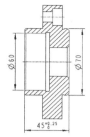

图 6-181　完成线性公差标注

📖 说明：在"公差模式"下拉列表中设置公差样式，包括四种公差样式，如图 6-182 所示，分别是"限制公差""加-减公差""对称公差"和"对称上标公差"。

Step4．标注配合尺寸公差。在 Pro/E 中标注配合公差是直接在尺寸文本后面加后缀。双击直径尺寸 $\phi60$，在"尺寸属性"对话框中单击"显示"选项卡，在"后缀"文本框中输入公差值"H7"，使用相同的方法设置 $\phi70$ 尺寸的配合公差为 k6，结果如图 6-179 所示。

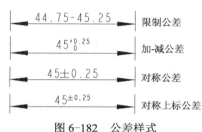

图 6-182　公差样式

6.3.4　基准标注

基准标注主要用于配合几何公差的标注，基准标注包括基准面标注和基准轴标注，本节具体介绍基准标注。

1. 基准面标注

基准面标注的对象一般是模型上的平面或基准面，下面介绍如图 6-183 所示基准平面的标注，为将来标注几何公差做准备。

6.3.4　基准标注

Step1．打开配套资源中的"素材\proe_jxsj\ch06 drawing\6.3\04\datum_plane_ex"。

Step2．创建基准面标注。在"注释"功能面板中单击"插入"区域中的"模型基准平面"按钮 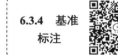，系统弹出如图 6-184 所示的"基准"对话框。

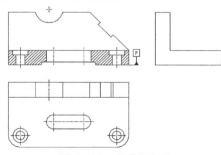

图 6-183　基准面标注

图 6-184　"基准"对话框

（1）创建初步的基准面标注　在"基准"对话框中的"名称"文本框中输入基准面名称"P"，在"定义"选项组单击"在曲面上"按钮，表示直接选择视图中的曲面来定义基准面，本例选择主视图中的底部平面边线，单击 [A◀] 按钮，此时在主视图及左视图中均标注了基准平面，如图 6-185 所示。

（2）拭除多余基准面标注　本例只需要在主视图中标注基准面，左视图中的基准面是多余的，需要拭除。选中左视图中的基准面标注并右击，在弹出的快捷菜单中选择"拭除"命令，拭除左视图中多余的基准面标注，如图 6-186 所示。

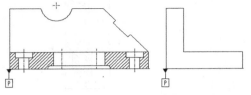

图 6-185　初步基准平面标注

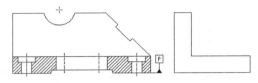

图 6-186　拭除多余基准平面标注

（3）删除基准面标注　如果基准面标注错误可以删除基准面标注。需要注意的是，不能直接在工程图中删除基准面标注，需要打开绘图模型，在绘图模型的模型树中选择基准面并右击，在弹出的快捷菜单中选择"删除"命令，删除基准面标注及创建的基准面，如图 6-187 所示。

2. 基准轴标注

基准轴标注的对象一般是模型上的轴线或基准轴，下面介绍如图 6-188 所示基准轴的标注，为将来标注几何公差做准备。

Step1．打开配套资源中的"素材\proe_jxsj\ch06 drawing\6.3\04\datum_axis_ex"。

Step2．创建基准轴标注。在"注释"功能面板中单击"插入"区域中的"模型基准轴"按钮 ┌ 模型基准轴 ┐，系统弹出如图 6-189 所示的"轴"对话框。

图 6-187　删除基准面

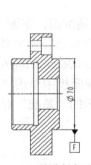

图 6-188　基准轴标注

图 6-189　"轴"对话框

（1）创建初步的基准轴标注　在"基准"对话框中的"名称"文本框中输入基准轴名称"F"，在"定义"选项组单击"定义"按钮，系统弹出如图 6-190 所示的"基准轴"菜单管理器，用于定义需要标注的基准轴，在该菜单管理器中选择"过柱面"选项，表示通过选择已有的圆柱面创建基准轴。在主视图中选择视图中间的腔体圆柱面，单击 ┌ A◀ ┐按钮，得到如图 6-191 所示的基准轴标注。

（2）定义基准轴放置　在工程图中基准轴标注一般与该处圆柱直径尺寸对齐放置，在"轴"对话框中的"放置"选项组选中"在尺寸中"选项，如图 6-192 所示，表示将基准轴与尺寸对齐放置，然后选择主视图中的直径尺寸"70"，此时基准轴与直径尺寸对齐，如图 6-188 所示。

图 6-190　菜单管理器

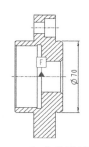

图 6-191　初步基准轴标注

图 6-192　定义基准轴放置

6.3.5　几何公差

几何公差是形状公差和位置公差的总称，用来指定零件的尺寸和形状与精确值之间所允许的最大偏差。零件的几何公差共 20 项，其中形状公差 6 个、位置公差 6 个、方向公差 5 个、跳动公差 2 个。

6.3.5　平面度
与位置度标注

1. 平面度与位置度标注

平面度公差是实际表面对理想平面所允许的最大变动量，用以限制实际表面加工误差所允许的变动范围。位置度公差是被测要素的实际位置相对于理想位置所允许的最大变动量，下面介绍如图 6-193 所示的平面度与位置度标注。

Step1．打开配套资源中的"素材\proe_jxsj\ch06 drawing\6.3\05\geometry_tolerance_01_ex"。

Step2．创建平面度公差标注。在主视图上表面创建平面度公差标注。

（1）选择命令　在"注释"功能面板中单击"插入"区域中的"几何公差"按钮，系统弹出如图 6-194 所示的"几何公差"对话框。

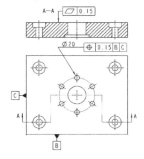

图 6-193　平面度与位置度

图 6-194　"几何公差"对话框

（2）定义公差类型　单击"平面度"按钮，表示标注平面度公差。

（3）选择公差参照　在"参照：选定"选项组的"类型"下拉列表中选择"曲面"选项，表示通过选择曲面对象标注平面度，选择主视图顶面边线为公差参照。

（4）定义公差放置　在"放置：将被放置"选项组的"类型"下拉列表中选择"法向引线"选项，选择主视图顶面边线为放置参照，表示几何公差引线与选择的放置参照法向垂直，单击鼠标中键，得到初步的平面度公差，如图 6-195 所示。

（5）定义公差值　在"几何公差"对话框中单击"公差值"选项卡，在"总公差"文本框中输入平面度公差值"0.15"，如图 6-196 所示，单击"确定"按钮。

图 6-195　平面度公差　　　　　　　　　　　图 6-196　定义公差值

（6）整理公差　将标注的几何公差拖动到合适的位置。

Step3.创建位置度公差标注。在俯视图 ϕ20 尺寸上创建位置度公差标注。

（1）选择命令　单击"几何公差"按钮，系统弹出"几何公差"对话框。

（2）定义公差类型　单击"位置度"按钮 ⊕，表示标注位置度公差。

（3）选择公差参照　在"参照：选定"选项组的"类型"下拉列表中选择"曲面"选项，表示通过选择曲面对象标注位置度，选择俯视图 ϕ20 圆弧面边线为公差参照。

（4）定义公差放置　在"放置：将被放置"选项组的"类型"下拉列表中选择"尺寸弯头"选项，选择 ϕ20 尺寸为放置参照，表示几何公差引线将与 ϕ20 尺寸关联放置。

（5）定义基准参照　在"几何公差"对话框中单击"基准参照"选项卡，如图 6-197 所示。在"首要"选项页中的"基本"下拉列表中选择 B 基准为首要基准参照；在"第二"选项页中的"基本"下拉列表中选择 C 基准为第二基准参照。

（6）定义公差值　在"公差值"选项卡中输入位置度公差值"0.15"，单击"确定"按钮，完成位置度公差标注。

> 6.3.5　圆柱度与同轴度标注

2. 圆柱度与同轴度标注

圆柱度公差是实际圆柱面对理想圆柱面所允许的最大变动量，用以限制实际圆柱面加工误差所允许的变动范围。同轴度公差是被测实际轴线相对于基准轴线所允许的变动量，用以限制被测实际轴线偏离由基准轴线确定的理想位置所允许的变动范围。下面介绍如图 6-198 所示圆柱度与同轴度标注。

图 6-197　定义基准参照

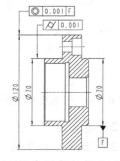

图 6-198　圆柱度与同轴度

Step1.打开配套资源中的"素材\proe_jxsj\ch06 drawing\6.3\05\geometry_tolerance_02_ex"。

Step2.创建圆柱度公差标注。在主视图 ϕ70 圆柱面上创建圆柱度公差标注。

（1）选择命令　单击"几何公差"按钮，系统弹出"几何公差"对话框。

（2）定义公差类型　单击"圆柱度"按钮，表示标注圆柱度公差。

（3）选择公差参照 在"参照：选定"选项组的"类型"下拉列表中选择"曲面"选项，选择主视图ϕ70圆柱面为公差参照。

（4）定义公差放置 在"放置：将被放置"选项组的"类型"下拉列表中选择"法向引线"选项，选择主视图ϕ70圆柱面上部边线为放置参照，表示几何公差引线将与ϕ70圆柱面上部边线法向垂直，在放置公差位置单击鼠标中键。

（5）定义公差值 在"几何公差"对话框中单击"公差值"选项卡，在"总公差"文本框中输入圆柱度公差值"0.001"，单击"确定"按钮，完成圆柱度公差标注。

Step3．创建同轴度公差标注。在主视图ϕ120圆柱面上创建同轴度公差标注。

（1）选择命令 单击"几何公差"按钮 ，系统弹出"几何公差"对话框。

（2）定义公差类型 单击"同轴度"按钮 ，表示标注同轴度公差。

（3）选择公差参照 在"参照：选定"选项组的"类型"下拉列表中选择"曲面"选项，选择主视图ϕ120圆柱面上部边线为公差参照。

（4）定义公差放置 在"放置：将被放置"选项组的"类型"下拉列表中选择"法向引线"选项，选择主视图ϕ120圆柱面上部边线为放置参照，表示几何公差引线将与ϕ120圆柱面上部边线法向垂直，在放置公差位置单击鼠标中键。

（5）定义基准参照 在"几何公差"对话框中单击"基准参照"选项卡，在"首要"选项页中的"基本"下拉列表中选择F基准为首要基准参照。

（6）定义公差值 在"几何公差"对话框中单击"公差值"选项卡，在"总公差"文本框中输入同轴度公差值"0.001"，单击"确定"按钮，完成同轴度公差标注。

6.3.6 表面粗糙度标注

6.3.6 表面粗糙度标注

表面粗糙度是指加工表面具有的较小间距和微小峰谷的不平度，其两波峰或两波谷之间的距离（波距）很小（小于1mm），属于微观几何形状误差，表面粗糙度越小，则表面越光滑，下面介绍如图6-199所示的表面粗糙度标注。

Step1．打开配套资源中的"素材\proe_jxsj\ch06 drawing\6.3\06\roughness_ex"。

Step2．选择命令。在"注释"功能面板中单击"插入"区域中的"表面粗糙度"按钮 ，系统弹出如图6-200所示的"得到符号"菜单管理器，在菜单管理器中选择"检索"命令，系统弹出如图6-201所示的"打开"对话框。

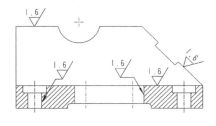

图6-199 表面粗糙度标注

图6-200 菜单管理器

Step3．表面粗糙度文件夹。表面粗糙度标注与其他标注有着明显的区别，表面粗糙度以特殊符号的形式存储在特定的文件夹中，在标注的时候需要从这些文件夹中选择合适的表面粗糙度符号进行标注。在"打开"对话框中包括三个文件夹：generic 文件夹表示通用粗糙度，machined 文件夹表示机加粗糙度，unmachined 文件夹表示非机加粗糙度，本例选择 machined 文件夹。

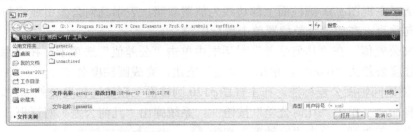

图 6-201　表面粗糙度文件夹

Step4．选择表面粗糙度符号。选择 machined 文件夹，其中包括两种具体的表面粗糙度符号：no_value 表示不带值的表面粗糙度符号（不需要给定表面粗糙度值），standard 表示标准表面粗糙度符号（可以给定表面粗糙度值），本例选择 standard 类型表面粗糙度符号。

Step5．选择依附类型。选择表面粗糙度符号后，系统弹出"实例依附"菜单管理器，用于设置表面粗糙度依附类型，本例选择"图元"类型，表示直接选择视图轮廓图元标注表面粗糙度，然后在主视图上选择需要标注的图元对象。

Step6．定义表面粗糙度值。选择图元对象后，在系统弹出的文本框中输入表面粗糙度值"1.6"，表示表面粗糙度为 1.6。

6.3.7　注释文本

注释文本主要用来标注工程图中的文本信息，常用的注释文本包括带引线的注释文本（如特殊文本说明）和不带引线的注释文本（如技术要求）。下面介绍如图 6-202 所示注释文本标注（包括左视图指引线注释文本及技术要求）。

Step1．打开配套资源中的"素材\proe_jxsj\ch06 drawing\6.3\07\text_ex"。

Step2．创建带引线注释文本。创建左视图中"高度方向主要基准"指引线注释。

（1）选择命令　在"注释"功能面板中单击"插入"区域中的"注解"按钮，系统弹出如图 6-203 所示的"注解类型"菜单管理器。

（2）定义注解类型　在菜单管理器中选择注释文本类型，本例选择"带引线"选项，表示创建带引线注释文本，然后选择"进行注解"选项，开始创建注释文本。

（3）定义依附类型　定义注解类型后，系统弹出如图 6-204 所示的"依附类型"菜单管理器，采用菜单管理器中的默认选项。

（4）创建注释文本　定义依附类型后，在左视图中选择视图底部边线为注释对象，在放置注释的位置单击鼠标中键，此时系统弹出如图 6-205 所示的"输入注解"文本框及"文本符号"对话框。在"输入注解"文本框中输入注释文本信息"高度方向主要基准"，单击两次按钮，完成带引线注释文本标注，如图 6-206 所示。

（5）编辑注释文本样式　双击创建的注释文本，系统弹出"注解属性"对话框。在对话框中单击"文本样式"选项卡，在"字符"选项组的"字体"下拉列表中设置需要的注释文本字体。本例选择 FangSong_GB2313 字体，其他属性采用默认设置，如图 6-207 所示。单击"确定"按钮，编辑文本样式结果如图 6-208 所示。

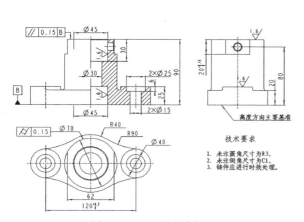

图 6-202　注释文本标注　　　　　图 6-203　注解类型　　图 6-204　依附类型

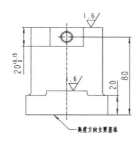

图 6-205　输入注解　　　图 6-206　带引线注释文本　　　图 6-207　编辑文本样式

（6）切换引线类型　选择带引线注释文本并右击，在弹出的快捷菜单中选择"切换引线类型"命令，如图 6-209 所示，此时注释文本如图 6-210 所示。

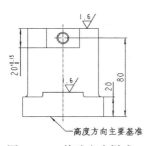

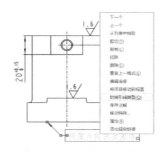

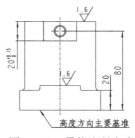

图 6-208　修改文本样式　　　图 6-209　切换引线类型　　　图 6-210　最终注释文本

Step3．创建不带引线注释文本。创建左视图下方的技术要求注释文本。

（1）选择命令　在"注释"功能面板中单击"插入"区域中的"注解"按钮。

（2）定义注解类型　在"注解类型"菜单管理器中选择"无引线"类型，表示创建不带引线注释文本，选择"进行注解"选项，创建注释文本。

229

（3）创建注释文本 在合适位置单击以确定注释文本位置，然后输入注释文本信息并调整注释文本属性，结果如图 6-202 所示。

此处在创建技术要求注释文本时，因为"技术要求"标题与正文字高不一样，需要做两次输入，具体操作请扫二维码参考视频讲解。

6.4 工程图案例

前面已系统介绍了工程图相关内容及操作，为了加深读者对工程图的理解并更好地应用于实践，本节通过两个具体案例详细介绍零件工程图。

6.4.1 泵体零件工程图

如图 6-211 所示的泵体零件，首先新建工程图文件，然后创建工程图视图及标注，工程图结果如图 6-212 所示。

图 6-211 泵体零件

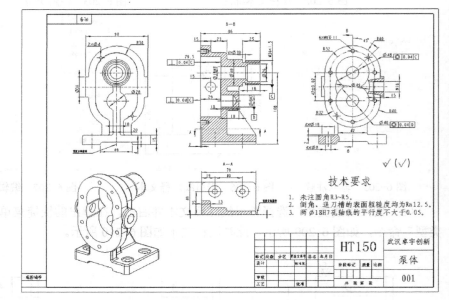

图 6-212 泵体工程图

泵体工程图说明如下。

1）设置工作目录：F:\proe_jxsj\ch06 drawing\6.4\01。

2）新建工程图文件：打开工作目录中的泵体零件模型 pump_body，使用工作目录中提供的工程图模板（a3_template.drw）新建泵体零件工程图文件。

3）具体过程：请扫二维码观看视频讲解。

6.4.1 泵体零件工程图　01　02　03

6.4.2 电动机座零件工程图

如图 6-213 所示的电动机座零件，首先新建工程图文件，然后创建工程图视图及标注，工程图结果如图 6-214 所示。

电动机座工程图说明如下。

1）设置工作目录：F:\proe_jxsj\ch06 drawing\6.4\02。

2）新建工程图文件：打开工作目录中的电动机座零件模型 motor_base，使用工作目录中提供的工程图模板（a3_template.drw）新建电动机座零件工程图文件。

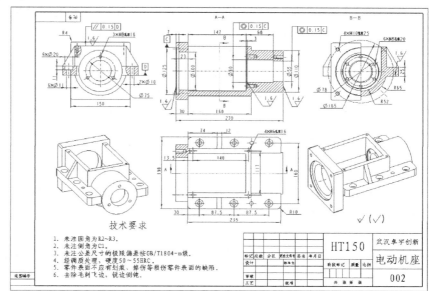

图 6-213　电动机座零件　　　　　　　　图 6-214　电动机座工程图

3）具体过程：请扫二维码观看视频讲解。

6.5　习题

一、选择题

1．工程图中的"绘图视图"对话框主要用来设置工程图视图各项属性，如果需要解除视图投影关系和创建半视图，应该分别在以下哪个类别中进行设置（　　　）。

　A．对齐、可见区域

　B．视图类型、可见区域

　C．对齐、视图状态

　D．视图类型、截面

2．以下关于剖视图的说法中不正确的是（　　　）。

　A．使用"视图管理器"命令创建的平面横截面可用于全剖、半剖视图创建

　B．使用"视图管理器"命令创建的偏移横截面可用于旋转剖、阶梯剖视图创建

6.4.2　电动机座零件工程

01　　　　02

6.5　选择题

C．创建局部剖视图时，为了确定局部剖切范围也可以使用草图"圆"命令来绘制

D．创建旋转剖视图时一定要选择通过剖切中心的旋转轴线

3．以下关于工程图中尺寸标注的说法中不正确的是（　　）。

A．外部导入绘图模型无法在工程图中使用"显示模型注释"命令自动标注尺寸

B．工程图中标注的尺寸（自动标注及手动标注）都可直接修改并体现到模型中

C．在零件环境中做好的三维标注可自动显示在工程图中成为工程图标注

D．零件设计中进行尺寸标注要充分考虑工程图出图的要求、标准及规范

4．以下是工程图设计中常用的绘图配置选项，都不正确的组合是（　　）。

① drawing_units——控制工程图绘图单位

② projection_type——控制工程图投影视角类型

③ text_height——控制文字高度

④ broken_view_offset——控制打断尺寸文本周围剖面线

⑤ def_xhatch_break_around_text——控制破断视图断开间距

⑥ arrow_style——控制标注箭头样式

⑦ tol_display——控制尺寸公差显示样式

A．①④⑥　　　　B．④⑤⑦　　　　C．③⑤⑥　　　　D．①②③

5．如图 A 所示的直径标注，欲将其设置为图 B 所示的标注样式，应该在绘图属性中如何设置配置文件 Default_diadim_text_orientation 的值。（　　）

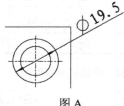

图 A

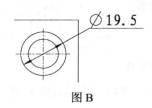

图 B

A．next_to_and_above_elbow　　　　B．above_extended_elbow

C．parallel_to_and_above_leader　　　　D．parallel_to_and_below_leader

二、判断题

1．选择"文件"→"页面设置"命令可以重新设置工程图模板。（　　）

2．新建工程图时，在"新建绘图"对话框中选中"格式为空"选项，可以设置需要的工程图格式文件。（　　）

6.5　判断题

3．新建工程图时不建议使用系统自带的格式文件或模板文件，因为系统自带的这些文件往往并不符合国标要求。（　　）

4．工程图中视图的显示样式不建议设置为"从动环境"，一般设置为"消隐"显示样式，将视图显示样式固定下来，便于以后随时查看工程图视图。（　　）

5．使用"边显示"命令既可以拭除视图中多余的边线，也可以将其恢复。（　　）

6．在创建的破断视图中无法继续创建其他类型的剖视图。（　　）

7．在工程图中对于加强筋不剖切问题的处理步骤为：首先使用草绘工具绘制封闭的剖切区域，然后使用剖面线填充工具添加剖面线即可。（　　）

8．对于装配体视图中不剖切零部件的处理可以双击视图中的剖面线，然后在"修改剖面线"菜单管理器中选择"拭除"命令将剖面线拭除掉即可。（　　）

9．工程图中标注的尺寸只能是绘图模型中包含的尺寸，绘图模型中不包含的尺寸无法在工程图中标注。（　　）

10．工程图基准标注包括基准平面标注和基准轴标注，主要是为后面标注几何公差服务的，否则在标注几何公差时无法准确选择基准参考。（　　）

三、操作题

1．设置工作目录：F:\proe_jxsj\ch06 drawing\05\01，打开ex01 零件模型（图 6-215），使用文件夹中的 A3 模板创建如图6-216 所示的零件工程图。

图 6-215　零件模型

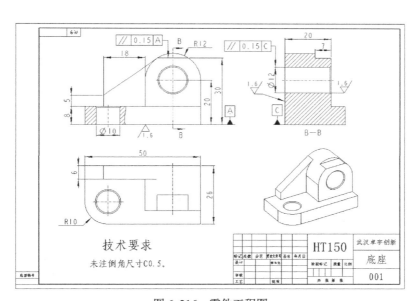

图 6-216　零件工程图

2．设置工作目录：F:\proe_jxsj\ch06 drawing\05\02，打开ex02 装配模型（图 6-217），使用文件夹中的 A3 模板创建如图 6-218 所示的装配工程图。

图 6-217　装配模型

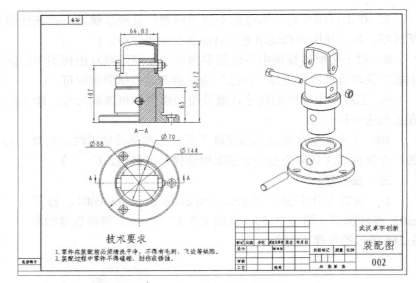

图 6-218　装配工程图

第7章 曲面设计

本章提要

曲面设计主要用于曲线线框及曲面造型设计，用来完成一些复杂的产品造型设计。Pro/E 在曲面设计中提供了多种高级曲面设计工具，如边界混合曲面、可变截面扫描曲面及扫描混合曲面等，可帮助用户完成复杂曲面的设计。

7.1 曲面设计概述

学习曲面设计之前首先有必要了解曲面设计的一些基本问题，本节分别从曲面设计的应用、思路及用户界面三个方面系统介绍曲面设计的一些基本问题，为后面进一步学习和使用曲面做好准备。

7.1.1 曲面设计应用

曲面设计非常灵活，应用也非常广泛，能够解决很多实际问题。但是在学习与理解曲面应用方面，有相当一部分人一直都存在一种误解，认为学习曲面设计的主要作用就是做曲面造型设计，如果自己的工作不涉及曲面造型就没有必要学习曲面设计，这种认识和理解是大错特错的。

虽然曲面设计最主要的作用是用来进行曲面造型设计，但在学习与使用曲面设计的过程中会接触到更多的设计思路与方法，而这些设计思路与方法在一般零件设计的学习过程中是接触不到的。在实际工作中，适当运用一些曲面设计方法，能够更高效地解决一些实际问题。

如图 7-1 所示的饮水机开关零件模型，其中的关键是中间扫描结构的设计，创建扫描结构需要扫描轨迹与截面，就该结构来说，扫描截面很简单，就是一个圆，但是扫描轨迹是一条三维的空

图 7-1 曲面设计应用举例

间轨迹，应该如何设计呢？如果没有接触曲面设计知识，相信大部分人都会使用分段法进行设计，首先将扫描结构按照每段所在的平面分成几段，然后逐段创建轨迹，这其中还需要创建大量基准特征。这种设计方法不仅烦琐，而且修改也不方便。但是使用曲面设计中的相交功能，只需要根据结构特点创建两个正交方向的分解草图，然后使用"相交"命令就能直接得到这条三维空间轨迹曲线。这种设计方法操作简单，而且便于以后修改，提高了设计效率。

这只是一个很简单的案例，体现的设计思路和方法也只是强大曲面设计功能中的冰山一角，总的来讲，曲面设计应用主要涉及以下几个方面。

1．一般零件设计应用

在一般零件设计中有很多规则结构，也有很多不规则结构，这其中一些不规则的结构很多都需要使用曲面设计方法进行设计，另外，在一般零件设计中灵活使用曲面设计方法进行处理，能够更高效地完成设计。

2．曲面造型应用

使用曲面设计功能能够灵活设计各种流线型的曲面造型，这也是曲面设计最本质的应用，是其他设计方法不可替代的。

3．自顶向下应用

自顶向下设计是产品设计及系统设计中最为有效的一种设计方法，在自顶向下设计中需要设计各种骨架模型与控件，这些骨架模型与控件均需要使用曲面设计方法进行设计。

4．动画设计应用

在动画设计中首先需要根据动画设计思路对动画模型进行必要的处理，如分割处理、切割处理等，这些都需要借助曲面设计工具来完成。

5．管道设计及电气设计应用

在管道设计与电气设计中，需要设计各种管道路径或电气路径，这是管道设计与电气设计中最为重要的环节，其中很多复杂路径的设计都需要使用曲面设计方法来完成。

6．模具设计应用

模具设计中需要设计各种分型面，分型面的好坏直接关系到最终的模具分型及整套模具的设计，分型面的设计也是借助曲面设计方法来完成的。

7.1.2　曲面设计思路

> 7.1.2　曲面设计思路

由于曲面自身的特殊性，曲面设计思路与一般零件设计思路存在很大差异，本节就一般零件设计与曲面设计思路做一个对比，帮助读者理解曲面设计的基本思路。

对于一般零件的设计，根据其不同的结构特点，可以采用不同的方法进行设计，关于此问题在本书第 4 章有详细的介绍，但是不管用什么方法进行一般零件的设计，其本质都类似于搭积木的思路，如图 7-2 所示。

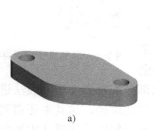  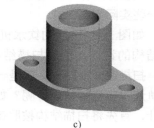

a)　　　　　　　　　　　　b)　　　　　　　　　　　　c)

图 7-2　一般零件设计思路

a) 创建基础结构　b) 创建叠加结构　c) 创建切除结构

对于曲面的设计，根据曲面结构的不同，同样也有很多设计方法，其中最典型的方法就是线框设计法。一般是先创建曲线线框，然后根据曲线线框进行初步曲面设计，最后将曲面转换成实体并进行后期细节设计，如图 7-3 所示。

a)

b)

c)

图 7-3 曲面设计思路

a) 曲线线框 b) 曲面设计 c) 曲面实体化

综上所述，曲面设计思路与一般零件设计思路有着本质的区别，读者在学习和应用过程中一定要特别注意理解。

7.1.3 曲面设计用户界面

7.1.3 曲面设计用户界面

曲面设计主要是在 Pro/E 零件设计环境中进行的，在零件设计环境中提供了多种曲线与曲面设计工具，如图 7-4 所示。

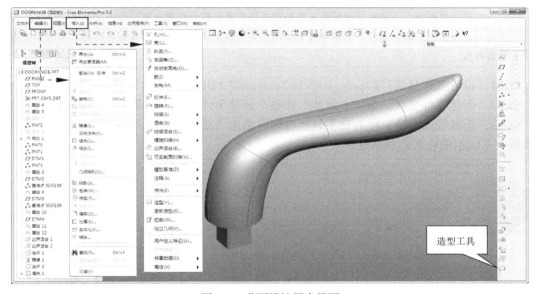

图 7-4 曲面设计用户界面

1. "编辑"下拉菜单

在 Pro/E 零件设计环境中的"编辑"下拉菜单中提供了多种曲线或曲面编辑工具，如填充、相交、合并、几何阵列、投影、修剪、延伸、偏移、加厚及实体化等。

2. "插入"下拉菜单

在 Pro/E 零件设计环境中的"插入"下拉菜单中提供了多种曲面设计工具，如拉伸、旋转、扫描、混合、扫描混合、螺旋扫描及边界混合等，其中边界混合是专门进行曲面设计的工具，其他工具既可以做三维特征也可以做曲面。

3．造型工具

在 Pro/E 右部工具栏按钮区单击"造型"按钮（或者在"插入"下拉菜单中选择"造型"命令），系统进入专门的曲面造型设计环境——交互式曲面设计环境。

7.2　曲线线框设计

曲线是曲面设计的基础，是曲面设计的灵魂，Pro/E 提供了多种曲线设计方法，方便用户进行曲线线框设计。曲面设计所需的曲线包括：平面曲线和空间曲线，本节具体介绍这两种曲线的设计。

7.2.1　平面曲线

平面曲线是指在平面上绘制的曲线。在零件设计环境的右部工具栏按钮区单击"草绘"按钮，系统进入"草绘"环境，用于绘制各种平面曲线。

如图 7-5 所示的曲面模型，在设计中需要创建如图 7-6 所示的曲线线框，因为这些曲线都是平面曲线，可以使用草绘工具创建，下面具体介绍这种平面曲线的创建。

> 📖 说明：在曲线线框中，一般将最能反映曲面轮廓外形的曲线称为轮廓曲线，与轮廓曲线相连接的另外一个方向的曲线称为截面曲线，本例中较长的两条曲线就是轮廓曲线，与其相连接的三条圆弧曲线即为截面曲线。

Step1．设置工作目录：F:\proe_jxsj\ch07 surface\7.2\01。

Step2．新建零件文件。单击"新建"按钮，新建零件文件，命名为 Sketch_curves。

Step3．创建轮廓曲线。在右部工具栏按钮区单击"草绘"按钮，选择 TOP 基准面绘制如图 7-7 所示的轮廓曲线草图。

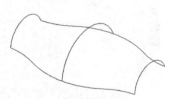

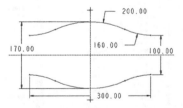

图 7-5　曲面模型　　　　　图 7-6　曲线线框　　　　　图 7-7　创建轮廓曲线草图

Step4．创建如图 7-6 所示最左侧第一截面曲线。

（1）创建第一截面基准面　在右部工具栏按钮区单击"平面"按钮，按住〈Ctrl〉键选择如图 7-8 所示的轮廓曲线顶点与 RIGHT 基准面作为参考，创建第一截面基准面。

（2）创建第一截面草图　选择"草绘"命令，选择第（1）步创建的第一截面基准面绘制如图 7-9 所示的第一截面草图。

Step5．创建如图 7-6 所示最右侧第二截面曲线。

（1）创建第二截面基准面　在右部工具栏按钮区单击"平面"按钮，按住〈Ctrl〉键选择如图 7-10 所示的轮廓曲线顶点与 RIGHT 基准面作为参考，创建第二截面基准面。

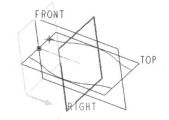

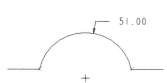

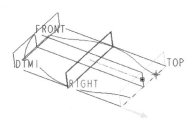

图 7-8　创建第一截面基准面　　　　图 7-9　创建第一截面草图　　　　图 7-10　创建第二截面基准面

（2）创建第二截面草图　选择"草绘"命令，选择第（1）步创建的第二截面基准面绘制如图 7-11 所示的第二截面草图。

Step6．创建如图 7-6 所示中间截面曲线。

（1）创建中间截面基准点（两个）　在右部工具栏按钮区单击"点"按钮，按住〈Ctrl〉键选择如图 7-12 所示的轮廓曲线与 RIGHT 基准面为参考，创建中间截面基准点。

（2）创建中间截面草图　选择"草绘"命令，选择 RIGHT 基准面并选择第（1）步创建的基准点为参照，绘制如图 7-13 所示的中间截面草图。

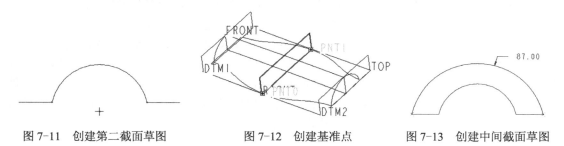

图 7-11　创建第二截面草图　　　　图 7-12　创建基准点　　　　图 7-13　创建中间截面草图

7.2.2　空间曲线

复杂曲面设计中经常需要创建各种空间曲线，而且空间曲线往往关系到整个曲面造型的设计，本节介绍常用空间曲线的创建方法。

1．基准曲线

在右部工具栏按钮区单击"曲线"按钮，系统弹出如图 7-14 所示的"曲线选项"菜单管理器，用来创建四种类型的空间曲线，包括通过点曲线、自文件曲线、使用剖截面曲线及从方程曲线，其中通过点曲线在本书第 3 章有详细的介绍，此处不再赘述；另外，使用剖截面创建曲线应用极少，此处不做介绍，下面主要介绍自文件曲线及从方程曲线。

（1）自文件曲线　在"曲线选项"菜单管理器中选择"自文件"选项，根据提供的点文件（可以是 Ibl、IGES 及 VDA 格式的点文件）创建通过点文件中系列点的空间曲线。

> 7.2.2　基准曲线：自文件曲线

如表 7-1 所示的点数据表，需要根据该点数据表创建如图 7-15 所示的空间曲线，这种情况下需要首先根据点数据创建点文件，然后将点文件导入到 Pro/E 中生成空间曲线，下面具体介绍创建过程。

表 7-1　点数据表

点　序　号	X 坐标	Y 坐标	Z 坐标
1	0	0	0
2	50	50	10
3	100	100	5
4	150	50	10
5	200	0	0

图 7-14　菜单管理器

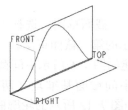

图 7-15　创建自文件曲线

Step1．设置工作目录：F:\proe_jxsj\ch07 surface\7.2\02。

Step2．新建零件文件。单击"新建"按钮，新建零件文件，命名为 File_curves。

Step3．创建点文件。创建自文件的空间曲线必须首先创建点文件。

1）编辑点数据记事本。按照如图 7-16 所示的记事本格式编辑点数据记事本。

2）保存点文件。在记事本窗口中选择"文件"→"另存为"命令，系统弹出"另存为"对话框，在文件名中输入文件名称"curves_files.ibl"，名称中一定要输入保存的点文件扩展类型，本例保存为 IBL 文件，所以需要输入文件扩展名".ibl"，如图 7-17 所示。单击"保存"按钮，在文件夹中生成 IBL 格式的点文件。

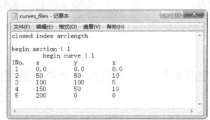

图 7-16　编辑点数据记事本

图 7-17　保存点文件

Step4．创建自文件曲线。在右部工具栏按钮区单击"曲线"按钮 ⌒，系统弹出"曲线选项"菜单管理器，选择"自文件"→"完成"命令，系统弹出如图 7-18 所示的"得到坐标系"菜单管理器和"选取"对话框，选择默认坐标系为曲线坐标系，在弹出的"打开"对话框中选择 Step3 创建的点文件，如图 7-19 所示，单击"打开"按钮，得到自文件空间曲线。

图 7-18　选择坐标系

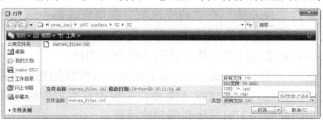

图 7-19　打开点文件

（2）方程曲线 在"曲线选项"菜单管理器中选择"从方程"选项，通过输入曲线方程创建空间曲线，创建方程曲线关键是正确选择方程坐标系类型并输入曲线方程。

如图 7-20 所示的球面螺旋线，这种曲线非常特殊，采用常规方法很难得到。球面螺旋线曲线方程信息如图 7-21 所示，可以使用球面螺旋线方程创建这种曲线，下面具体介绍创建过程。

Step1．设置工作目录：F:\proe_jxsj\ch07 surface\7.2\02。

Step2．新建零件文件。单击"新建"按钮，新建文件，命名为 equation_curves。

Step3．选择命令。在右部工具栏按钮区单击"曲线"按钮 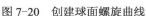，系统弹出"曲线选项"菜单管理器和"选取"对话框，选择"从方程"→"完成"命令，系统弹出如图 7-22 所示的"曲线：从方程"对话框及如图 7-23 所示的"得到坐标系"菜单管理器。

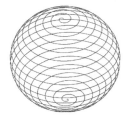

图 7-20 创建球面螺旋曲线

图 7-21 曲线方程信息

图 7-22 "曲线：从方程"对话框

Step4．创建方程曲线。选择默认坐标系为曲线坐标系，此时系统弹出如图 7-24 所示的"设置坐标类型"菜单管理器，选择"球"类型坐标系，在系统弹出的记事本窗口编辑曲线方程，如图 7-25 所示，保存并关闭记事本窗口，在"曲线：从方程"对话框中单击"确定"按钮，完成方程曲线创建。

图 7-23 选择坐标系　　图 7-24 设置坐标类型　　图 7-25 编辑曲线方程

2．相交曲线

相交曲线是指创建两个对象的相交线，相交对象可以是曲面对象，也可以是曲线对象，下面具体介绍相交曲线的设计。

（1）曲面与曲面相交 当选择两个相交的曲面对象时，使用"相交"命令创建两个曲面的交线。如图 7-26 所示的矩形弹簧，创建该矩形弹簧需要使用如图 7-27 所示的矩形螺旋线作为扫描轨迹创建扫描得到，而创建矩形螺旋线需要使用如图 7-28 所示的螺旋曲面与拉伸曲面通过相交得到，下面具体介绍创建过程。

Step1．打开配套资源中的"素材\proe_jxsj\ch07 surface\7.2\02\intersect_curves_01_ex"。

Step2．创建曲面相交线。按住〈Ctrl〉键，选择如图 7-29 所示的螺旋曲面与拉伸曲面，选择"编辑"→"相交"命令，得到如图 7-30 所示的曲面相交线。

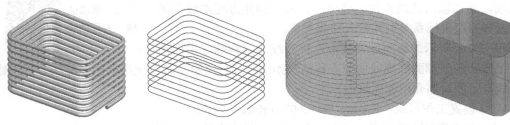

图 7-26　矩形弹簧　　　图 7-27　矩形螺旋线　　　图 7-28　螺旋曲面与拉伸曲面

（2）曲线与曲线相交　当选择两条正交方向的曲线对象时，可以使用"相交"命令创建两条曲线的交线。如图 7-31 所示的护栏零件，创建该护栏零件关键是创建外侧的扫描结构，而创建该扫描结构的关键是要创建如图 7-32 所示的空间扫描曲线。

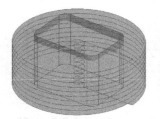

　　　　图 7-29　选择曲面面组　　　　图 7-30　创建曲面相交线　　　　图 7-31　护栏零件

为了得到这种空间扫描曲线，首先分析一下曲线，可以从正交两个方向观察曲线特点。如图 7-33a 所示，从图中俯视方向观察，得到如图 7-33b 所示的俯视方向曲线效果，然后从侧视方向观察，得到如图 7-33c 所示的侧视方向曲线效果。这种情况下，可以先在两个正交方向分别绘制两个方向的曲线效果，如图 7-34 所示，然后使用曲线相交工具得到两者的相交曲线，下面具体介绍创建过程。

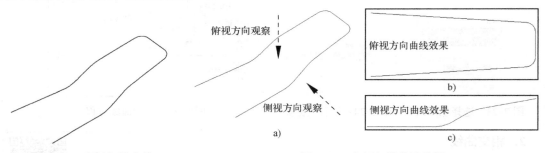

　　图 7-32　空间扫描曲线　　　　　　图 7-33　空间扫描曲线分析

Step1．打开配套资源中的"素材\proe_jxsj\ch07 surface\7.2\02\intersect_curves_02_ex"。

Step2．创建曲线相交线。按住〈Ctrl〉键，选择如图 7-34 所示的正交方向的两条草图曲线，选择"编辑"→"相交"命令，得到需要的空间扫描轨迹曲线。

本例中曲线与曲线相交的本质其实还是曲面与曲面的相交，相当于使用正交两个方向的曲线做曲面后，然后两个曲面相交得到相交曲线，如图 7-35 所示。在这种情况下首选的应是曲线与曲线相交，因为这样不用做曲面，而且操作更高效，只有曲线与曲线相交解决不了的情况才会使用曲面与曲面相交。

3．投影曲线

投影曲线是将已有的曲线按照一定的方式投射到曲面上得到一条曲面上的曲线。如图 7-36 所示的封闭环零件，这种结构可以使用扫描方法创建，而创建扫描的关键是要得到如图 7-37 所示的封闭空间曲线作为扫描轨迹。

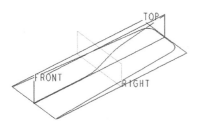

图 7-34　两个方向的曲线

图 7-35　曲线相交本质

图 7-36　封闭环

创建这种空间曲线，首先要分析曲线特点。仔细观察曲线，发现曲线正好是在一个球面上，如图 7-38 所示。像这种曲面上的曲线就可以使用投影曲线来创建，需要准备原始曲线及投影曲面，如图 7-39 所示。下面具体介绍创建过程。

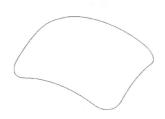

图 7-37　封闭曲线

图 7-38　曲线落在球面上

图 7-39　原始曲线及投影曲面

Step1．打开配套资源中的"素材\proe_jxsj\ch07 surface\7.2\02\projection_curves_ex"。

Step2．创建投影曲线。选择如图 7-39 所示的草图曲线为投影原始曲线，选择"编辑"→"投影"命令，系统弹出如图 7-40 所示的"投影"操控板。在"操控板"的"方向"下拉列表中选择"沿方向"选项，表示将原始曲线沿着指定的方向进行投射，然后选择球面为投影曲面，系统将原始曲线沿着与曲线所在平面垂直的方向投射到曲面上得到投影曲线，如图 7-41 所示。

图 7-40　"投影"操控板

创建投影曲线包括两种投影方式，在"投影"操控板中的"方向"下拉列表中设置投影方式。选择"沿方向"选项，表示将原始曲线沿着指定的方向投射到曲面上；选择"垂直于曲面"方式，表示将原始曲线沿着与投影曲面垂直的方向投射到曲面上，结果如图 7-42 所示。这两种投影方式结果是完全不一样的。

4. 包络曲线

包络曲线与投影曲线类似，都是将已有的曲线投射到曲面对象上，但是两者有着本质的区别。投影曲线不管是使用哪种方式的投影，投影前后的曲线长度一般是不相等的，而包络曲线是将已有的曲线"粘贴"到曲面上，所以包络前后的曲线长度是相等的。创建包络曲线同样需要准备原始曲线及包络曲面。

如图 7-43 所示的文本与圆柱体，需要将文本粘贴到圆柱上，得到如图 7-44 所示的效果，可以使用包络曲线来创建，下面具体介绍创建过程。

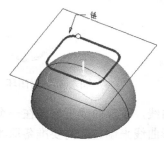

图 7-41 创建投影曲线

图 7-42 垂直于曲面投影

图 7-43 文本与圆柱体

Step1. 打开配套资源中的"素材\proe_jxsj\ch07 surface\7.2\02\envelope_curves_ex"。

Step2. 创建包络曲线。选择如图 7-43 所示的文本曲线，选择"编辑"→"包络"命令，系统弹出如图 7-45 所示的"包络"操控板，同时在圆柱面上生成包络曲线，结果如图 7-46 所示。

本例中的效果也可以使用投影曲线来创建，但是结果稍微有些区别，创建沿方向投影效果如图 7-47 所示，创建垂直于曲面投影效果如图 7-48 所示。在实际工作中设计类似结构时，一定要根据设计效果选择合适的方式来创建，同时注意不同方式的区别。

图 7-44 文本粘贴到圆柱面上

图 7-45 "包络"操控板

图 7-46 创建包络曲线

图 7-47 沿方向投影效果

图 7-48 垂直于曲面投影效果

7.3 曲面设计工具

在 Pro/E 中提供了多种曲面设计工具，方便用户完成各种曲面的设计，本节具体介绍几种常用曲面设计工具。

7.3.1 常规曲面设计

本书第 3 章详细介绍了很多三维特征设计工具，如拉伸、旋转、圆角、扫描、混合、扫描混合、螺旋扫描、可变截面扫描等，这些工具既可以用来创建三维实体特征，还可以用来进行曲面设计，只需要在选择这些命令时注意选择相应的曲面功能即可。图 7-49 为使用一些常规工具创建曲面的应用举例。

图 7-49　企鹅玩具造型中使用旋转曲面创建企鹅造型主体

7.3.2 填充曲面设计

填充曲面是指将封闭的草图区域做成平整的曲面片体，设计关键是需要有封闭的草绘区域。如图 7-50 所示的曲面，需要将曲面各个方向封闭起来，得到如图 7-51 所示的封闭曲面，这种情况下可以使用填充曲面工具对各个侧面进行填充处理。

Step1．打开配套资源中的"素材\proe_jxsj\ch07 surface\7.3\02\fill_swrface_ex"。

Step2．创建如图 7-52 所示的第一张填充曲面。选择"编辑"→"填充"命令，系统弹出如图 7-53 所示的"填充"操控板，在空白位置右击，在弹出的快捷菜单中选择"定义内部草绘"命令，选择模型中的 DTM1 基准面为草绘平面，创建如图 7-54 所示的填充草图，完成第一张填充曲面的创建。

图 7-50　开放曲面　　　　　图 7-51　封闭曲面　　　　　图 7-52　创建第一张填充曲面

图 7-53　"填充"操控板

Step3．创建如图 7-55 所示的第二张填充曲面及如图 7-56 所示的第三张填充曲面。参照 Step2 选择合适的草绘平面绘制填充草图，创建填充曲面。

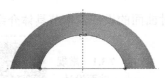

图 7-54　创建填充草图　　图 7-55　创建第二张填充曲面　　图 7-56　创建第三张填充曲面

7.3.3　边界混合曲面设计

边界混合曲面是根据已有的曲线线框，创建经过各条线框曲线的混合曲面，如图 7-57 所示。因为创建边界混合曲面所需的线框在空间呈现网格形态，所以边界混合曲面也形象地称为网格曲面。边界混合曲面是曲面设计中最重要的一种曲面设计工具，创建边界混合曲面的关键是创建符合曲面设计要求的曲线线框，同时需要注意在曲面边界位置添加合适的边界条件，下面具体介绍边界混合曲面的设计。

7.3.3　边界混合曲面设计过程

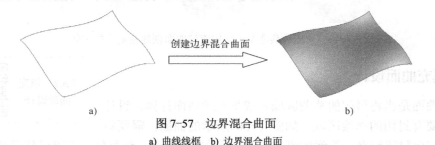

图 7-57　边界混合曲面
a) 曲线线框　b) 边界混合曲面

1. 边界混合曲面设计过程

如图 7-6 所示的曲线线框，包括两条较长的曲线（轮廓曲线）及三条圆弧曲线（截面曲线），根据这些曲线可以创建如图 7-5 所示的曲面，此时可以使用边界混合曲面来创建。下面具体介绍创建过程。

Step1．打开配套资源中的“素材\proe_jxsj\ch07 surface\7.3\03\boundary_surface_01_ex”。

Step2．选择命令。在右部工具栏工具按钮区单击“边界混合”按钮，系统弹出如图 7-58 所示的“边界混合”操控板，用于创建边界混合曲面。

图 7-58　“边界混合”操控板

📖　说明：在“边界混合”操控板中主要有两个⟳文本框，用于选择最多两个方向的曲线。左侧的⟳文本框用于选择第一方向的曲线，右侧的⟳文本框用于选择第二方向的曲线，其实这两个方向并没有严格的区分，可以交换选择。但是在实际创建边界混合曲面时，第一方向往往用于选择线框中的轮廓曲线，第二方向用于选择线框中的截面曲线。

Step3．选择第一方向曲线。在"边界混合"操控板中单击左侧的 ⌒ 文本框，表示要开始选择第一方向的混合曲线。按住〈Ctrl〉键，依次选择如图 7-59 所示的两条较长的轮廓曲线，此时在左侧的 ⌒ 文本框中显示"2 链"，表示第一方向选择了两条曲线。然后单击"边界混合"操控板中的"曲线"选项卡，在"曲线"选项卡的"第一方向"列表框中显示选择的两条曲线，其中"链"前面的"1"和"2"为曲线编号，对应于模型中选择的两条曲线的数字编号，如图 7-59 所示。

图 7-59　选择第一方向曲线

Step4．选择第二方向曲线。在"边界混合"操控板中单击右侧的 ⌒ 文本框，表示要开始选择第二方向的混合曲线。按住〈Ctrl〉键，依次选择如图 7-60 所示的三条圆弧截面曲线，此时在右侧的 ⌒ 文本框中显示"3 链"，表示第二方向选择了三条曲线。然后单击"边界混合"操控板中的"曲线"选项卡，在"曲线"选项卡的"第二方向"列表框中显示选择的三条曲线，其中"链"前面的"1""2"和"3"为曲线编号，对应于模型中选择的三条曲线的数字编号，如图 7-60 所示。

图 7-60　选择第二方向曲线

Step5．完成边界混合曲面的创建。如果选择的曲线没有问题，单击鼠标中键完成边界混合曲面的创建，结果如图 7-65 所示。

2．边界混合曲面设计方式

边界混合曲面的构成包括多种方式，不同的构成方式用于不同场合的曲面创建，下面依次从简单到复杂介绍几种常用的边界混合曲面的创建方式。

7.3.3　边界混合曲面设计方式

（1）单一方向的边界混合曲面　如图 7-61 所示的曲线线框，属于单一方向多条曲线问题。选择"边界混合"命令，按住〈Ctrl〉键，依次选择如图 7-62 所示的五条曲线链，得到如图 7-63 所示的曲面。

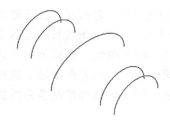 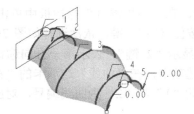 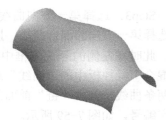

图 7-61　单一方向多条曲线　　　图 7-62　选择多条曲线链　　　图 7-63　得到边界混合曲面（一）

（2）点和线的边界混合曲面　如图 7-64 所示的点和五角星曲线，属于点和曲线的问题。选择"边界混合"命令，按住〈Ctrl〉键，依次选择如图 7-65 所示的点和五角星曲线，得到如图 7-66 所示的曲面。

图 7-64　点和五角星曲线　　　图 7-65　选择点和五角星曲线　　　图 7-66　得到边界混合曲面（二）

（3）三条边界的边界混合曲面　如图 7-67 所示的曲线线框，属于三角形线框问题。选择"边界混合"命令，按住〈Ctrl〉键，依次选择如图 7-68 所示的任意两条曲线作为第一方向曲线，然后选择剩下的第三条曲线为第二方向曲线，得到如图 7-69 所示的曲面。

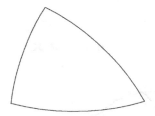 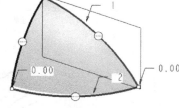 

图 7-67　三角形线框　　　图 7-68　选择两个方向曲线　　　图 7-69　得到边界混合曲面（三）

（4）两个方向多条曲线的边界混合曲面　如图 7-70 所示的曲线线框，属于两个方向多条曲线问题。选择"边界混合"命令，按住〈Ctrl〉键，首先依次选择如图 7-71 所示的五条轮廓曲线作为第一方向曲线，然后依次选择剩下的三条曲线为第二方向曲线，得到如图 7-72 所示的曲面。

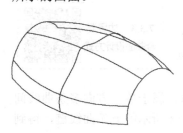 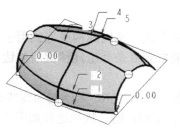 

图 7-70　两个方向多条曲线　　　图 7-71　选择曲线　　　图 7-72　得到边界混合曲面（四）

3. 边界混合曲面线框要求

创建边界混合曲面的关键是要做好相应的曲线线框，不是所有的曲线线框都能创建边界混合曲面，创建曲线线框时一定要注意线框有以下几点要求。

7.3.3 边界混合曲面线框要求

1）多个方向的曲线线框在连接位置不能断开，如图 7-73 所示。

2）线框中的中间曲线不能同时与两个方向的边界曲线相交，如图 7-74 所示。

3）两个方向的边界曲线不能相切，如图 7-75 所示。

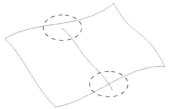

图 7-73　曲线断开不连接　　　　图 7-74　错误的中间曲线　　　　图 7-75　曲线线框相切

4. 边界混合曲面曲线线框选择

根据曲线线框创建边界混合曲面一定要注意曲线线框的正确选择，否则无法得到需要的边界混合曲面。下面具体介绍边界混合曲面曲线线框的选择方法与技巧。

7.3.3 边界混合曲面曲线线框选择

如图 7-76 所示的曲线线框，线框结构比较简单，包括一个完整的椭圆，一段圆弧及一条样条曲线。使用该线框创建边界混合曲面，由于选择曲线的方法不同将得到如图 7-77 与图 7-78 所示不同的曲面结果。

图 7-76　曲线线框　　　　　图 7-77　曲面结果一　　　　　图 7-78　曲面结果二

Step1．打开配套资源中的"素材\proe_jxsj\ch07 surface\7.3\03\boundary_surface_07"。

Step2．选择命令。在右部工具栏按钮区单击"边界混合"按钮，系统弹出"边界混合"操控板，用于创建边界混合曲面。

Step3．直接选择曲线。按住〈Ctrl〉键，选择如图 7-79 所示的椭圆曲线与圆弧曲线，此时得到如图 7-80 所示的错误边界混合曲面。

📖　此处得到如图 7-80 所示的错误结果，其主要原因是线框中既有完整的椭圆曲线，又有开放的圆弧曲线，两者是无法直接混合的。需要对完整的椭圆曲线进行拆分，根据曲线线框特点，如果想得到如图 7-77 所示的曲面结果，必须要对线框进行"拆解"，得到如图 7-81 所示的三条曲线。

Step4．使用右键切换选择曲线。选择曲线时，如果曲线是规则的图形，如圆、椭圆、矩形等，可以直接使用鼠标右键切换选择。按住〈Ctrl〉键，将鼠标放在椭圆曲线上一侧

（一定不要选中曲线）快速单击鼠标右键，此时系统切换选择一半椭圆曲线作为第一条曲线链，然后选择圆弧作为第二条曲线链，最后将鼠标放在椭圆曲线上另外一侧（一定不要选中曲线）快速单击鼠标右键，此时系统切换选择另外一半椭圆曲线作为第三条曲线链，如图 7-82 所示。

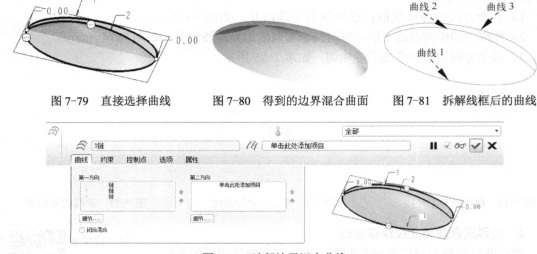

图 7-79　直接选择曲线　　　　图 7-80　得到的边界混合曲面　　　图 7-81　拆解线框后的曲线

图 7-82　选择边界混合曲线

　　Step5. 曲线长度调整。选择曲线时，如果需要选择相对完整曲线的一部分，需要对曲线长度进行调整。对于如图 7-76 所示的曲线线框，如果想创建如图 7-78 所示的曲面，需要在选择每条曲线时对曲线长度进行调整。

　　（1）选择第一条曲线　按住〈Ctrl〉键，使用右键切换选择如图 7-83 所示的初步曲线。接下来对曲线长度进行调整，在"边界混合"操控板中单击"曲线"选项卡，单击"第一方向"列表框下的"细节"按钮，此时在选中的曲线链上显示曲线端点标签，如图 7-84 所示，同时弹出如图 7-85 所示的"链"对话框，使用该对话框对曲线长度进行调整。在"链"对话框中单击"选项"选项卡，在"第 2 侧"下拉列表中选择"在参照上修剪"选项，然后选择如图 7-86 所示的曲线为修剪参照，表示使用该曲线对选中的曲线链进行修剪。单击"确定"按钮，完成曲线长度调整，结果如图 7-87 所示。

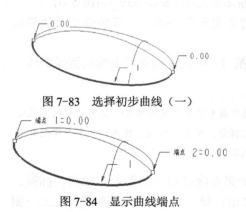

图 7-83　选择初步曲线（一）

图 7-84　显示曲线端点　　　　图 7-85　修剪曲线

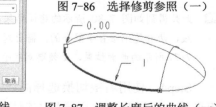

图 7-86　选择修剪参照（一）

图 7-87　调整长度后的曲线（一）

📖 "链"对话框中的"第1侧"与"第2侧"分别对应于曲线上的"端点1"与"端点2",在调整曲线长度时一定要注意是调整曲线的哪一个端点。

（2）选择第二条曲线　按住〈Ctrl〉键,选择如图 7-88 所示的初步曲线,在"边界混合"操控板中单击"曲线"选项卡,单击"第一方向"列表框下的"细节"按钮,系统弹出"链"对话框。在"链"对话框中单击"选项"选项卡,在"第 1 侧"下拉列表中选择"在参照上修剪"选项,然后选择如图 7-89 所示的曲线为修剪参照。单击"确定"按钮,完成曲线长度调整,结果如图 7-90 所示。

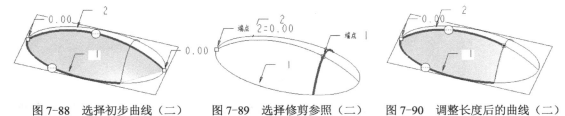

图 7-88　选择初步曲线（二）　　图 7-89　选择修剪参照（二）　　图 7-90　调整长度后的曲线（二）

（3）选择第三条曲线　按住〈Ctrl〉键,选择如图 7-91 所示的初步曲线,在"边界混合"操控板中单击"曲线"选项卡,单击"第一方向"列表框下的"细节"按钮,系统弹出"链"对话框。在"链"对话框中单击"选项"选项卡,在"第 1 侧"下拉列表中选择"在参照上修剪"选项,然后选择如图 7-92 所示的曲线为修剪参照。单击"确定"按钮,完成曲线长度调整,结果如图 7-93 所示。

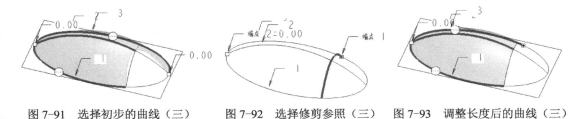

图 7-91　选择初步的曲线（三）　　图 7-92　选择修剪参照（三）　　图 7-93　调整长度后的曲线（三）

5. 边界混合曲面约束条件

在创建边界混合曲面时,如果在曲面边界位置有已经存在的曲面,需要设置边界混合曲面与这些曲面的连接关系（约束条件）,在 Pro/E 中可以设置四种边界约束条件:自由、相切、垂直及曲率,下面具体介绍添加约束条件的操作过程。

7.3.3　边界混合曲面约束条件

如图 7-94 所示的曲面及曲线,需要在两个曲面中间通过圆弧曲线创建边界混合曲面,将两个曲面连接起来。这种情况下,创建的边界混合曲面与两端的曲面存在连接关系,需要根据实际情况设置边界约束条件。

Step1．打开配套资源中的"素材\proe_jxsj\ch07 surface\7.3\03\boundary_surface_09"。

Step2．选择命令。在右部工具栏按钮区单击"边界混合"按钮，系统弹出"边界混合"操控板,用于创建边界混合曲面。

Step3．自由连接。按住〈Ctrl〉键,依次选择如图 7-95 所示的左侧曲面圆弧边线、中间圆弧曲线及右侧曲面的圆弧边线,注意此时在两条边界链上各有一个圆圈符号（连接符号），圆圈中间显示为"省略号"，表示目前曲面连接为自由连接关系，单击鼠标中键，得到如图 7-96 所示的曲面结果。因为创建的曲面与两端的曲面为自由连接，有明显的接痕，所以曲面连接位置不是很光滑。在实际曲面设计中一般使用专门的分析工具分析曲面连接关系，选择"分析"→"几何"→"反射"命令，系统弹出如图 7-97 所示的"反射"对话框，选择所有的曲面，此时在曲面上显示反射斑马线，如图 7-98 所示，自由连接的曲面，反射斑马线都是完全错开的。

图 7-94　曲面及曲线　　　　　图 7-95　选择曲线链　　　　图 7-96　创建自然连接曲面

Step4．相切连接。在创建边界混合曲面时，选择连接符号并右击，在弹出的快捷菜单中选择"相切"选项，如图 7-99 所示，设置边界曲面与其他曲面相切连接，使用"反射"命令查看反射结果如图 7-100 所示，此时反射斑马线是对齐的，但是并没有相切，表示曲面之间是相切连接的。

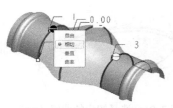

图 7-97　"反射"对话框　　图 7-98　查看曲面反射结果（一）　　图 7-99　设置相切约束

Step5．曲率连接。在创建边界混合曲面时，选择连接符号并右击，在弹出的快捷菜单中选择"曲率"选项，如图 7-101 所示，设置边界曲面与其他曲面曲率连接，使用"反射"命令查看反射结果如图 7-102 所示，此时反射斑马线对齐且相切，表示曲面之间是曲率连接，曲率连接的曲面质量比相切连接的曲面质量更光滑。

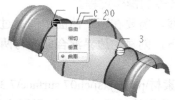

图 7-100　查看曲面反射结果（二）　　图 7-101　设置曲率约束　　图 7-102　查看曲面反射结果（三）

在设置曲面约束条件时，一般情况下，系统会自动查找约束对象，但是连接情况比较复杂时需要用户手动选择约束对象。在"边界混合"操控板中单击"约束"选项卡，在"约束"选项卡的"图元"列表框可以查看或选择指定曲面的约束对象，如图 7-103 所示。

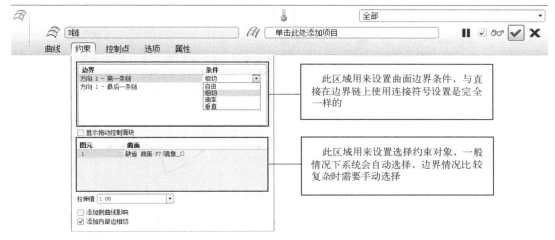

图 7-103　查看或选择指定曲面的约束对象

6. 边界混合曲面约束必要条件

边界混合曲面设计中通过添加合适的约束条件能够有效提高曲面质量，保证曲面设计要求，但是一定要特别注意的是，在添加曲面边界条件前一定要保证约束的必要条件，否则无法准确添加约束条件。

7.3.3　边界混合曲面约束必要条件

如图 7-104 所示的曲面线框，需要使用其中的曲线线框及曲面边线创建曲面，并要求创建的曲面与已有的曲面边界相切连接，如图 7-105 所示，下面具体介绍操作过程。

Step1．打开配套资源中的"素材\proe_jxsj\ch07 surface\7.3\03\boundary_surface_10"。

Step2．选择命令。在右部工具栏按钮区单击"边界混合"按钮，系统弹出"边界混合"操控板，用于创建边界混合曲面。

Step3．创建初步的曲面。按住〈Ctrl〉键，选择 TOP 面上的两条样条曲线为第一方向曲线链，然后选择如图 7-106 所示的两条曲线为第二方向曲线链。在如图 7-106 所示的两曲面连接边界的连接符号上右击，在弹出的快捷菜单中选择"相切"命令，添加相切约束，在"边界混合"操控板中选择如图 7-107 所示的曲面为相切对象，单击鼠标中键结束曲面创建。但是此时系统弹出如图 7-108 所示的"再生失败"对话框，提示创建曲面失败。

图 7-104　曲面线框　　　　图 7-105　创建相切曲面　　　　图 7-106　设置约束条件

创建的边界混合曲面在添加约束时出现失败的主要原因往往是曲线线框不满足约束条件。两曲面要在连接位置相切，必须要保证两曲面中所有处在连接位置的曲线都要相切，这就是曲面相切的必要条件。此处创建的边界混合曲面要与已有的曲面相切就需要保证 TOP 基准面上的两条样条曲线与连接的曲面边界要相切。

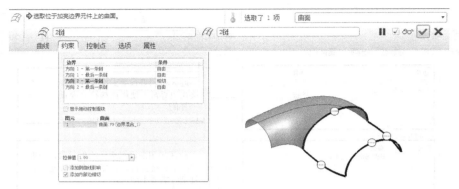

图 7-107 选择约束对象

Step4. 编辑曲线。选中 TOP 基准面上的曲线草图并右击，在弹出的快捷菜单中选择"编辑定义"命令，进入草图环境。查看曲线与曲面边界的连接条件，发现曲线并没有与曲面边界相切，如图 7-109 所示，添加曲线与曲面边界的相切约束，如图 7-110 所示。

图 7-108 再生失败提示

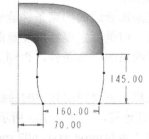

图 7-109 草图曲线不相切

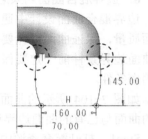

图 7-110 添加相切约束

Step5. 创建相切曲面。选择"边界混合"命令，按住〈Ctrl〉键，选择 TOP 基准面上的两条样条曲线为第一方向曲线链，然后选择如图 7-106 所示的两条曲线为第二方向曲线链，设置边界曲面与已有曲面之间的相切条件，如图 7-111 所示，单击鼠标中键完成曲面创建。使用"反射"命令检查曲面连接质量，符合曲面相切要求，如图 7-112 所示。

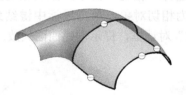

图 7-111 创建边界曲面

图 7-112 查看曲面反射结果

7. 边界混合曲面控制点

创建边界混合曲面时，如果选择的曲线是由多段曲线构成的，需要设置边界混合控制点，以保证曲面质量。下面具体介绍设置控制点的操作方法。

7.3.3 边界混合曲面控制点

如图 7-113 所示的曲线线框，由两条封闭曲线构成，每条曲线均由八段圆弧组成，如图 7-114 所示，需要使用这两条曲线创建如图 7-115 所示的曲面。

Step1. 打开配套资源中的"素材\proe_jxsj\ch07 surface\7.3\03\boundary_surface_11"。

Step2．选择命令。 在右部工具栏按钮区单击"边界混合"按钮 ，系统弹出"边界混合"操控板，用于创建边界混合曲面。

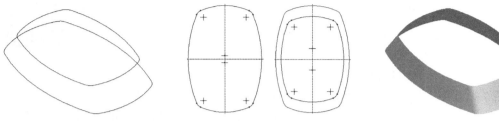

图 7-113　曲线线框　　　　图 7-114　线框构成　　　　图 7-115　创建曲面

Step3．创建初步的边界混合曲面。 按住〈Ctrl〉键，直接选择如图 7-116 所示的两条封闭曲线为曲线链，此时得到如图 7-117 所示的错误结果，曲面是完全扭曲的。

Step4．调整曲线闭合点。 选中每条封闭曲线链，曲线上都会出现一个白色圆点，此点即为曲线链闭合点，直接拖动曲线上的闭合点使其到对应的位置，结果如图 7-118 所示。此时两条曲线链上只有闭合点是对应的，曲线上其他各连接点仍然没有对应，所以曲面依然存在扭曲，需要进一步调整曲面。

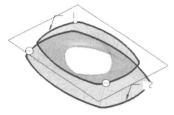

图 7-116　选择曲线链　　　　图 7-117　错误的边界曲面　　　　图 7-118　调整曲线闭合点

Step5．调整曲线控制点。 对于曲线中控制点不对应的问题，需要设置控制点拟合方式。在"边界混合"操控板中单击"控制点"选项卡，在"控制点"选项卡中的"拟合"下拉列表中选择"段至段"选项，如图 7-119 所示，表示系统自动捕捉两条曲线链中较近的对应点使其互相对应，此时曲线链中各个控制点是完全对应的，如图 7-119 所示。

图 7-119　设置控制点拟合方式

7.4　曲面设计编辑

曲面设计中，一般是先创建初步曲面，然后对曲面进行适当的编辑操作，得到最终需要的曲面，这也是曲面设计的大概思路，本节具体介绍常用曲面编辑操作。

7.4.1 复制/粘贴曲面

7.4.1 复制粘贴曲面

复制/粘贴曲面就是将现有的曲面或实体表面进行复制并粘贴，得到选中曲面的副本，这些曲面副本后期可以用来做其他的曲面操作。下面具体介绍复制曲面操作。

如图 7-120 所示的操纵器壳体，需要将其上表面进行复制并粘贴，得到如图 7-121 所示的上表面曲面副本，后期可以对该曲面进行偏移，得到如图 7-122 所示的效果。需要注意的是，此处在复制曲面的同时对曲面上的孔进行了填充。

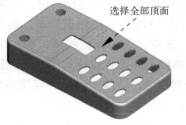

选择全部顶面

图 7-120　操纵器壳体　　　　图 7-121　需要复制的曲面　　　　图 7-122　偏移复制曲面

Step1．打开配套资源中的"素材\proe_jxsj\ch07 surface\7.4\01\copy_surface"。

Step2．复制曲面。按住〈Ctrl〉键，选择操纵器壳体上表面，按〈Ctrl+C〉键复制曲面。

Step3．粘贴曲面。按住〈Ctrl+V〉键，粘贴曲面，系统弹出如图 7-123 所示的"复制"操控板，完成粘贴后，在复制曲面的原始位置得到曲面副本，结果如图 7-124 所示。

图 7-123　"复制"操控板

Step4．排除曲面并填充孔。在"复制"操控板中单击"选项"选项卡，选择"排除曲面并填充孔"选项，激活"填充孔/曲面"列表框，如图 7-125 所示。选择如图 7-126 所示的模型表面，表示在粘贴曲面的同时会将这些曲面上的内部孔填充掉，结果如图 7-127 所示。

图 7-124　复制曲面结果

图 7-125　设置填充孔/曲面

在填充孔时，只是将选中曲面中的内部孔填充，模型中的矩形孔因为同时分布在三个表面上，并不属于以上选中曲面的内部孔，所以无法被自动填充，需要做进一步的设置。

Step5．填充分布在多个曲面上的孔。编辑以上创建的复制曲面，在"复制"操控板中单击"选项"选项卡，选择"排除曲面并填充孔"选项，然后激活"填充孔/曲面"列表框，按住〈Ctrl〉键，选择如图 7-128 所示的矩形孔边界，表示在粘贴曲面的同时会将选中边界的孔填充，结果如图 7-129 所示。

图 7-126　选择填充孔曲面

图 7-127　填充孔结果

图 7-128　选择填充孔边界

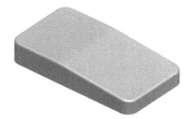

图 7-129　填充孔结果

7.4.2　偏移曲面

偏移曲面是指将选中的曲面按照一定的距离或方式对曲面进行变换。Pro/E 中的偏移曲面功能非常强大，应用也非常广泛，偏移曲面包括四种偏移类型：标准偏移、拔模偏移、展开偏移及替换面偏移，下面具体介绍这些偏移曲面操作。

1．标准偏移

标准偏移是指将选中的曲面沿着与曲面垂直的方向偏移一定的距离。如图 7-130 所示的曲面模型，需要将模型顶部的曲面沿着与曲面垂直的方向偏移一定的距离，如图 7-131 所示，这种情况下需要使用标准偏移操作。

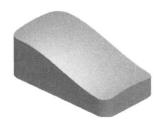

图 7-130　曲面模型

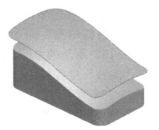

图 7-131　创建标准偏移

Step1．打开配套资源中的"素材\proe_jxsj\ch07 surface\7.4\02\offset_surface_01_ex"。

Step2．选择偏移对象。首先选择模型上表面为偏移对象。

Step3．选择"偏移"命令。选择"编辑"→"偏移"命令，系统弹出"偏移"操控板，在　下拉列表中选择"标准"类型　，表示进行标准偏移，如图 7-132 所示。

图 7-132 "偏移"操控板（一）

Step4．定义偏移参数。单击"偏移"操控板中的"反向"按钮 ![icon] 调整偏移方向，在"偏移距离"文本框中输入偏移距离值"15"，如图 7-133 所示（注意偏移方向）。

2．拔模偏移

拔模偏移是指将选中的曲面的某一区域沿着与曲面垂直的方向偏移一定的距离。如图 7-134 所示的曲面模型，需要将曲面中间一椭圆区域沿着与曲面垂直的方向偏移一定的距离，得到曲面凹坑效果，如图 7-135 所示，这种情况下需要使用拔模偏移操作。

7.4.2 拔模偏移

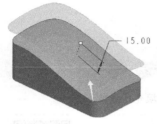

图 7-133 定义偏移参数

图 7-134 曲面模型

图 7-135 创建拔模偏移

Step1．打开配套资源中的"素材\proe_jxsj\ch07 surface\7.4\02\offset_surface_02_ex"。

Step2．选择偏移对象。首先选择曲面模型为偏移对象。

Step3．选择"偏移"命令。选择"编辑"→"偏移"命令，系统弹出"偏移"操控板，在 ![icon] 下拉列表中选择"拔模"类型 ![icon]，表示进行拔模偏移，如图 7-136 所示。

图 7-136 "偏移"操控板（二）

Step4．定义拔模偏移区域。在空白位置右击，在弹出的快捷菜单中选择"定义内部草绘"命令，选择 TOP 基准面为草绘平面，绘制如图 7-137 所示的草图，用于定义拔模偏移区域。完成草图绘制，在"偏移"操控板中输入偏移距离"3"，拔模角度为60°，结果如图 7-138 所示。

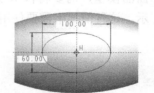

图 7-137 绘制草图

Step5．设置侧面轮廓。默认情况下，创建的拔模偏移的侧面与偏移基础面之间是直接接触连接的，结果如图 7-135 所示。在"偏移"操控板中选择"选项"选项卡，在选项卡中选中"相切"选项，表示拔模偏移侧面与偏移基础面之间是相切连接的，结果如图 7-139 所示，这样曲面连续性更好，也不用另外添加曲面倒圆角。

图 7-138 设置拔模偏移参数

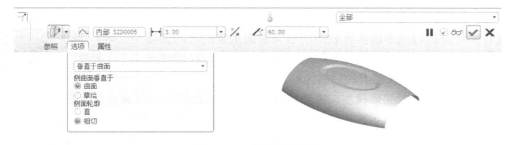

图 7-139 设置侧面轮廓

使用拔模偏移方法还可以在曲面上创建各种特殊图案，如图 7-140 所示的曲面上的文字就是使用拔模偏移方法创建的。一般情况下创建拔模偏移可以先选择"偏移"命令，然后绘制草图区域，但是在曲面上创建字体时，需要首先绘制文字草图，再做拔模偏移，下面具体介绍这种特殊且实用的偏移方法。

Step1．打开配套资源中的"素材\proe_jxsj\ch07 surface\7.4\02\offset_surface_02_ex"。

Step2．创建文本草图。选择"草绘"命令，选择 TOP 基准面，选择"文本"命令，打开"文本"对话框按照如图 7-141 所示的设置创建如图 7-142 所示的文本草绘，结果如图 7-143所示。

图 7-140　曲面上创建文字　　　　图 7-141　"文本"对话框　　　　图 7-142　创建文本草绘

Step3．创建拔模偏移。选择曲面模型为偏移对象，选择"偏移"命令，在 下拉列表中选择"拔模"类型 ，表示进行拔模偏移。在空白位置右击，在弹出的快捷菜单中选择TOP 基准面为草图平面，选择"使用边"命令转换文本草图，结果如图 7-144 所示。定义偏移方向向上，偏移深度为 2，结果如图 7-145 所示。

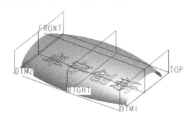

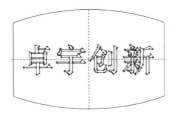

图 7-143　创建文本结果　　　　图 7-144　转换文本草图　　　　图 7-145　文字拔模偏移结果

3．展开偏移

展开偏移是指将选中的实体表面沿着与表面垂直的方向偏移一定的距离，相当于将模型表面直接进行拉伸，既可以拉伸整个实体表面，又可以拉伸表面上的局部区域。

如图 7-146 所示的实体模型，需要将模型顶部的曲面沿着与曲面垂直的方向拉伸一定的距离，得到如图 7-147 所示的偏移结果，还需要将表面上的一个椭圆区域进行拉伸，得到如图 7-148 所示的拉伸结果，相当于做了一个与表面平行的椭圆形凸台，这种情况下需要使用展开偏移操作，具体操作过程如下。

图 7-146　实体模型　　　　图 7-147　完整展开偏移　　　　图 7-148　局部展开偏移

Step1．打开配套资源中的"素材\proe_jxsj\ch07 surface\7.4\02\offset_surface_01_ex"。

Step2．选择偏移对象。首先选择实体模型顶部曲面为偏移对象。

Step3．选择"偏移"命令。选择"编辑"→"偏移"命令，系统弹出"偏移"操控板，在 下拉列表中选择"展开"类型 ，表示进行展开偏移，如图 7-149 所示。

图 7-149　"偏移"操控板（三）

Step4．定义偏移参数。在"偏移"操控板中定义展开偏移距离为 15，表示将选中的实体表面沿着与表面垂直的方向拉伸 15，结果如图 7-150 所示。

以上介绍的是创建整个表面的完整展开偏移，如果需要对表面的局部区域进行展开偏移，需要定义展开区域，下面继续使用如图 7-146 所示的模型介绍局部展开偏移操作。

定义展开偏移后，在"偏移"操控板中单击"选项"选项卡，在"展开区域"下选择"草绘区域"选项，如图 7-151 所示，表示使用绘制草图区域创建局部展开偏移。选择 TOP 基准面绘制如图 7-151 所示的草绘区域，定义偏移距离为 15，创建局部展开偏移结果如图 7-152 所示。

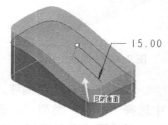

图 7-150　定义偏移参数

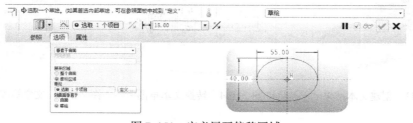

图 7-151　定义展开偏移区域

局部展开偏移在产品设计中应用非常广泛，特别适合于创建塑料零件中的扣合结构。如图 7-153 所示的塑料盖零件，需要在塑料盖边缘位置设计如图 7-154 所示的扣合结构，就可以使用局部展开偏移来创建。

Step1．打开配套资源中的"素材\proe_jxsj\ch07 surface\7.4\02\offset_surface_05_ex"。

Step2．选择偏移对象。首先选择如图 7-155 所示的模型表面为偏移对象。

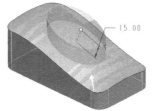

图 7-152　局部展开偏移结果

Step3．选择"偏移"命令。选择"编辑"→"偏移"命令，系统弹出"偏移"操控板，在 下拉列表中选择"展开"类型 ，表示进行展开偏移。

Step4．定义展开区域。在"偏移"操控板中单击"选项"选项卡，在"展开区域"下选择"草绘区域"选项，如图 7-156 所示。选择 TOP 基准面绘制如图 7-156 所示的草绘区域，定义偏移方向指向塑料盖内部，偏移距离为 1，结果如图 7-157 所示，创建扣合结构最终结果如图 7-154 所示。

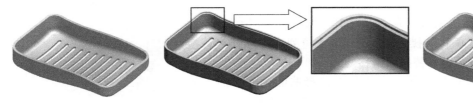

图 7-153　塑料盖零件　　　图 7-154　扣合结构设计　　　图 7-155　选择偏移面

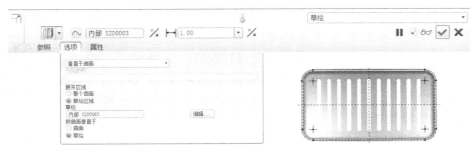

图 7-156　定义展开区域

此处创建的扣合结构为内侧扣合结构，即通过对零件壁厚的内侧进行操作得到的扣合结构。一般情况下，扣合结构是成对设计的，与内侧扣合结构配对的是外侧扣合结构，只需要调整偏移方向即可得到外侧扣合结构，如图 7-158 所示。

图 7-157　定义偏移参数

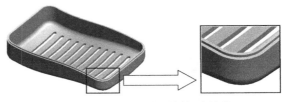

图 7-158　创建外侧扣合结构

4．替换面偏移

替换面偏移是指将选中的曲面用其他曲面替换。如图 7-159 所示的实体模型与曲面，需要用曲面将实体模型上半部分修剪掉，如图 7-160 所示，这种操作还可以理解成用曲面将实体模型的上表面替换掉，即使用替换面偏移操作。

Step1．打开配套资源中的"素材\proe_jxsj\ch07 surface\7.4\02\offset_surface_04_ex"。

Step2．选择偏移对象。首先选择如图 7-161 所示的实体模型上表面为偏移对象。

图 7-159　实体曲面模型

图 7-160　创建替换面偏移

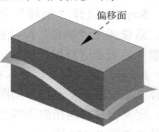

图 7-161　选择偏移面

Step3．选择"偏移"命令。选择"编辑"→"偏移"命令，系统弹出"偏移"操控板，在 下拉列表中选择"替换面"类型 ，表示进行替换面偏移。

Step4．选择替换曲面。在模型上选择曲面为替换面，如图 7-162 所示，单击鼠标中键，完成替换面偏移操作，结果如图 7-160 所示。

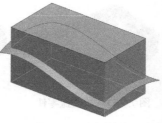

图 7-162　选择替换面

7.4.3　修剪曲面

使用修剪曲面可以对曲面中多余的部分进行裁剪，在 Pro/E 中可以使用曲线或曲面对已有的曲面进行修剪，下面具体介绍修剪曲面的操作过程。

1．使用曲线修剪曲面

使用曲线修剪曲面是指使用曲面上的曲线对曲面进行修剪，曲面上的投影曲线或相交线都可以用来修剪曲面。

如图 7-163 所示的曲面及曲线，在曲面上有六角星的投影曲线，需要用这个六角星投影曲线对曲面进行修剪，修剪结果如图 7-164 所示。

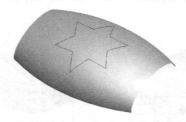

图 7-163　曲面及曲线

图 7-164　修剪曲面

Step1．打开配套资源中的"素材\proe_jxsj\ch07 surface\7.4\03\trim_surface_01_ex"。

Step2．选择修剪对象。首先选择曲面为修剪对象。

Step3．选择"修剪"命令。在右部工具栏按钮区中单击"修剪"按钮🔲，系统弹出如图 7-165 所示的"修剪"操控板。

图 7-165　"修剪"操控板

Step4．创建曲面修剪。选择曲面上的六角星曲线为修剪工具，表示用该曲线对曲面进行修剪，此时在模型上显示如图 7-166 所示的箭头，单击箭头使箭头指向六角星外侧，表示六角星外侧为保留侧，单击鼠标中键完成修剪曲面操作。

此处在修剪曲面时，如果调整箭头指向六角星内侧，如图 7-167 所示，表示在修剪曲面时保留六角星内侧的曲面，结果如图 7-168 所示。

图 7-166　定义修剪方向　　　　图 7-167　调整修剪方向　　　图 7-168　修剪曲面结果

2．使用曲面修剪曲面

使用曲面修剪曲面是指使用曲面对其他曲面进行修剪，修剪过程中一定要注意被修剪曲面与修剪工具的正确区分，否则容易出现错误的修剪。

如图 7-169 所示的椭圆曲面及圆弧曲面，需要使用圆弧曲面将椭圆曲面的上半部分修剪掉，得到如图 7-170 所示的修剪结果。此时椭圆曲面是被修剪曲面，圆弧曲面是修剪工具，下面具体介绍修剪过程。

Step1．打开配套资源中的"素材\proe_jxsj\ch07 surface\7.4\03\trim_surface_02_ex"。

Step2．选择被修剪曲面。首先选择椭圆曲面为被修剪曲面。

Step3．选择"修剪"命令。在右部工具栏按钮区中单击"修剪"按钮🔲。

Step4．创建曲面修剪。选择圆弧曲面为修剪工具，表示用圆弧曲面对椭圆曲面进行修剪，此时在模型上显示如图 7-171 所示的箭头，单击箭头使箭头指向椭圆曲面下部，表示椭圆曲面下部为保留侧，单击鼠标中键完成修剪曲面操作。

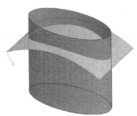

图 7-169　椭圆曲面及圆弧曲面　　图 7-170　曲面修剪曲面　　　图 7-171　定义修剪方向

Step5．继续修剪曲面。选择"修剪"命令后，反过来选择圆弧曲面为被修剪曲面，选择椭圆曲面为修剪工具，调整箭头方向指向向圆弧曲面内侧，如图 7-172 所示，表示使用椭圆曲面修剪圆弧曲面时保留圆弧曲面的内侧，结果如图 7-173 所示。

本例对椭圆曲面及圆弧曲面进行相互交叉修剪后得到如图 7-173 所示的曲面修剪结果，看似两个曲面是一个整体，但此时的两个曲面仍然是彼此独立的，两个曲面的连接位置并没有公共边，所以也就无法在两个曲面的连接位置创建倒圆角。如果需要在两个曲面的连接位置创建如图 7-174 所示的倒圆角，必须将两个曲面合并，关于曲面合并将在 7.4.5 节详细介绍，此处不再赘述。

图 7-172　定义修剪方向

图 7-173　修剪曲面结果

图 7-174　曲面倒圆角

7.4.4　延伸曲面

使用延伸曲面可以将曲面的边界按照一定的方式进行扩大，在 Pro/E 中延伸曲面有两种方式，一种是按距离延伸，另一种是延伸到指定参照。

7.4.4　延伸曲面

如图 7-175 所示的曲面，需要将曲面右侧进行延伸，得到如图 7-176 所示的延伸结果，下面具体介绍延伸曲面操作过程。

Step1．打开配套资源中的"素材\proe_jxsj\ch07 surface\7.4\04\extend_surface_ex"。

Step2．选择延伸对象。创建延伸曲面必须选择曲面的边线进行延伸，选择如图 7-177 所示的曲面边线为延伸对象。

图 7-175　曲面模型

图 7-176　创建延伸曲面

图 7-177　选择延伸对象

Step3．选择"延伸"命令。选择"编辑"→"延伸"命令，系统弹出如图 7-178 所示的"延伸"操控板，用于设置延伸方式及延伸参数。

图 7-178　"延伸"操控板

Step4．定义延伸方式及参数。在"延伸"操控板中单击 按钮，表示将曲面边线按照一定的距离进行延伸，在延伸距离文本框中设置延伸距离值为40，如图7-179所示。

创建距离延伸是将曲面沿着与曲面相切的方向进行延伸。

如果在"延伸"操控板中单击 按钮，表示将曲面延伸到指定参照上。选择如图7-180所示的基准面为延伸参照，系统将曲面边线延伸到参照基准面上，结果如图7-181所示。创建参照延伸是将曲面沿着与基准面垂直的方向进行延伸，延伸后的曲面与原始曲面并不相切。

图7-179　定义延伸参数　　　　图7-180　定义延伸参照　　　　图7-181　参照延伸结果

7.4.5　合并曲面

7.4.5　合并曲面

合并曲面是指将多个独立的曲面进行组合，可以将多个独立的曲面组合成一整张曲面，合并曲面后可以对曲面进行一些整体操作，如偏移曲面、加厚曲面等。合并曲面有两种方式，一种是对连接曲面进行合并，另一种是对相交曲面进行合并。

如图7-182所示的吹风机曲面，包括主体曲面与手柄曲面，其中主体曲面由两块独立的曲面构成，现在需要合并主体曲面与手柄曲面，并且在曲面的接合位置创建曲面圆角，结果如图7-183所示，下面具体介绍合并曲面的操作过程。

图7-182　吹风机曲面　　　　　　　　　图7-183　创建合并曲面

Step1．打开配套资源中的"素材\proe_jxsj\ch07 surface\7.4\05\merge_surface_ex"。

Step2．对连接曲面进行合并。如图7-184所示的吹风机主体曲面由两部分曲面构成，而且这两部分曲面是连接的，像这种曲面的合并就属于连接曲面的合并。按住〈Ctrl〉键，选择主体曲面中的两部分曲面，在右部工具栏按钮区单击"合并"按钮 ，单击鼠标中间，完成合并曲面操作。

Step3．对相交曲面进行合并。如图7-185所示的吹风机主体曲面与手柄曲面，两部分曲面是彼此相交的，像这种曲面的合并就属于相交曲面的合并。按住〈Ctrl〉键，选择主体曲面与手柄曲面，在右部工具栏按钮区单击"合并"按钮 ，此时在模型上显示两个黄色的箭头，箭头指向的一侧是保留侧，另一侧在合并曲面的过程中将被修剪掉，单击箭头可以调整箭头方向，如图7-186所示，单击鼠标中键，完成合并曲面操作，如图7-187所示。

图 7-184　主体曲面

图 7-185　选择合并曲面

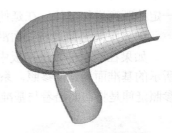

图 7-186　定义合并方向

对于相交曲面的合并，通过合并操作，既对曲面进行了修剪，又对曲面进行了合并，典型的"一举两得"。因为曲面已经完成合并，所以在曲面的连接位置可以使用"圆角"命令进行倒圆角，如图 7-188 所示，创建圆角结果如图 7-183 所示。

图 7-187　合并曲面结果

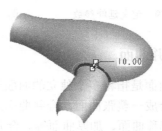

图 7-188　创建圆角

需要注意的是，对于两个相交曲面的修剪问题，还可以使用前面介绍的"修剪"命令来处理，但是使用"修剪"命令，一次只能修剪一个曲面，所以需要用两个曲面进行相互修剪，才能得到最后的修剪结果。而且，修剪完的面仍然是两个独立的曲面，必须对曲面进行合并，使曲面形成完整的曲面，才能在曲面连接位置创建圆角。

综上所述，对于相交曲面的修剪问题，应该直接使用合并曲面方法进行处理，既可以对相交曲面进行修剪，而且还同步做了曲面合并。

7.4.6　曲面复制操作

7.4.6　曲面复制操作

曲面设计中经常需要对曲面对象进行各种复制操作以得到曲面对象的多个副本，与实体特征的复制操作类似，曲面复制操作也包括镜像操作、阵列操作等，具体操作过程均与实体特征的复制操作是一样的。但是有一点需要特别注意，那就是在选择曲面对象时，与实体特征的选择是完全不一样的。例如，在阵列一个孔特征时，可以在模型上直接选择孔特征，也可以在模型树中选择孔特征，然后对选中的孔特征进行阵列即可；对于曲面的复制操作，操作的关键是一定要准确选择整个曲面对象。下面以曲面阵列操作为例，介绍曲面复制操作的方法与技巧。

如图 7-189 所示的风扇叶片，已经完成了如图 7-190 所示风扇叶片曲面的创建，需要对风扇叶片曲面进行阵列，得到完整的风扇叶片模型，这种情况下需要对已经创建的风扇叶片曲面进行阵列，下面具体介绍阵列操作过程。

Step1．打开配套资源中的"素材\proe_jxsj\ch07 surface\7.4\06\surface_pattern_ex"。

Step2．选择阵列对象。阵列操作前首先要选择阵列对象，本例需要选择如图 7-190 所示的整个风扇叶片曲面进行阵列，在选择的时候一定要特别注意，如果直接在叶片模型上选择，只能选择如图 7-191 所示的"叶片曲面"，但从模型树看，只是选择了"边界混合 1"，也即是整个叶片曲面的"一部分"而已。

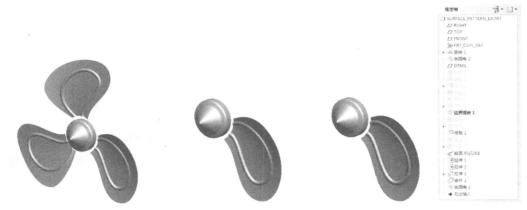

图 7-189　风扇叶片　　　　图 7-190　已经完成的叶片　　　　图 7-191　选择对象

　　Step3．选择曲面阵列命令。因为 Step2 中选择的阵列对象是一个曲面对象，此时右部工具栏按钮区中的阵列工具是灰色的，如图 7-192 所示，表示无法使用。对于曲面对象的阵列，一定要选择"编辑"→"几何阵列"命令进行操作。

　　Step4．定义曲面阵列参数。选择"几何阵列"命令后，系统弹出如图 7-193 所示的"阵列"操控板，此操控板与实体阵列的操控板是完全一样的，在阵列类型下拉列表中选择"轴"类型，选择风扇中间基准轴为阵列轴参考，定义阵列个数为 3，单击"阵列"操控板中的　　按钮，表示在绕轴的圆周方向上均匀阵列三个对象，结果如图 7-194 所示。

图 7-192　"阵列"命令无法使用

图 7-193　"阵列"操控板

　　图 7-194 所示的阵列结果显然是错误的，其主要原因是 Step2 中只选择了风扇叶片的一部分曲面，所以在 Step4 中阵列时，也就只能阵列选择的曲面对象。因此，在曲面阵列中，阵列的关键是正确选择曲面对象。

　　Step5．重新选择阵列对象。为了正确选择曲面阵列对象，可以在曲面对象上多单击两次，待曲面显示为粉色时，表示选中了完整的曲面对象（在 Pro/E 中完整的曲面对象称为曲面面组）。另外还可以在选择对象之前，先在过滤器中设置选择类型为"面组"，然后直接单击曲面即可快速选中整个完整的曲面对象，如图 7-195 所示。

　　Step6．重新进行曲面阵列。正确选择曲面阵列对象后，选择"编辑"→"几何阵列"命令，在阵列类型下拉列表中选择"轴"类型，选择风扇中间基准轴为阵列轴参考，定义阵列个数为 3，单击"阵列"操控板中的　　按钮，最后单击鼠标中键，完成阵列操作，结果如图 7-189 所示。

图 7-194　错误阵列结果　　　　　　　　　图 7-195　选择曲面面组

在 Pro/E 中对曲面对象进行镜像操作与曲面对象的阵列操作是一样的，关键都是正确选择曲面面组，此处不再赘述。

7.5　曲面实体化操作

曲面设计的最后阶段一定要将曲面创建成实体，因为曲面是没有厚度（零厚度）的片体，这是没有实际意义的，所以一定要将曲面创建成实体。将曲面创建成实体的操作称为曲面实体化操作，在 Pro/E 中曲面实体化操作主要包括曲面加厚及曲面实体化两种方式，具体介绍如下。

7.5.1　曲面加厚

7.5.1　曲面加厚

曲面加厚是指将曲面沿着垂直方向增加一定的厚度，从而使曲面形成均匀壁厚的薄壁结构或壳体结构，在 Pro/E 中使用"加厚"命令进行曲面加厚操作。

如图 7-196 所示的吹风机模型曲面，需要创建吹风机壳体，要求壳体厚度为 1.2mm，可以使用曲面加厚操作来实现。下面具体介绍曲面加厚操作过程。

Step1．打开配套资源中的"素材\proe_jxsj\ch07 surface\7.5\01\thickness_surface"。

图 7-196　吹风机曲面

Step2．选择加厚对象。选择整个吹风机曲面面组为加厚对象。

Step3．创建曲面加厚。选择"编辑"→"加厚"命令，系统弹出如图 7-197 所示的"加厚"操控板。在该操控板中定义加厚参数，此时在曲面模型上生成曲面加厚预览及加厚方向箭头，如图 7-198 所示。单击箭头，调整箭头方向指向曲面内侧，表示向曲面内侧进行加厚，定义加厚厚度值为 1.2，单击鼠标中键，完成曲面加厚。

图 7-197　"加厚"操控板

图 7-198　定义曲面加厚

7.5.2　曲面实体化

对于相对封闭的曲面，可以直接使用"实体化"命令将曲面
创建成实体，相对封闭的曲面主要是指曲面所在的空间范围是相对封闭的，主要有以下几种
类型。

1. 全封闭曲面实体化

如图 7-199 所示的门把手零件，已经完成了如图 7-200 所示
的主体曲面的创建，需要将该曲面创建成实体，然后在实体的基
础上创建门把手细节，得到最终的门把手零件。下面具体介绍曲
面实体化操作过程。

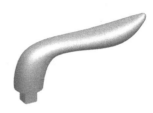

图 7-199　门把手零件

Step1. 打开配套资源中的"素材\proe_jxsj\ch07 surface\7.5\
01\doorknob.prt"。

Step2. 模型处理。全封闭曲面的实体化一定要保证曲面是完全封闭的，但是本例创建
的门把手曲面是开口的，如图 7-201 所示，需要首先将曲面封闭。

（1）创建如图 7-202 所示的填充曲面　选择"编辑"→"填充"命令，选择门把手曲面
的开口，绘制草图创建填充曲面。

图 7-200　门把手主体曲面　　　　图 7-201　曲面开口　　　　图 7-202　创建填充曲面

（2）创建如图 7-203 所示的合并曲面　按住〈Ctrl〉键，选择门把手主体曲面与填充曲
面，在右部工具栏按钮区单击"合并"按钮 　，将主体曲面与填充面合并。

Step3. 封闭曲面实体化。选择 Step2 创建的封闭曲面面组，选择"编辑"→"实体化"
命令，单击鼠标中键，完成封闭曲面实体化操作。

此处创建封闭曲面实体化后，为了便于观察，可以使用"视图管理器"命令在模型中间
创建横截面将零件剖开查看，结果如图 7-204 所示。关于使用"视图管理器"命令创建横截
面的操作在本书第 6 章有详细的介绍，此处不再赘述。

2. 垫块曲面实体化

在曲面设计中，如果曲面部分被其他的实体结构封闭了，也能够使用实体化工具直接将
曲面创建成实体。

如图 7-205 所示的垫块零件，已经完成了如图 7-206 所示的底部实体与上部曲面部分的创建，因为此时曲面部分与下部实体部分形成了封闭区域，如图 7-207 所示，可以直接使用实体化工具将其创建成实体，下面具体介绍操作过程。

  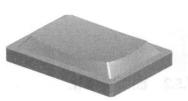

图 7-203　创建合并曲面　　　　图 7-204　曲面实体化结果　　　　图 7-205　垫块零件

Step1．打开配套资源中的"素材\proe_jxsj\ch07 surface\7.5\01\surface_solid_ex"。

Step2．创建曲面实体化。选择上部曲面面组，选择"编辑"→"实体化"命令，此时在模型上出现如图 7-208 所示的箭头，该箭头用于设置实体化方向。单击箭头调整箭头方向向下，表示将曲面部分向下创建实体并与下部的实体部分自动合并，单击鼠标中键，完成曲面实体化操作，结果如图 7-209 所示。

图 7-206　已经完成的实体与曲面　　图 7-207　实体与曲面形成封闭　　　图 7-208　曲面实体化

此处在创建实体化时，如果调整箭头方向向上，表示只创建上部曲面部分的实体，结果如图 7-210 所示。

封闭曲面实体化操作是曲面设计中非常重要的一种操作方法，这种方法也经常用于曲面零件的设计，特别适用于外部结构比较异常，且无法用其他常规方法设计的零件，像这种情况，可以先创建零件的各个表面，把各个表面做好后再进行合并使其形成完整的封闭曲面，最后将封闭曲面实体化得到需要的零件结构。

准确来讲，这种零件设计方法是"万能"的设计方法，对所有零件的设计都是适用的。因为所有的零件都是由若干表面构成的，所以只要得到零件的表面，就可以得到零件。但要注意的是，在实际设计时还要考虑操作的方便性，因为这种方法往往需要创建很多的曲面，而且还要保证这些曲面是相对封闭的，所以不到万不得已的情况，尽量不要使用曲面实体化方法进行零件设计。

如图 7-211 所示的螺旋零件，如图 7-212 所示的插头零件，还有如图 7-213 所示的吊钩零件，都可以使用曲面实体化方法进行设计。

图 7-209　实体化结果（一）　　　图 7-210　实体化结果（二）　　　图 7-211　螺旋零件

图 7-212 插头零件

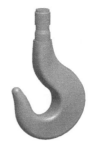

图 7-213 吊钩零件

7.5.3 曲面实体化切除

曲面实体化切除是指使用曲面切除实体，这是产品设计中非常重要的一种设计方法，特别是在产品自顶向下设计中应用非常广泛，下面具体介绍曲面实体化切除操作。

7.5.3 曲面实体化切除

如图 7-214 所示的旋钮零件，已经完成了如图 7-215 所示的旋转实体与曲面的创建，需要进一步使用曲面切除旋转实体，得到旋钮零件中凹坑结构。

图 7-214 旋钮零件

图 7-215 旋转实体与曲

Step1. 打开配套资源中的"素材\proe_jxsj\ch07 surface\7.5\03\switch_ex"。

Step2. 创建实体化切除。选择任一切除曲面，然后选择"编辑"→"实体化"命令，系统弹出"实体化"操控板。在操控板中单击"切除"按钮，如图 7-216 所示，表示创建实体化切除。此时在模型上出现如图 7-217 所示的箭头，该箭头用于设置实体化切除方向，单击箭头调整箭头方向向右，表示使用切除曲面将右侧部分实体切除，单击鼠标中键，完成实体化切除操作，结果如图 7-218 所示。

图 7-216 "实体化"操控板

此处只做了一侧的切除，另一侧的切除读者可自行完成，不再赘述。另外，在创建曲面实体化切除时，设置箭头指向非常重要，如果单击箭头调整箭头指向另外一侧将得到完全不同的结果，如图 7-219 所示。

曲面实体化切除操作是曲面设计中非常重要的一种操作方法，这种方法也经常用于曲面零件的设计，特别适用于零件表面有各种"切除痕迹"的曲面零件。像这种零件都可以先创建零件的基础实体，然后根据"切除痕迹"创建相应的切除曲面，最后使用曲面切除实体，得到最终需要的零件结构。如图 7-220 所示的水杯盖零件，还有如图 7-221 所示的面板零件，表面都有明显的"切除痕迹"特点，都可以使用曲面实体化切除方法进行设计。

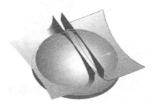

图 7-217　使用曲面切除实体

图 7-218　曲面切除实体结果（一）

图 7-219　曲面切除实体结果

图 7-220　水杯盖零件

图 7-221　面板零件

7.6　曲面设计案例

前面已系统介绍了曲面设计及其操作，为了加深读者对曲面设计的理解并更好地应用于实践，本节通过两个具体案例详细介绍曲面设计的方法与技巧。

7.6.1　电吹风曲面设计

如图 7-222 所示的电吹风壳体，其设计说明如下。

1）设置工作目录：F:\proe_jxsj\ch07 surface\7.6。

2）新建零件文件：命名为 hair_dryer_surface。

3）电吹风曲面设计思路：电吹风曲面可以分成两部分来创建，一部分是电吹风主体，另一部分是电吹风手柄，首先创建如图 7-223 所示的主体基础面及线框，然后创建如图 7-224 所示的电吹风主体曲面；完成主体曲面设计后，再创建手柄曲面，手柄曲面同样要先创建曲线线框，如图 7-225 所示，然后创建如图 7-226 所示的手柄曲面，最后进行曲面后期及实体化操作，结果如图 7-222 所示。

图 7-222　电吹风曲面设计

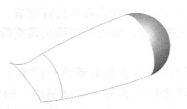

图 7-223　主体基础曲面及线框

图 7-224　电吹风主体曲面

图 7-225　手柄曲线线框

图 7-226　手柄曲面

4）具体过程：请扫二维码观看视频讲解。

7.6.1　电吹风曲面设计　　01　02　03

7.6.2　飞机曲面设计

如图 7-227 所示的飞机曲面，其设计说明如下。

1）设置工作目录：F:\proe_jxsj\ch07 surface\7.6。

2）新建零件文件：命名为 airplane_surface。

3）飞机曲面设计思路：像这种复杂的曲面设计，首先要创建如图 7-228 所示的主控制线框，用来控制主要的结构尺寸，然后创建初步的基础曲面及曲线线框，如图 7-229 所示，再创建主要的造型曲面，如图 7-230 所示，最后是曲面后期及细节设计，如图 7-227 所示。

图 7-227　飞机曲面设计

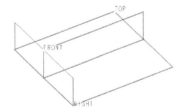

图 7-228　创建主控制线框

图 7-229　创建基础曲面及线框

图 7-230　创建主要曲面

4）具体过程：请扫二维码观看视频讲解。

7.6.2　飞机曲面设计　　01　02　03　04　05

7.7 习题

7.7 选择题

一、选择题

1. 以下关于创建边界混合的说法中不正确的是（　　）。

    A．使用"边界混合"命令只能用来创建曲面，不能创建实体

    B．创建边界混合时要灵活使用〈Ctrl〉键、〈Shift〉键和右键切换选择需要的曲线

    C．创建边界混合曲面时只能在曲面边界与其他曲面连接的位置添加约束条件

    D．创建边界混合的所有曲线段数必须相等，否则无法创建边界混合曲面

2. 塑料盖零件中的扣合结构往往使用（　　）命令来创建。

    A．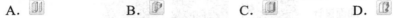　　　　B．　　　　C．　　　　D．

3. 如下图所示的曲面操作，需要将两相交的曲面进行组合，然后在两曲面接合位置创建圆角，针对这种操作的以下说法中正确的是（　　）。

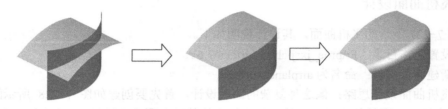

    A．首先使用竖直曲面修剪水平曲面，然后互换修剪，最后合并曲面并倒圆角

    B．直接选择竖直曲面与水平曲面相交创建相交曲线，然后使用相交曲线分别修剪竖直曲面和水平曲面，最后合并曲面并倒圆角

    C．直接选择竖直曲面与水平曲面合并，然后倒圆角

    D．以上三种方法都可以

4. 以下关于曲面实体化操作中不正确的是（　　）。

    A．曲面设计的最后阶段一定要将曲面创建成实体，零厚度的曲面没有实际意义

    B．开放曲面使用"加厚"命令进行实体化，这种方法往往用于复杂钣金件设计

    C．完全封闭的曲面只能使用"实体化"命令进行实体化操作

    D．曲面设计后期提前将曲面合并成完整面组将有助于曲面实体化操作

5. 以下哪两种情况可以直接使用"实体化"命令将曲面创建成实体（　　）。

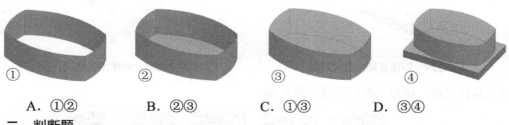

    A．①②　　　　B．②③　　　　C．①③　　　　D．③④

二、判断题

1. 曲面设计的关键是曲线线框的设计，曲线线框包括平面曲线及空间曲线。（　　）

2．同样的曲线与曲面，使用投影曲线与包络曲线操作结果是一样的。（　　）

7.7　判断题

3．曲面实体化修剪与偏移曲面中的替换面操作都可以使用曲面对实体进行修剪处理。（　　）

4．曲线线框中的曲线分为轮廓曲线与截面曲线，在创建边界混合曲面时，第一方向一定要选择轮廓曲线，第二方向一定要选择截面曲线，不能交换。（　　）

5．选择曲面面组，然后选择"延伸"命令，可以对曲面的所有边线进行延伸。（　　）

三、曲面设计题

1．如图 7-231 所示的鼠标曲面，各个方向的主要视图效果如图 7-232 所示，根据鼠标曲面的造型特点，首先创建合适的曲线线框，然后根据曲线线框创建鼠标曲面，最后对曲面进行实体化，要求实体化厚度为 1.2mm，厚度方向指向鼠标曲面内部。

7.7　曲面
设计题 1

图 7-231　鼠标曲面

图 7-232　曲面视图效果

2．如图 7-233 所示的艺术水瓶曲面，各个方向的视图效果如图 7-234 所示，根据艺术水瓶曲面的造型特点，创建艺术水瓶曲面。

7.7　曲面
设计题 2

图 7-233　艺术水瓶曲面

图 7-234　艺术花瓶视图效果

3．如图 7-235 所示的钣金支架零件，各个方向的视图效果如图 7-236 所示，根据钣金支架结构特点，创建钣金支架零件模型（注意曲面设计在钣金设计中的运用）。

7.7　曲面
设计题 3

图 7-235 钣金支架

图 7-236 钣金支架视图效果

第8章 综合案例（台虎钳设计）

本章提要

前面章节系统介绍了 Pro/E 零件设计、装配设计、工程图、曲面设计等内容，读者对这些内容也有了一定的认识与理解，为了加深读者对产品设计的理解，也帮助读者全面了解 Pro/E 在产品设计中的实际运用，本章具体介绍台虎钳的设计。

8.1 台虎钳
设计概述

8.1 台虎钳设计概述

台虎钳是一种夹具，其工作原理是通过螺杆的转动使螺杆上的螺旋和滑块上的螺旋进行转动，使滑块移动带动滑动座及钳口的移动，从而夹住工件。

台虎钳装配图如图 8-1 所示，主要由底座、螺杆、滑动座、滑块、钳口、垫圈、螺钉装配而成，本章将按照产品设计的具体流程介绍台虎钳的设计过程。台虎钳设计流程如图 8-2 所示，具体设计过程如下。

说明： 台虎钳的设计既涉及前面章节介绍的零件设计、装配设计、工程图及曲面设计的有关内容，同时还涉及装配拆卸动画、运动仿真、结构分析等，这些对产品设计也是非常重要的，在本章主要作为拓展内容来讲解，主要目的是为了完成台虎钳的设计。

图 8-1 台虎钳装配图

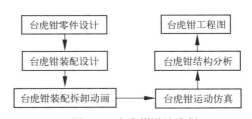

图 8-2 台虎钳设计流程

8.2 台虎钳主要零部件设计

本节主要介绍底座、螺杆、滑动座及滑块零件的设计，其他零件直接使用文件夹中做好的零件，为后面的装配设计、出工程图、动画设计及仿真分析做准备。

8.2.1 零件
设计准备

8.2.1 零件设计准备

零件设计之前，考虑到后面要做台虎钳的装配图，在装配图中要创建零件明细表，因此需要选择合适的零件模板。本书配套素材\proe_jxsj\ch08 case\8.1 文件夹中提供了零件模板文件 part_template，读者需要将零件模板保存在 D:\Program Files\proeWildfire 5.0\templates 目录中（具体要看软件安装位置），以方便以后调用该模板进行零件设计。

8.2.2 底座设计

台虎钳底座如图 8-3 所示，材料为 HT150，密度为 7.2g/mm^3，具体介绍如下。

Step1．设置工作目录：F:\proe_jxsj\ch08 case\8.2。

Step2．新建零件文件。选择"新建"命令，使用配套素材中的零件模板（part_template）新建底座零件，文件名称 base_part。

Step3．创建零件模型。具体操作请扫二维码看视频讲解。

Step4．设置零件质量属性。创建零件模型后，需要按照实

图 8-3 台虎钳底座

际情况设置零件模型属性，为后面在工程图中出明细表做准备。

（1）设置零件密度 选择"文件"→"属性"命令，系统弹出如图 8-4 所示的"模型属性"对话框。在该对话框中的"材料"选项组单击"质量属性"后面的"更改"，系统弹出"设置质量属性"对话框，在对话框的"密度"文本框中输入材料密度"7.2e-6"，如图 8-5 所示，单击"确定"按钮。

图 8-4 "模型属性"对话框

（2）再生模型 选择"分析"→"ModelCHECK"→"ModelCHECK 再生"命令，再选择"编辑"→"再生"命令，系统自动计算零件质量。

（3）查看零件质量 选择"分析"→"模型"→"质量属性"命令，系统弹出"质量属性"对话框，单击对话框中的 按钮，查看零件质量。

Step5．设置零件参数。选择"工具"→"参数"命令，系统弹出"参数"对话框，在对话框中设置零件参数，如图 8-6 所示，这些参数信息将直接显示在工程图零件明细表中（具体操作将在本章 8.7 节具体介绍）。

图 8-6 所示的"参数"对话框中各参数含义说明如下。

● cname——零件名称，用来设置零件真实名称，本例为底座。

- cmass——零件质量，用来设置零件质量参数，根据设置的密度自动计算。
- cmat——零件材料，用来设置零件真实材料，本例为 HT150。

图 8-5 设置质量属性

图 8-6 "参数"对话框

- drawingno——图号，用来设置零件图号，一般是企业对产品中零件的编号。
- designer——设计者，用来设置零件设计者姓名。
- drafter——绘图，用来设置零件制图者姓名。
- auditer——审核，用来设置零件制图审核者姓名。
- company——单位名称，用来设置公司名称、设计单位。

Step6．保存零件模型。单击"保存"按钮，保存零件文件。

8.2.3 螺杆
设计

8.2.3 螺杆设计

螺杆是台虎钳中非常重要的一个零件，考虑到螺杆上有螺旋结构，为了便于后面做运动仿真及工程图，需要设计两种状态的螺杆。一种是带螺旋扫描结构的螺杆，如图 8-7 所示，这种状态的螺杆用于台虎钳运动仿真；另一种是带修饰螺纹的螺杆，如图 8-8 所示，这种螺杆用于出工程图（自动显示修饰螺纹线）。螺杆材料为 45 钢，密度为 7.82g/mm³，下面具体介绍设计过程。

图 8-7 带螺旋扫描的螺杆

图 8-8 带修饰螺纹的螺杆

Step1．设置工作目录：F:\proe_jxsj\ch08 case\8.2。

Step2．新建零件文件。选择"新建"命令，使用零件模板（part_template）新建螺杆零件，文件名称 screw_rod。

Step3．创建零件模型。具体操作请扫二维码看视频讲解。

Step4．设置零件质量属性。参照 8.2.2 节 Step4 设置零件密度并计算质量。

Step5．设置零件参数。参照 8.2.2 节 Step5 设置零件参数，如图 8-9 所示。

Step6．保存零件模型。单击"保存"按钮，保存零件文件。

图 8-9　设置螺杆参数

8.2.4　滑动座设计

8.2.4　滑动座设计

滑动座如图 8-10 所示，零件材料为 HT150，密度为 7.2g/mm³，具体介绍如下。

Step1．设置工作目录：F:\proe_jxsj\ch08 case\8.2。

Step2．新建零件文件。选择"新建"命令，使用零件模板（part_template）新建螺杆零件，文件名称 slide_pad。

Step3．创建零件模型。具体操作请扫二维码看视频讲解。

Step4．设置零件质量属性。参照 8.2.2 节 Step4 设置零件密度并计算质量。

Step5．设置零件参数。参照 8.2.2 节 Step5 设置零件参数，如图 8-11 所示。

Step6．保存零件模型。单击"保存"按钮，保存零件文件。

图 8-10　滑动座

图 8-11　设置滑动座参数

8.2.5　滑块设计

8.2.5　滑块设计

滑块与螺杆属于螺旋配合，考虑到滑块上有螺旋结构，为了便于后面做运动仿真及出工程图，需要设计两种状态的滑块。一种是带螺旋扫描结构的滑块，如图 8-12 所示，这种状态的滑块用于台虎钳运动仿真；另一种是带修饰螺纹的滑块，如图 8-13 所示，这种状态的滑块用于出工程图（自动显示修饰螺纹线）。滑块材料为 45 钢，密度为 7.82g/mm³，下面具体介绍滑块设计过程。

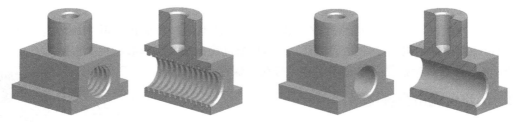

图 8-12　带螺旋扫描的滑块　　　　　图 8-13　带修饰螺纹的滑块

Step1．设置工作目录：F:\proe_jxsj\ch08 case\8.2。

Step2．新建零件文件。选择"新建"命令，使用零件模板（part_template）新建螺杆零件，文件名称 slide。

Step3．创建零件模型。具体操作请扫二维码看视频讲解。

Step4．设置零件质量属性。参照 8.2.2 节 Step4 设置零件密度并计算质量。

Step5．设置零件参数。参照 8.2.2 节 Step5 设置零件参数，如图 8-14 所示。

Step6．保存零件模型。单击"保存"按钮，保存零件文件。

图 8-14　设置滑块参数

8.3　台虎钳装配设计

台虎钳装配是后面创建台虎钳装配拆卸动画、台虎钳运动仿真及创建台虎钳装配体出图的基础，本节具体介绍台虎钳的装配过程。

8.3.1　创建台虎钳装配

台虎钳装配图如图 8-1 所示，下面具体介绍台虎钳的装配过程。

8.3.1　创建
台虎钳装配

Step1．设置工作目录：F:\proe_jxsj\ch08 case\8.3。

Step2．新建装配文件。选择"新建"命令，使用系统自带的 mmns_asm_design 模板新建装配文件，文件名称为 vice_asm。

Step3．装配底座零件：将底座零件（base_part）作为第一个零件进行装配（使用缺省装配约束，具体装配过程请扫二维码参考视频讲解）。

Step4．装配其余零件。按照台虎钳装配要求完成其余零件装配（其中螺杆与滑块零件均使用带螺旋扫描结构的零件进行装配。具体装配过程请扫二维码参考视频讲解）。

Step5．保存装配模型。单击"保存"按钮，保存装配文件。

8.3.2 创建台虎钳分解视图

为了清楚地展示台虎钳零部件装配位置关系，需要使用"视图管理器"命令创建台虎钳分解视图，下面使用 8.3.1 节中的装配结果具体介绍台虎钳分解视图的创建过程。

Step1．选择"视图管理器"命令。在装配环境的顶部工具栏按钮区单击"视图管理器"按钮 ，系统弹出"视图管理器"对话框，在该对话框中单击"分解"选项卡。

Step2．新建分解视图。在"视图管理器"对话框的"分解"选项卡中单击"新建"按钮，接受系统默认的分解视图名称（Exp001）并按〈Enter〉键。

Step3．编辑分解视图位置。在"视图管理器"对话框的"分解"选项卡中选中 Step2 新建的分解视图 Exp001，然后选择"编辑"→"编辑位置"命令，系统弹出"编辑位置"操控板，用于编辑零件分解位置。

1）分别选择螺杆头部的螺母及垫圈沿螺杆轴向方向创建如图 8-15 所示的分解。

2）分别选择螺杆及螺杆尾部垫圈沿螺杆轴向方向创建如图 8-16 所示的分解。

图 8-15　沿螺杆轴向方向分解螺母及垫圈　　　　　图 8-16　沿轴向方向分解螺杆及垫圈

3）选择滑动座螺钉沿竖直方向向上创建如图 8-17 所示的分解。

4）选择滑块沿竖直方向向下创建如图 8-18 所示的分解。

图 8-17　沿竖直方向向上分解滑动座螺钉　　　　图 8-18　沿竖直方向向下分解滑块

5）选择滑动座、钳口及螺钉创建如图 8-19 所示的分解。

6）分别选择滑动座上的钳口及螺钉创建如图 8-20 所示的分解。

7）分别选择底座上的钳口及螺钉创建如图 8-21 所示的分解。

Step4．保存分解视图。在"视图管理器"对话框的"分解"选项卡中选中创建的分解视图 Exp001，然后选择"编辑"→"保存"命令，系统弹出"保存显示元素"对话框，单击对话框中的"确定"按钮，完成分解视图保存。

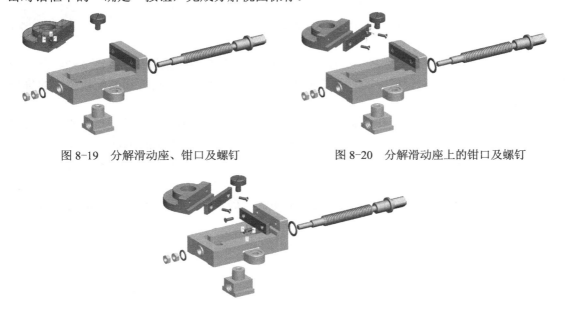

图 8-19　分解滑动座、钳口及螺钉　　　　图 8-20　分解滑动座上的钳口及螺钉

图 8-21　分解底座上的钳口及螺钉

8.4　台虎钳装配拆卸动画设计

台虎钳装配完成后，为了动态展示台虎钳产品的装配拆卸过程，需要创建台虎钳装配拆卸动画，装配拆卸动画需要在 Pro/E 动画设计模块中进行。在装配设计环境中选择"应用程序"→"动画"命令，系统进入 Pro/E 动画设计模块，专门进行动画设计。

打开配套资源中的"素材\proe_jxsj\ch08 case\8.4"中的"台虎钳动画"文件，查看台虎钳拆卸过程动画，了解动画设计要求，根据动画视频创建台虎钳装配拆卸动画。具体介绍如下。

8.4.1　新建动画文件

动画设计首先要创建动画文件，为动画设计做准备。选择"动画"→"动画"命令，系统弹出如图 8-22 所示的"动画"对

话框。在该对话框中已经有一个默认的动画文件（Animation1），选中该动画文件，单击对话框中的"编辑"按钮，系统弹出如图 8-23 所示的"定义动画"对话框，输入动画文件名称"vice_animation"，单击"确定"按钮及"动画"对话框中的"关闭"按钮。

图 8-22　"动画"对话框　　　　　　　图 8-23　"定义动画"对话框

8.4.2 动画主体定义

动画设计中必须要定义一个固定不动的对象作为整个动画的固定参考（固定主体），同时每个运动对象必须定义为运动主体，下面具体介绍动画主体定义。

Step1．定义一般主体。选择"动画"→"主体定义"命令，系统弹出如图 8-24 所示的"主体"对话框。单击对话框中的"每个主体一个零件"按钮，将台虎钳装配模型中的每个零件分别定义为动画主体。

Step2．定义 Ground 主体（固定主体）。台虎钳中底座是固定不动的，所以需要将台虎钳底座定义为 Ground 主体。如图 8-24 所示"主体"对话框列表中的 body1 就是台虎钳底座，需要将 body1 定义为 Ground 主体。在"主体"对话框列表中选择 Ground，然后单击对话框中的"编辑"按钮，系统弹出如图 8-25 所示的"主体定义"对话框及"选取"对话框，在模型中选择底座，单击"选取"对话框中的"确定"按钮，将底座（body1）定义为 Ground 主体。

图 8-24 "主体"对话框

图 8-25 "主体定义"对话框

8.4.3 定义动画快照

在 Pro/E 中进行动画设计的原理是首先创建一系列的"动画画面"（类似于照片），在 Pro/E 中称为"快照"，然后将这些"动画画面（动画快照）"按照一定的时间顺序播放出来就形成了连续的动画，所以进行动画设计的关键就是创建动画快照。在 Pro/E 顶部工具栏按钮区中单击"拖动元件"按钮，系统弹出如图 8-26 所示的"拖动"对话框，用来创建动画快照。

本例要创建台虎钳的拆卸动画，需要将台虎钳中的所有零件逐一拆卸出来，一共需要创建 14 张动画快照，下面具体介绍动画快照的定义过程。

Step1．创建如图 8-27 所示的快照 1（初始快照）。动画设计中需要有一个初始状态（初始快照），就是没有拆卸的状态，直接单击"拖动"对话框中的按钮，在"拖动"对话框中生成快照 1（Snapshot1）。

Step2．创建如图 8-28 所示的快照 2。在"拖动"对话框中的"高级拖动选项"选项组单击按钮（表示沿 X 轴方向平移），选择如图 8-28 所示的螺母，然后沿着 X 轴方向拖动到合适的位置，单击按钮，在"拖动"对话框中生成快照 2（Snapshot2）。

Step3．创建如图 8-29 所示的快照 3。在"拖动"对话框中的"高级拖动选项"选项组

单击 ⊞ 按钮（表示沿 X 轴方向平移），选择如图 8-29 所示的螺母，沿着 X 轴方向拖动到合适的位置，单击 ◙ 按钮，在"拖动"对话框中生成快照 3（Snapshot3）。

Step4. 创建如图 8-30 所示的快照 4。在"拖动"对话框中的"高级拖动选项"选项组单击 ⊞ 按钮（表示沿 X 轴方向平移），选择如图 8-30 所示的垫圈，沿着 X 轴方向拖动到合适的位置，单击 ◙ 按钮，在"拖动"对话框中生成快照 4（Snapshot4）。

图 8-26 "拖动"对话框

图 8-27 创建快照 1

图 8-28 创建快照 2

图 8-29 创建快照 3

图 8-30 创建快照 4

Step5. 创建如图 8-31 所示的快照 5。在"拖动"对话框中的"高级拖动选项"选项组单击 ⊞ 按钮（表示沿 X 轴方向平移），选择如图 8-31 所示的螺杆，沿着 X 轴方向拖动到合适的位置，单击 ◙ 按钮，在"拖动"对话框中生成快照 5（Snapshot5）。

Step6. 创建如图 8-32 所示的快照 6。在"拖动"对话框中的"高级拖动选项"选项组单击 ⊞ 按钮（表示沿 X 轴方向平移），选择如图 8-32 所示的垫圈，沿着 X 轴方向拖动到合适的位置，单击 ◙ 按钮，在"拖动"对话框中生成快照 6（Snapshot6）。

图 8-31 创建快照 5

图 8-32 创建快照 6

Step7. 创建如图 8-33 所示的快照 7。在"拖动"对话框中的"高级拖动选项"选项组单击 ⊞ 按钮（表示沿 Y 轴方向平移），选择如图 8-33 所示的螺钉，沿着 Y 轴方向拖动到合适的位置，单击 ◙ 按钮，在"拖动"对话框中生成快照 7（Snapshot7）。

Step8. 创建如图 8-34 所示的快照 8。在"拖动"对话框中的"高级拖动选项"选项组单击 ⊞ 按钮（表示沿 Y 轴方向平移），选择如图 8-34 所示的滑块，沿着 Y 轴方向拖动到合适的位置，单击 ◙ 按钮，在"拖动"对话框中生成快照 8（Snapshot8）。

Step9. 创建如图 8-35 所示的快照 9。在"拖动"对话框中的"约束"选项卡中使用约束方式，将滑动座及滑动座上的钳口及螺钉移动到如图 8-35 所示的位置，单击 ◙ 按钮，在"拖动"对话框中生成快照 9（Snapshot9）。

图 8-33　创建快照 7

图 8-34　创建快照 8

Step10．创建如图 8-36 所示的快照 10。在"拖动"对话框中的"高级拖动选项"选项组单击 按钮，选择如图 8-36 所示的螺钉，沿着 X 轴方向拖动到合适的位置，单击 按钮，在"拖动"对话框中生成快照 10（Snapshot10）。

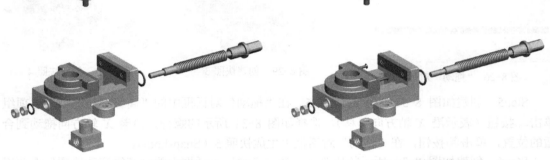

图 8-35　创建快照 9

图 8-36　创建快照 10

Step11．创建如图 8-37 所示的快照 11。在"拖动"对话框中的"高级拖动选项"选项组单击 按钮，选择如图 8-37 所示的钳口，沿着 Y 轴方向拖动到合适的位置，单击 按钮，在"拖动"对话框中生成快照 11（Snapshot11）。

Step12．创建如图 8-38 所示的快照 12。在"拖动"对话框中的"高级拖动选项"选项组单击 按钮，选择如图 8-38 所示的滑动座，沿着 Y 轴方向拖动到合适的位置，单击 按钮，在"拖动"对话框中生成快照 12（Snapshot12）。

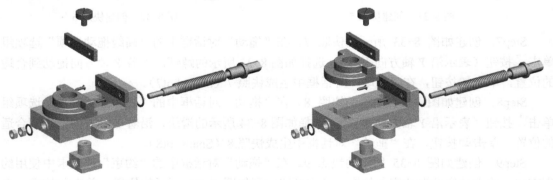

图 8-37　创建快照 11

图 8-38　创建快照 12

Step13．创建如图 8-39 所示的快照 13。在"拖动"对话框中的"高级拖动选项"选项

组单击 按钮，选择如图 8-39 所示的螺钉，沿着 X 轴方向拖动到合适的位置，单击 按钮，在"拖动"对话框中生成快照 13（Snapshot13）。

Step14．创建如图 8-40 所示的快照 14。在"拖动"对话框中的"高级拖动选项"选项组单击 按钮，选择如图 8-40 所示的钳口，沿着 Y 轴方向拖动到合适的位置，单击 按钮，在"拖动"对话框中生成快照 14（Snapshot14）。

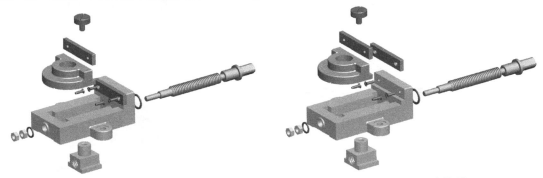

图 8-39　创建快照 13　　　　　　图 8-40　创建快照 14

完成所有快照创建后，在"拖动"对话框列表中显示所有创建的快照，双击快照可以切换快照效果，方便查看创建的快照。

8.4.4　创建动画视图定向

在动画过程中，为了更为清晰地展现台虎钳拆卸过程中的局部细节位置，需要在动画过程中添加视图切换，相当于在视频拍摄过程中的"切换镜头"。在 Pro/E 中首先使用"视图管理器"命令创建不同方位的视图定向，然后在动画中将这些视图定向添加到对应的时间轴上，在动画播放到一定时间节点时切换不同的视图定向，从而实现动画过程中"切换镜头"的动画效果，下面具体介绍创建动画视图定向的操作。

图 8-41　动画快照画面（一）

Step1．创建第一个视图定向。在动画中播放如图 8-41 所示的动画快照画面时，需要重点展现台虎钳螺杆端部的两个螺母及垫圈，所以需要创建该局部位置的视图定向。使用"视图管理器"命令创建如图 8-42 所示的定向视图 V1，用来展现如图 8-41 所示的动画快照画面。

图 8-42　定向视图 V1

Step2．创建第二个视图定向。在动画中播放如图 8-43 所示的动画快照画面时，需要重点展现台虎钳螺杆及螺杆尾部的垫圈，此时最佳观察方位如图 8-43 所示，所以需要创建符合该观察方位的视图定向。使用"视图管理器"命令创建如图 8-44 所示的定向视图 V2，用来展现如图 8-43 所示的动画快照画面。

Step3．创建第三个视图定向。在动画中播放如图 8-45 所示的动画快照画面时，需要重点展现滑动座、滑块及滑动座上的钳口及螺钉，此时最佳观察方位如图 8-45 所示，所以需要创建符合该观察方位的视图定向。使用"视图管理器"命令创建如图 8-46 所示的定向视图 V3，用来展现如图 8-45 所示的动画快照画面。

图 8-43　动画快照画面（二）

图 8-44　定向视图 V2

图 8-45　动画快照画面（三）

图 8-46　定向视图 V3

注意：Step3 和 Step4 中创建的 V2 和 V3 视图定向是类似的，以及 Step1、Step4 和 Step5 中创建的 V1、V4 和 V5 视图之间也是类似的，只是定向视图在整个 Pro/E 图形区的位置及显示大小范围不一样，一定要根据展示的局部位置来定义，从而展现最好的动画效果。这正是创建动画视图定向的关键。

Step4．创建第四个视图定向。在动画中播放如图 8-47 所示的动画快照画面时，需要重点展现如图 8-47 所示的局部范围，所以需要创建符合该观察方位的视图定向。使用"视图管理器"命令创建如图 8-48 所示的定向视图 V4，用来展现如图 8-47 所示的动画快照画面中的局部范围。

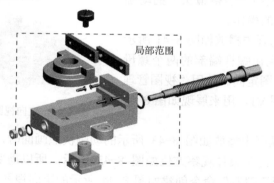

图 8-47　动画快照画面（四）

图 8-48　定向视图 V4

Step5．创建第五个视图定向。动画最后要展示完整的拆卸画面，所有的零件都需要展示在动画快照画面中，如图 8-49 所示。使用"视图管理器"命令创建如图 8-50 所示的定向视图 V5，用来展现如图 8-49 所示的完整的动画快照画面。

图 8-49　动画快照画面（五）

图 8-50　定向视图 V5

8.4.5　定义关键帧序列

8.4.5　定义关键帧序列

完成动画快照的定义后，需要定义这些动画快照的播放时间顺序，选择"动画"→"关键帧序列"命令，系统弹出如图 8-51 所示的"关键帧序列"对话框，用来定义动画快照的播放时间顺序。

Step1．新建关键帧序列。在"关键帧序列"对话框中单击"新建"按钮，系统弹出如图 8-52 所示的"关键帧序列"对话框，在该对话框中定义关键帧序列。

Step2．定义动画第 1 帧。在"关键帧"下拉列表中选择 Snapshot1 快照，"时间"为 0，表示在 0s 播放 Snapshot1 动画快照，单击 按钮，完成第 1 帧定义。

Step3．定义动画第 2 帧。在"关键帧"下拉列表中选择 Snapshot1 快照，"时间"为 2，表示在 2s 播放 Snapshot1 动画快照，单击 按钮，完成第 2 帧定义。

> 注意：在第 1 帧和第 2 帧都是播放 Snapshot1 快照，时间分别是 0s 和 2s，表示从 0s 到 2s，都在播放 Snapshot1 快照。一般动画开头都可以设置两个一样的快照，表示画面不变，用来展示整个静态效果。

Step4．定义其余帧。参照 Step2 按顺序添加其余动画快照，每个动画快照间隔均为 2s，定义关键帧结果如图 8-52 所示，单击"确定"按钮，此时在"关键帧序列"对话框中显示创建好的关键帧序列，如图 8-53 所示。

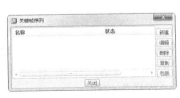

图 8-51　"关键帧序列"对话框

图 8-52　定义关键帧序列

图 8-53　完成关键帧序列定义

Step5．定义动画时间轴。完成关键帧序列定义后，在动画界面下部查看动画时间轴，如图 8-54 所示。此时时间轴时间只有 10s，不足以播放整个动画，需要设置动画时间轴，在时间轴上右击，在弹出的快捷菜单中选择"编辑时域"命令，系统弹出如图 8-55 所示的"动画时域"对话框，设置终止时间为 30，单击"确定"按钮，时间轴结果如图 8-56 所示。

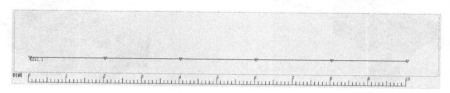

图 8-54　动画时间轴

动画时间轴中，刻度表示时间刻度，暗红色的倒三角形表示动画关键帧序列，关键帧与时间轴的对应关系就是由关键帧序列决定的。

图 8-55　"动画时域"对话框

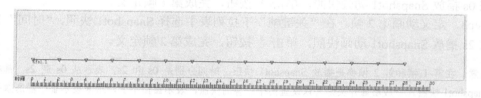

图 8-56　编辑时间轴

8.4.6　定义动画镜头切换

为了实现动画播放过程中的"镜头切换"效果，一般是将提前做好的定向视图按照一定的时间顺序加入到动画中。在 Pro/E 中选择"动画"→"定时视图"命令，用来定义动画播放过程中定向视图的切换（镜头切换），下面具体介绍定义过程。

Step1．定义第一个定时视图。选择"动画"→"定时视图"命令，系统弹出如图 8-57 所示的"定时视图"对话框。在"名称"下拉列表中选择 V1 定向视图，在"之后"下拉列表中选择"开始"，时间值为 0，表示在动画开始的 0 时间播放 V1 视图，单击"应用"按钮，完成定时视图定义。

Step2．定义第二个定时视图。在"定时视图"对话框的"名称"下拉列表中选择 V1 定向视图，在"之后"下拉列表中选择"Kfs1.1:8　Snapshot4"，时间值为 0，如图 8-58 所示，表示在播放动画快照 Snapshot4 之后 0s 播放 V1 视图，单击"应用"按钮。

注意：在开始的 0s 和播放 Snapshot4 快照之后的 0s 都是播放 V1 视图，表示在这段时间范围内定向视图没有发生变化。一般动画开头都可以设置不变的定向视图，表示画面不变，用来展示整个静态效果。

Step3. 定义其余定时视图。参照 Step2，按照如图 8-59～图 8-65 所示顺序定义其余定时视图，注意在定义各个定向视图时选择合适的时间点，结果如图 8-66 所示。

图 8-57　定义第一个视图

图 8-58　定义第二个视图

图 8-59　定义第三个视图

图 8-60　定义第四个视图

图 8-61　定义第五个视图

图 8-62　定义第六个视图

图 8-63　定义第七个视图　　图 8-64　定义第八个视图　　图 8-65　定义第九个视图

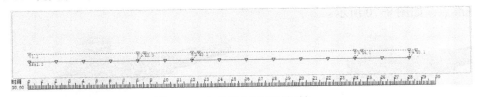

图 8-66　定义定向视图时间轴

8.4.7　导出动画视频

8.4.7　导出动画视频

完成动画设计后，为了方便随时查看动画效果，需要导出动画视频。选择"动画"→"回放"命令，系统弹出如图 8-67 所示的"动画"对话框。在该对话框中单击"捕获"按钮，系统弹出如图 8-68 所示的"捕获"对话框，单击"浏览"按钮，设置动画视频格式及存储位置，取消选中"锁定长宽比"选项，设置视频宽度为 1920，视频高度为 1080，单击"确定"按钮，导出视频。

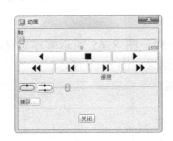

图 8-67 "动画"对话框

图 8-68 "捕获"对话框

8.5 台虎钳机构运动仿真

为了模拟台虎钳的工作过程，需要对台虎钳机构进行运动仿真，运动仿真需要在 Pro/E 机构模块中进行。在装配设计环境中选择"应用程序"→"机构"命令，系统进入 Pro/E 机构模块，进行运动仿真。

打开配套资源中的"素材\proe_jxsj\ch08 case\8.5"中的"台虎钳仿真"文件，查看台虎钳运动仿真，了解运动仿真要求，根据仿真视频进行台虎钳运动仿真。具体介绍如下。

8.5.1 仿真模型准备

台虎钳工作原理是通过螺杆的转动使螺杆上的螺旋和滑块上的螺旋进行转动，使滑块移动带动滑动座及钳口移动，从而夹住工件。

> 8.5.1 仿真模型准备

台虎钳仿真的关键是台虎钳中螺杆与滑块之间的螺旋传动。如图 8-69 所示，为了定义螺杆与滑块之间的螺旋传动，显示螺杆上的螺旋曲线，然后在滑块上与螺旋线接触的位置创建一个基准点，如图 8-70 所示。

图 8-69 螺杆与滑块螺旋传动

图 8-70 显示螺旋曲线并创建基准点

Step1．打开配套资源中的"素材\proe_jxsj\ch08 case\8.5\slide"。

Step2．创建滑块基准点。在右部工具栏按钮区中单击"基准点"按钮，系统弹出"基准点"对话框。选择如图 8-71 所示的修饰螺纹线边线，在"基准点"对话框中的"偏移"下拉列表中选择"比率"，在文本框中输入比率值"0.5"，如图 8-72 所示，表示在选择的圆弧边线 0.5 比率位置创建基准点，其实就是选择边线的中点。

图 8-71 创建基准点　　　　　　　图 8-72 "基准点"对话框

8.5.2 台虎钳机构装配

8.5.2 台虎钳机构装配

台虎钳机构装配之前首先分析台虎钳机构特点。台虎钳机构运动中主要包括三大结构，底座结构、螺杆及滑动座结构，其中底座结构如图 8-73 所示，底座结构组成如图 8-74 所示；滑动座结构如图 8-75 所示，滑动座结构组成如图 8-76 所示，根据其特点，在装配时，首先创建如图 8-73 所示的底座子装配，然后创建如图 8-75 所示的滑动座子装配，最后做总装。在机构总装时，需要在合适位置添加机构运动副（在 Pro/E 中称为机构连接），从而实现不同的机构运动。下面具体介绍台虎钳机构装配。

Step1．设置工作目录：F:\proe_jxsj\ch08 case\8.5。

Step2．创建如图 8-73 所示的台虎钳底座子装配。使用系统自带的 mmns_asm_design 装配模板新建装配文件，文件名称为 base_asm，使用如图 8-74 所示的零件进行装配。

Step3．创建如图 8-75 所示的台虎钳滑动座子装配。使用系统自带的 mmns_asm_design 装配模板新建装配文件，文件名称为 slide_asm，使用如图 8-76 所示的零件进行装配。

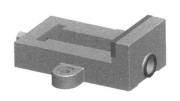

图 8-73 底座结构

图 8-74 底座组成

图 8-75 滑动座结构

Step4．创建台虎钳机构总装配。

（1）新建总装配文件　使用系统自带的 mmns_asm_design 装配模板新建装配文件，文件名称为 vice_asm。

（2）装配底座子装配　使用缺省约束装配底座子装配。

（3）装配螺杆　螺杆零件在底座孔位置可以自由转动，需要在螺杆与底座子装配之间使用"销钉"连接进行装配。"销钉"连接相当于旋转副，在添加"销钉"连接时需要选择螺杆与底座结构中的同轴参照及平面重合参照，结果如图 8-77 所示，单击"拖动元件"按钮 👆，拖动螺杆验证螺杆旋转运动。

图 8-76 滑动座组成

图 8-77　定义"销钉"连接装配螺杆

（4）装配滑动座子装配　滑动座与螺杆及底座之间都有连接要求，首先滑动座可以在底座上自由滑动，可以添加滑动座中滑块孔与底座螺杆孔之间的"圆柱"连接，如图 8-78 所示；然后添加滑动座底面平面与底座平面之间的"平面"连接，如图 8-79 所示；最后添加螺杆上螺旋曲线与滑块上基准点的"槽"连接，如图 8-80 所示。

图 8-78　定义"圆柱"连接

Step5．创建初始快照。仿真中需要定义一个初始位置，初始位置可以使用拖动工具创建一个初始快照来设置。将模型摆放到如图 8-81 所示的方位，在顶部工具栏按钮区单击"拖动元件"命令，系统弹出"拖动"对话框，单击按钮，生成快照 Snapshot1。

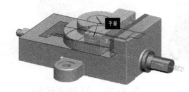

图 8-79　定义"平面"连接

图 8-80　定义"槽"连接

图 8-81　创建初始快照

8.5.3　添加伺服电动机

8.5.3　添加伺服电动机

完成台虎钳机构装配后，在机构中添加合适的伺服电动机就可以驱动机构运动了。本例需要在螺杆上添加伺服电动机使螺杆转动，然后通过螺杆与滑块之间的"槽"连接带动滑动座运动。下面具体介绍添加伺服电动机过程。

Step1．选择命令。选择"插入"→"伺服电动机"命令，系统弹出如图 8-82 所示的"伺服电动机定义"对话框，用于定义伺服电动机。

Step2．定义电动机类型。在如图 8-82 所示的"伺服电动机定义"对话框中选中"运动轴"选项，然后选择螺杆上的"销钉"连接，表示将电动机添加到螺杆上的旋转副上，将来可以驱动螺杆旋转运动。

Step3．定义电动机轮廓。在"伺服电动机定义"对话框中单击"轮廓"选项卡，此时对话框如图 8-83 所示。在"规范"下拉列表中选择"速度"，表示电动机按照给定的速度值运动，速度单位为 deg/sec（度/秒）；在"模"下拉列表中选择"常数"，表示定义电动机按照恒定速度运动；在 A 文本框中输入恒定速度值"720"（deg/sec），表示每秒钟转 720°，单击"确定"按钮，完成伺服电动机定义。

图 8-82　"伺服电动机定义"对话框

图 8-83　定义电动机轮廓

完成以上电动机定义后，能够驱动螺杆往一个方向转动，如果需要让螺杆反转，还需要添加一个反向转动的伺服电动机。再次选择"伺服电动机"命令，选择螺杆上的"销钉"连接添加电动机，此处需要单击"伺服电动机定义"对话框中的"反向"按钮，电动机轮廓参数与前一个电动机轮廓一样，此处不再赘述。

8.5.4　定义机构分析

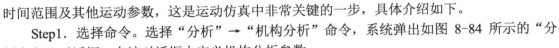

运动仿真还需要定义机构分析，也就是定义机构仿真的运动时间范围及其他运动参数，这是运动仿真中非常关键的一步，具体介绍如下。

Step1．选择命令。选择"分析"→"机构分析"命令，系统弹出如图 8-84 所示的"分析定义"对话框，在该对话框中定义机构分析参数。

Step2．定义首选项参数。在"类型"下拉列表中选择"位置"，设置"终止时间"为18，"帧频"为 20，在"初始配置"选项组选中"快照"选项，表示使用快照定义初始位置。在"快照"下拉列表中选择前面定义好的快照 Snapshot1 作为初始快照。

Step3．定义电动机参数。在"分析定义"对话框中单击"电动机"选项卡，用来定义电动机参数。8.5.3 节定义了两个电动机，一个控制螺杆正转，另一个控制电动机反转，设置第一个电动机（ServoMotor1）运行时间从开始到 8s，设置第二个电动机（ServoMotor2）运行时间从 10s 到终止（终止时间是前面设置的 18s），如图 8-85 所示。通过该设置可以使两个电动机分别在两个时间段运行，控制螺杆的正转与反转。

图 8-84 "分析定义"对话框

图 8-85 定义电动机

Step4．运行仿真。在"分析定义"对话框中单击"运行"按钮，运行机构仿真。

8.5.5 导出仿真视频

8.5.5 导出仿真视频

导出仿真视频与导出动画视频操作是一样的。选择"分析"→"回放"命令，系统弹出如图 8-86 所示的"回放"对话框。在"回放"对话框中单击 ◀▶ 按钮，系统弹出"动画"对话框，在对话框中单击"捕获"按钮，系统弹出"捕获"对话框，单击"浏览"按钮，设置仿真视频格式及存储位置，取消选中"锁定长宽比"选项，设置视频宽度为 1920，视频高度为 1080，单击"确定"按钮，导出视频。

图 8-86 "回放"对话框

8.6 台虎钳结构分析

台虎钳结构设计完成后一定要进行必要的结构分析，分析台虎钳结构稳定性。假设台虎钳在夹持工件时需要施加到工件上的夹持力最大为 1500N，在这种工况条件下分析台虎钳结构的稳定性、应力分布及位移变形。

在 Pro/E 中选择下拉菜单"应用程序"→"Mechanica"命令，系统进入 Mechanica 分析环境，在该环境中进行有限元分析，下面具体介绍台虎钳结构分析过程。

本小节设置工作目录：F:\proe_jxsj\ch08 case\8.6，打开台虎钳装配模型 vice_asm。

8.6.1 模型处理

8.6.1 模型处理

台虎钳结构分析的关键是对螺杆、滑块及滑动座之间的装配体进行分析，所以需要将其他零件简化掉。对于装配中的简化可以使用"视图管理器"命令中的简化表示来处理，下面具体介绍台虎钳装配的简化过程。

选择"视图管理器"命令，系统弹出"视图管理器"对话框，选择"简化表示"选项卡，单击"新建"按钮，新建简化表示，如图 8-87 所示，使用默认名称并按〈Enter〉键。系统弹出如图 8-88 所示的"编辑 REP0001"对话框，编辑简化表示，在对话框左侧列表中的 EXP0001 栏中设置各个零件的简化表示。因为分析的关键是螺杆、滑块及滑动座，所以设置这三个零件的简化表示为"主表示"（正常显示），其余零件设置为"排除"（不显示，不参与结构分析），具体设置如图 8-88 所示，简化表示结果如图 8-89 所示。

图 8-87　新建简化表示

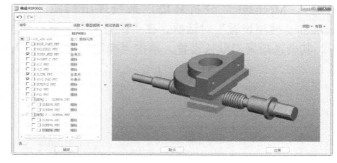

图 8-88　编辑简化表示

在对台虎钳中的螺杆、滑块及滑动座进行分析前，首先需要将这些零件中的细节特征进行简化，因为零件中的细节特征会影响网格划分，同时还会影响最终的求解结果。

打开需要简化的零件，在模型树中选择需要简化的特征并右击，在弹出的快捷菜单中选择"隐含"命令，将不需要的细节特征处理掉，需要处理的细节特征包括零件中的螺旋切除特征、倒圆角特征及倒角特征，简化零件结果如图 8-90 所示。

图 8-89　简化表示结果

图 8-90　简化零件细节特征

零件简化后有必要对结构中的干涉情况进行分析，因为干涉会影响结构分析。使用"全局干涉"命令分析干涉情况，结果如图 8-91 所示，表示螺杆与滑块之间存在干涉，仔细分析其实是螺杆与滑块中螺纹结构的干涉，如图 8-92 所示。

要解决如图 8-92 所示的干涉问题，可以使用"元件操作"命令来处理，从滑块零件中将与螺杆干涉的部分切除掉。选择"编辑"→"元件操作"命令，系统弹出如图 8-93 所示的"元件"菜单管理器，选择"切除"命令，再选择滑块零件并单击鼠标中键确认，然后选择螺杆零件并单击鼠标中键确定，此时系统弹出如图 8-94 所示的"元件"菜单管理器，选择"完成"命令，完成元件操作。

图 8-91　"全局干涉"对话框

图 8-92　干涉分析结果

图 8-93　元件操作

8.6.2 分析设置

完成分析模型处理后，选择"应用程序"→"Mechanica"命令，进入 Mechanica 分析环境，系统弹出如图 8-95 所示的 "Mechanica 模型设置"对话框。在"模型类型"下拉列表中选择"结构"选项，表示做结构分析，其余选项采用默认设置，单击"确定"按钮，进入结构分析环境。

图 8-94　完成元件操作

图 8-95　模型设置

8.6.3 添加材料属性

结构分析中一定要根据实际情况为每个零件添加材料属性，台虎钳中螺杆和滑块材料为 45 钢，滑动座材料为 HT150，具体属性参数如表 8-1 所示。在 Pro/E 中有系统自带的材料库，但是没有这两种材料，所以需要新建这两种材料属性，然后添加到零件模型中。下面具体介绍材料的新建及添加材料过程。

表 8-1　材料属性

材 料 名 称	密度/t·mm⁻³	泊 松 比	弹性模量/Pa
HT150	7.2e-6	0.194	1.16e+11
45 钢	7.82e-6	0.269	2.09e+11

Step1．新建材料。 在右部工具栏按钮区单击"材料"按钮，系统弹出如图 8-96 所示的"材料"对话框。在该对话框中提供了系统自带的材料类型，但是没有 HT150 和 45 钢两种材料，需要在"材料"对话框中新建材料。

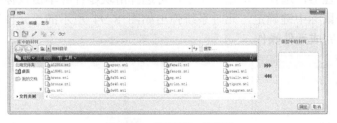

图 8-96　"材料"对话框

（1）新建 HT150 材料　在"材料"对话框中单击"新建"按钮，系统弹出"材料定义"对话框，在对话框中输入材料属性，包括材料"名称"（HT150），"泊松比"（0.194），"杨氏模量"（1.16e-11），如图 8-97 所示，单击"保存到库"按钮，保存材料。

（2）新建 45 钢材料　在"材料"对话框中单击"新建"按钮⬜，系统弹出"材料定义"对话框，在对话框中输入材料属性，包括材料"名称"（45STEEL），"泊松比"（0.269），"杨氏模量"（2.09e-11），如图 8-98 所示，单击"保存到库"按钮，保存材料。

图 8-97　定义 HT150 材料属性　　　　　图 8-98　定义 45 钢材料属性

Step2．添加材料到模型。在"材料"对话框左侧选择"工作目录"，此时在"材料"对话框中显示以上新建的材料，分别选中新建的材料，单击 ⬪ 按钮，将材料添加到模型中，如图 8-99 所示。将材料添加到模型中后就可以将材料指定到分析零件中了。

Step3．指定材料到零件。指定材料到零件就是将材料定义到分析零件中，使零件具有材料属性才可以进行分析计算，这是有限元分析中非常重要的一步。

（1）指定螺杆与滑块材料　在右部工具栏按钮区单击"材料分配"按钮🗆，系统弹出"材料指定"对话框，在"参照"选项组的下拉列表中选择"分量"选项，表示将材料添加到指定的零件中，选择螺杆与滑块零件，在"材料"下拉列表中选择"45STEEL"，如图 8-100 所示，单击"确定"按钮，完成材料指定。

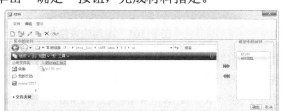

图 8-99　添加材料模型　　　　　　　图 8-100　指定螺杆滑块材料

（2）指定滑动座材料　在右侧按钮区单击"材料分配"按钮🗆，系统弹出"材料指定"对话框，在"参照"选项组的下拉列表中选择"分量"选项，选择滑动座零件，在"材料"下拉列表中选择"HT150"，如图 8-101 所示，单击"确定"按钮。

Step4．完成材料指定后，在模型上显示材料属性标签，如图 8-102 所示。同时在分析树中显示材料属性节点。

图 8-101　指定滑动座材料　　　　　　图 8-102　指定材料结果

8.6.4 添加边界条件

8.6.4 添加
边界条件

结构分析中一定要根据实际工况条件添加边界条件。边界条件是指用来描述工况条件的参数集合，包括约束条件和载荷条件。根据台虎钳结构分析工况，需要在螺杆与底座装配的位置添加固定约束、在滑动座与钳口装配位置添加载荷条件。

Step1. 添加约束条件。在右部工具栏按钮区单击"位移约束"按钮 ，系统弹出如图 8-103 所示的"约束"对话框，选择如图 8-104 所示的螺杆圆柱面为约束对象，在"平移"选项组的"X、Y、Z"方向后单击 按钮，表示将 X、Y、Z 三个方向的平移自由度固定。单击"确定"按钮，添加约束结果如图 8-105 所示。

图 8-103 "约束"对话框

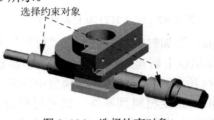

选择约束对象

图 8-104 选择约束对象

图 8-105 添加约束结果

Step2. 添加载荷条件。在右部工具栏按钮区单击"力/力矩载荷"按钮 ，系统弹出如图 8-106 所示的"力/力矩载荷"对话框，选择如图 8-107 所示的模型表面为载荷对象，在"力"选项组下拉列表中选择"分量"选项，在"X"文本框中输入"-1500"，表示添加的力方向沿 X 负方向，大小为 1500N。单击"确定"按钮，添加载荷结果如图 8-108 所示。

图 8-106 "力/力矩载荷"对话框

选择载荷对象

图 8-107 选择载荷对象

图 8-108 添加载荷结果

8.6.5 网格划分

8.6.5　网格划分

在有限元分析中划分网格是关键，在 Pro/E 中使用 "AutoGEM" 命令进行网格划分，下面具体介绍网格划分过程。

Step1．设置网格参数。网格划分之前首先要设置网格参数。选择 "AutoGEM" → "设置" 命令，系统弹出如图 8-109 所示的 "AutoGEM 设置" 对话框。单击 "限制" 选项卡，设置网格限制参数，设置 "最小边" 及 "最小面" 参数为 20，其余参数采用系统默认设置，单击 "确定" 按钮，完成网格参数设置。

Step2．划分网格。完成网格参数设置后才可以划分网格。选择 "AutoGEM" → "创建" 命令，系统弹出如图 8-110 所示的 "AutoGEM" 对话框，单击 "创建" 按钮，系统开始划分网格，网格划分结果如图 8-111 所示。

图 8-109　"AutoGEM 设置" 对话框

图 8-110　"AutoGEM" 对话框

图 8-111　网格划分结果

Step3．查看网格信息。完成网格划分后，系统弹出如图 8-112 所示的 "AutoGEM 摘要" 对话框及如图 8-113 所示的 "诊断：AutoGEM Mesh" 对话框。对话框中显示了具体网格信息及诊断信息，单击 "AutoGEM 摘要" 对话框中的 "关闭" 按钮，系统弹出如图 8-114 所示的 "AutoGEM" 信息窗口，单击 "是" 按钮，保存网格文件。

图 8-112　"AutoGEM 摘要"
对话框

图 8-113　"诊断" 对话框

图 8-114　"AutoGEM"
信息窗口

8.6.6　定义分析研究并求解

8.6.6　定义分析研究并求解

定义分析研究就是定义分析类型，按照台虎钳结构分析工况要求，需要定义静态结构分析类型。选择"分析"→"Mechanica 分析/研究"命令，系统弹出如图 8-115 所示的"分析和设计研究"对话框，在对话框中选择"文件"→"新建静态分析"命令，表示新建静态分析类型。

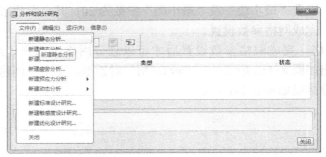

图 8-115　"分析和设计研究"对话框

完成分析类型定义后，系统弹出如图 8-116 所示的"静态分析定义"对话框，用来定义静态分析数据。输入分析名称"vice_analysis"，"约束"选项组与"载荷"选项组均是前面已经设置好的边界条件，其他采用系统默认设置，单击"确定"按钮。

完成静态分析参数设置后，在"分析和设计研究"对话框中单击▲按钮，系统弹出如图 8-117 所示的"Question"对话框，单击"是"按钮，系统开始求解计算。

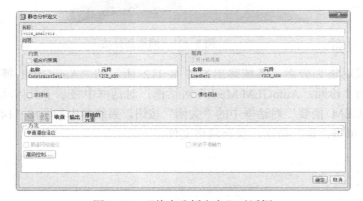

图 8-116　"静态分析定义"对话框　　　　图 8-117　"Question"对话框

求解计算完成后，系统弹出"诊断"对话框，对话框中显示求解计算的相关信息，如果求解计算失败会在对话框中显示相应的错误提示信息。

8.6.7　查看分析结果

求解分析完成后，可以在后处理窗口中查看分析结果。在"分析和设计研究"对话框中单击▣按钮，系统进入结果后处理窗口，同时弹出"结果窗口定义"对话框，在该窗口中定义需要查看的分析结果。

Step1. 查看应力结果。在"结果窗口定义"对话框中输入结果名称"stress_analysis"，在"量"选项卡下拉列表中选择"Stress"选项，表示定义应力结果。单击"显示选项"选项卡，选中"已变形"选项，表示在结果图解中显示变形效果，设置"缩放"为 5%，选中"显示元素边"选项，表示在结果图解中显示网格划分效果。单击"确定并显示"按钮，系统在结果窗口中显示应力结果，如图 8-118 所示，最大应力值为 31.39MPa。

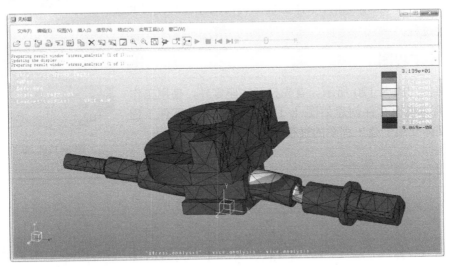

图 8-118　应力分析结果

Step2. 查看位移变形结果。在"结果窗口定义"对话框中输入结果名称"displacement_analysis"，在"量"选项卡下拉列表中选择"displacement"选项，表示定义位移变形结果。单击"显示选项"选项卡，选中"已变形"选项，设置"缩放"为 5%，选中"显示元素边"选项，单击"确定并显示"按钮，系统在结果窗口中显示位移变形结果，如图 8-119 所示，最大变形值为 0.007mm。

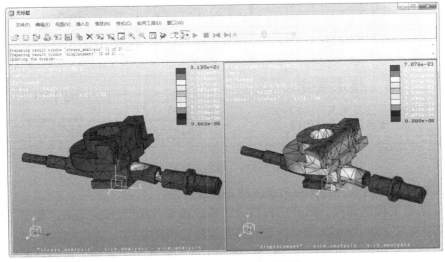

图 8-119　添加位移变形结果

8.7 台虎钳工程图

台虎钳初步设计完成后，再经过后期的运动仿真及分析，确定台虎钳的最终结构后，可以出台虎钳工程图，本节主要介绍台虎钳中底座零件工程图、螺杆零件工程图、滑动座工程图及总装配图的创建过程。

8.7.1 底座工程图

8.7.1 底座工程图

底座零件如图 8-120 所示。首先打开底座零件，使用工作目录中提供的模板文件创建如图 8-121 所示的底座零件工程图，下面具体介绍创建工程图的过程。

图 8-120 底座零件

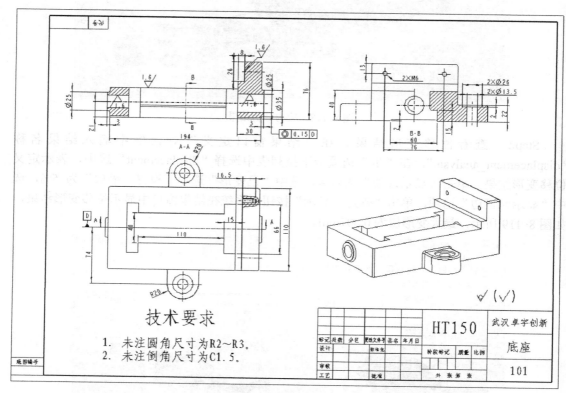

图 8-121 底座工程图

Step1. 设置工作目录：F:\proe_jxsj\ch08 case\8.7。

Step2. 新建工程图文件。打开工作目录中的底座零件模型 base_part，使用工作目录中提供的工程图模板（a3_template.drw）新建底座零件工程图文件。

Step3. 创建工程图。按照如图 8-121 所示工程图具体要求创建工程图视图及标注（具体过程请扫二维码参考视频讲解）。

Step4. 保存工程图。在顶部工具栏按钮区单击"保存"按钮 🖫，保存工程图文件。

8.7.2 螺杆工程图

8.7.2 螺杆工程图

螺杆零件如图 8-122 所示。首先打开螺杆零件（带修饰螺纹），使用工作目录中提供的模板文件创建如图 8-123 所示的螺杆零件工程图，下面具体介绍创建工程图的过程。

Step1. 设置工作目录：F:\proe_jxsj\ch08 case\8.7。

Step2. 新建工程图文件。打开工作目录中的螺杆零件模型 screw_rod，使用工作目录中提供的工程图模板（a3_template.drw）新建螺杆零件工程图文件。

Step3. 创建工程图。按照如图 8-123 所示工程图具体要求创建工程图视图及标注（具体过程请扫二维码参考视频讲解）。

Step4. 保存工程图。在顶部工具栏按钮区单击"保存"按钮 🖫，保存工程图文件。

图 8-122 螺杆零件

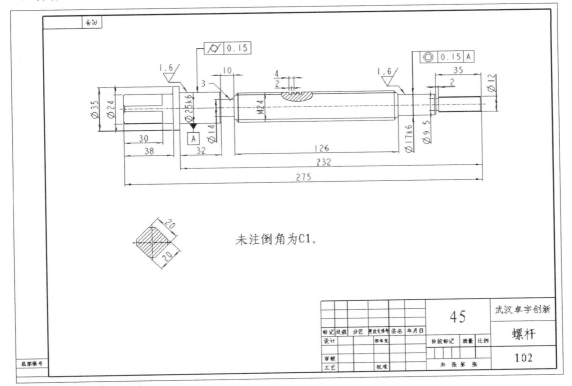

图 8-123 螺杆工程图

8.7.3 滑动座工程图

8.7.3 滑动座工程图

滑动座零件如图 8-124 所示。首先打开滑动座零件，使用工作目录中提供的模板文件创建如图 8-125 所示的滑动座零件工程

图，下面具体介绍创建工程图的过程。

Step1．设置工作目录：F:\proe_jxsj\ch08 case\8.7。

Step2．新建工程图文件。打开工作目录中的滑动座零件模型 move_pad，使用工作目录中提供的工程图模板（a3_template.drw）新建滑动座零件工程图文件。

图 8-124　滑动座零件

Step3．创建工程图。按照如图 8-125 所示工程图具体要求创建工程图视图及标注（具体过程请扫二维码参考视频讲解）。

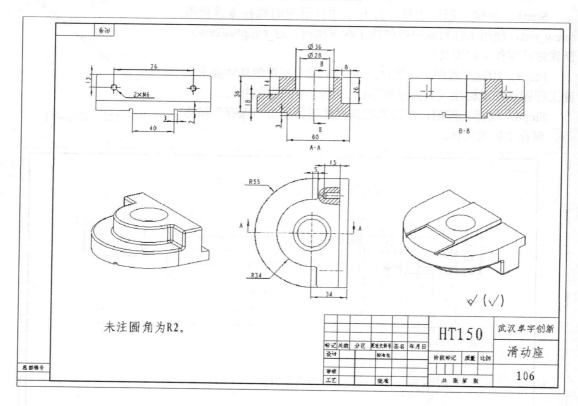

图 8-125　滑动座工程图

Step4．保存工程图。在顶部工具栏按钮区单击"保存"按钮，保存工程图文件。

8.7.4　台虎钳装配工程图

　　台虎钳装配工程图中需要创建基本的装配视图，包括主视图（全剖视图）、左视图（半剖视图）及俯视图（局部剖视图），同时还需要创建零件明细表及零件序号，台虎钳装配工程图如图 8-126 所示，下面具体介绍台虎钳装配工程图的创建。

8.7.4　台虎钳装配工程图

01　　02

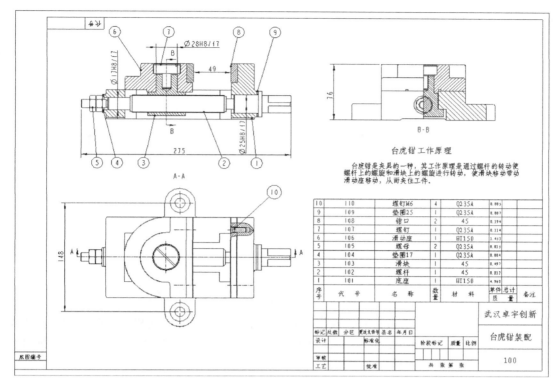

图 8-126 台虎钳装配工程图

Step1. 设置工作目录：F:\proe_jxsj\ch08 case\8.7。

Step2. 新建工程图文件。打开工作目录中的台虎钳装配模型 vice_asm，使用工作目录中提供的装配工程图模板（a3_template_asm.drw）新建台虎钳装配工程图文件。

Step3. 创建台虎钳装配工程图视图及标注。按照如图 8-126 所示工程图具体要求创建工程图视图及标注（具体过程请扫二维码参考视频讲解）。

Step4. 创建工程图明细表。根据本章 8.2 节中设计零件的参数信息，在工程图中自动生成明细表，下面具体介绍创建明细表的操作过程。

（1）定义重复区域 是指定义表格具有自动检索零件属性信息生成明细表的功能。本例需要定义明细表中从"序号"列～"总计"列为重复区域，使这些表格列能够自动检索零件属性信息，然后自动生成明细表。在工程图环境中单击"表"选项卡，在"数据"区域单击"重复区域"按钮⊞，系统弹出如图 8-127 所示的"表域"菜单管理器。在菜单管理器中选择"添加"→"简单"命令，在工程图明细表区域中先后单击如图 8-128 所示的"序号"单元格及"总计"单元格，系统将这两个单元格之间的表格区域定义为重复区域，如图 8-128 所示。

（2）定义报告符号 完成重复区域定义后，重复区域表格就具备了自动检索属性参数的功能，但是对于每个单元格来说，系统还不能确定到底要检索哪些具体的信息，需要在重复区域中的每个单元格中定义具体要检索的属性信息，即需要定义报告符号。

1）定义"序号"列报告符号。双击重复区域中"序号"列单元格，系统弹出"报告符号"对话框，在"报告符号"对话框中依次选择 rpt、index 选项（表示自动检索零件序号），如图 8-129 所示。

图 8-127 "表域"菜单管理器

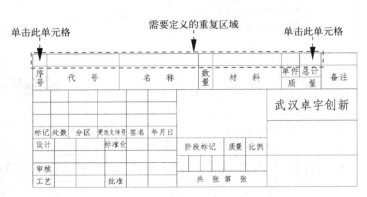

图 8-128 定义重复区域

2）定义"代号"列报告符号。双击重复区域中"代号"列单元格，在弹出的"报告符号"对话框中依次选择 asm、mbr、user defined 选项，在文本框中输入零件中定义的属性代码"drawingno"，表示自动检索零件代号。

📖 说明：在定义报告符号时需要从"报告符号"对话框中选择属性代码，系统会根据这些属性代码检索相应的属性信息填入明细表，这些代码中有些是固定的，如序号、数量等，如果报告符号中没有固定的属性代码，需要用户自定义，这些自定义的属性信息都是在零件设计参数表中设置的，如图 8-130 所示。定义报告符号时首先选择 asm、mbr、user defined，然后在弹出的文本框中输入与参数表一致的自定义属性代码。例如，零件代号需要输入"drawingno"，该属性参数在零件参数表中已提前做了定义，如图 8-130 所示。

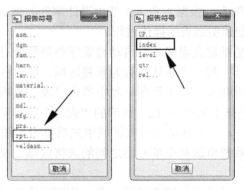

图 8-129 定义报告符号

3）定义"名称"列报告符号。双击重复区域中"名称"列单元格，在弹出的"报告符号"对话框中依次选取 asm、mbr、user defined 选项，在文本框中输入零件中定义的属性代码"cname"，表示自动检索零件名称。

图 8-130　零件设计中定义的属性参数

4）定义"数量"列报告符号。双击重复区域中"数量"列单元格，在弹出的"报告符号"对话框中依次选取 rpt、qty 选项，表示自动检索零件数量。

5）定义"材料"列报告符号。双击重复区域中"材料"列单元格，在弹出的"报告符号"对话框中依次选取 asm、mbr、user defined 选项，在文本框中输入零件中定义的属性代码 cmat，表示自动检索零件材料。

6）定义"单件"列报告符号。双击重复区域中"单件"列单元格，在弹出的"报告符号"对话框中依次选取 asm、mbr、user defined 选项，在文本框中输入零件中定义的属性代码"cmass"。完成所有报告符号定义后，结果如图 8-131 所示。

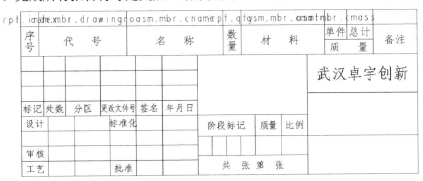

图 8-131　定义报告符号结果

（3）生成明细表　在工程图环境中单击"表"选项卡，在"数据"区域单击"更新表"按钮，在工程图明细表区域生成如图 8-132 所示的明细表。

（4）设置明细表属性　生成初步的明细表后，明细表属性、格式往往不符合实际要求，需要设置明细表属性。在工程图环境中单击"表"选项卡，在"数据"区域单击"重复区域"按钮，系统弹出"表域"菜单管理器，在菜单管理器中选择"属性"命令，系统弹出如图 8-133 所示的"区域属性"菜单管理器，选择"无多重记录"→"完成/返回"命令，此时明细表结果如图 8-134 所示。

序号	代号	名称	数量	材料	单件质量	总计质量	备注
15	110	螺钉M6		Q235A	0.005		
14	110	螺钉M6		Q235A	0.005		
13	110	螺钉M6		Q235A	0.005		
12	110	螺钉M6		Q235A	0.005		
11	107	螺钉		Q235A	0.114		
10	108	锯口		45	0.194		
9	108	锯口		45	0.194		
8	106	滑动座		HT150	1.453		
7	103	滑块		45	0.497		
6	105	螺母		Q235A	0.015		
5	105	螺母		Q235A	0.015		
4	104	垫圈17		Q235A	0.004		
3	102	螺杆		45	0.812		
2	109	垫圈25		Q235A	0.007		
1	101	底座		HT150	4.960		

图 8-132　生成明细表

图 8-133　区域属性

序号	代号	名称	数量	材料	单件质量	总计质量	备注
10	110	螺钉M6	4	Q235A	0.005		
9	109	垫圈25	1	Q235A	0.007		
8	108	锯口	2	45	0.194		
7	107	螺钉	1	Q235A	0.114		
6	106	滑动座	1	HT150	1.453		
5	105	螺母	2	Q235A	0.015		
4	104	垫圈17	1	Q235A	0.004		
3	103	滑块	1	45	0.497		
2	102	螺杆	1	45	0.812		
1	101	底座	1	HT150	4.960		

图 8-134　设置明细表属性

（5）设置明细表文本样式　如果明细表文本样式不符合要求，可以设置明细表文本样式。

1）设置"名称"列文本属性。在明细表中选中"名称"列中的任一单元格并右击，在弹出的快捷菜单中选择"属性"命令，系统弹出如图 8-135 所示的"注释属性"对话框。在对话框中单击"文本样式"选项卡，设置字体为 FangSong_GB2312，高度为 0.15，在"水平"下拉列表中选择"中心"选项，在"垂直"下拉列表中选择"中间"选项，单击"确定"按钮，完成"名称"列文本样式设置。

图 8-135　"注释属性"对话框

2）设置"单件"列文本属性。明细表中"单件"列文本字高太大，需要设置文本高度，参照第1）步操作，设置"单件"列文本高度为0.1，结果如图8-136所示。

10	110	螺钉M6	4	Q235A	0.005	
9	109	垫圈25	1	Q235A	0.007	
8	108	钳口	2	45	0.194	
7	107	螺钉	1	Q235A	0.114	
6	106	滑动座	1	HT150	1.453	
5	105	螺母	2	Q235A	0.015	
4	104	垫圈17	1	Q235A	0.004	
3	103	滑块	1	45	0.497	
2	102	螺杆	1	45	0.812	
1	101	底座	1	HT150	4.960	
序号	代 号	名 称	数量	材 料	单件 总计 质 量	备注

图 8-136 设置文本样式

Step5．创建球标注解。在 Pro/E 中创建球标有两种方式，一种是自动标注，另一种是手动标注。自动标注的球标顺序杂乱无章，往往需要花更多的时间整理，另外，台虎钳零件数量不多，所以本例直接采用手动标注方式来创建。

（1）创建底座球标注解 在工程图环境中单击"表"选项卡，在"球标"区域单击"球标注解"按钮 球标注解... ，系统弹出如图 8-137 所示的"注解类型"菜单管理器，选择"带引线"类型，单击"进行注解"命令，系统弹出如图 8-138 所示的"依附类型"菜单管理器，选择"图元上"→"实心点"命令，然后选择底座上合适位置进行标注，在弹出的"输入注解"文本框中输入球标注解"1"，如图 8-139 所示，标注球标结果如图 8-140 所示。

（2）创建其余零件球标注解 按照明细表顺序参照第（1）步操作创建其余各零件球标注解，结果如图 8-126 所示。

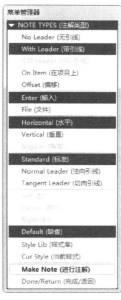

图 8-137 注解类型

图 8-138 依附类型

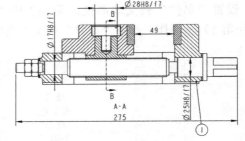

图 8-140　创建球标

图 8-139　输入注解